asSaggi

NON SIAMO TUTTI SULLA STESSA BARCA

Editing **Chiara Cauda, Grazia Novellini**
Progetto grafico **Roberto Fidale**

Finito di stampare nel mese di maggio 2021
da Grafica Veneta S.p.a., Trebaseleghe (Pd)

MISTO
Carta da fonti gestite in maniera responsabile
FSC® C021883
FSC www.fsc.org

Questo libro è stampato col sole
Azienda carbon-free

Slow Food® Editore Srl
Via Audisio, 5 – 12042 Bra (Cn)
Tel. 0172 419611 – Fax 0172 411218
www.slowfoodeditore.it

Direttore editoriale **Chiara Cauda**
Amministratore delegato **Carlo Bogliotti**

ISBN 978-88-8499-685-5

GIORGIO BRIZIO

NON SIAMO TUTTI SULLA STESSA BARCA

LE SFIDE DEL NOSTRO TEMPO AGLI OCCHI DI UN RAGAZZO

Slow Food Editore

Nessun vento è favorevole per chi non
sa dove andare, ma per noi che sappiamo,
anche la brezza sarà preziosa.
Rainer Maria Rilke

Sommario

Prefazione

Giorgio Brizio ha voluto riportare in questo libro un aneddoto che mi ha sentito raccontare tempo fa, con al centro un pacchetto di caffè. Non lo anticipo per non rovinare la sorpresa a voi lettori, ma mi piace che questo giovane autore sia rimasto colpito da un episodio così minuscolo, che ha per protagonisti tre anziani signori: un Papa, un prete e il gestore di un bar torrefazione di Torino. La sua propensione a cogliere il messaggio non banale nascosto dentro un fatto all'apparenza tale, è per me il segno che, pur non essendo sulla stessa barca, tutti abbiamo l'opportunità di guardare allo stesso mare, a un orizzonte comune di impegno che non lasci naufragare la speranza.

La storia di Giorgio inizia, lui dice, un po' per caso. Uno di quei casi che però già rivelano le attitudini di una persona, la sua capacità di dedicare attenzione ai dettagli, e iscriverli dentro il disegno dell'esistenza: la loro e quella collettiva. Giorgio ci spiega come nasce la sua adesione al movimento ispirato alla lotta inizialmente locale e solitaria, ma in breve oceanica e planetaria, dell'attivista svedese Greta Thunberg. Una storia che conosciamo ormai tutti: la lotta di una ragazzina timida ma tenace, che con la forza dei suoi argomenti e della sua determinazione diventa un modello da seguire per migliaia di coetanei nel mondo. Una lotta per il futuro della terra, per salvare il clima che cambia e mette a repentaglio la vita di intere regioni del mondo, la sopravvivenza stessa dell'uomo.

Giorgio è fra i ragazzi che si mobilitano per portare questo tema non più rinviabile all'attenzione anche del governo italiano. Presto capisce che manifestare non basta. Bisogna studiare, informarsi, decifrare le complesse sfide sul tavolo e imparare a comunicarle in modo efficace agli altri, per costruire consapevolezza e indurre cambiamenti concreti nello stile di vita.

Gli studi lo aiutano a prendere coscienza di altri problemi, variamente connessi a quello climatico, come tutto del resto è connesso sul nostro straordinario e fragile Pianeta. Si interessa al fenomeno delle migrazioni, che sempre più hanno un'origine anche di tipo ambientale. Approfondisce le storie drammatiche dei viaggi dall'Africa all'Europa, quelle storie di vite incenerite dal caldo del deserto, incarcerate dentro i lager libici finanziati dall'Europa, inghiottite dalle acque del Mediterraneo. È qui che Giorgio capisce: non siamo tutti sulla stessa barca. Pur di fronte a fenomeni di portata globale, non siamo ugualmente attrezzati per sopravvivere, né soprattutto per una vita libera e dignitosa, all'altezza delle speranze che ciascun essere umano coltiva per sé e per i propri cari.

Il ricordo va al gruppo di amici accanto ai quali è iniziata la mia avventura nell'impegno sociale. Allora – era la fine degli anni Sessanta – guardavamo a un contesto più locale, dove tuttavia la portata delle disuguaglianze, delle povertà e delle diffidenze fra diversi gruppi sociali non era minore. Ci sembrò evidente che l'unico modo per comprendere i problemi degli altri, degli ultimi, degli emarginati fosse quello di condividerli, di mettersi nei loro panni. Ed ecco le esperienze dentro al carcere per i minorenni, le comunità per giovani tossicodipendenti, le notti passate a dormire per strada... Giorgio mi appare erede di quelle scelte perché ha voluto sperimentare sulla sua pelle i guai degli altri. Salire sulla loro barca.

È di barche vere che allora ci racconta, che solcano il mare, minacciate dalle tempeste reali e da periodiche ondate di disinformazione e odio politico, per salvare le vite "di scarto" di chi cerca sicurezza e opportunità di una vita dignitosa. Questa esperienza forte alimenta la sua coscienza politica, la sua voglia di partecipare al dibattito pubblico non solo attraverso un'opera di informazione e di denuncia sulle più gravi ingiustizie economiche, ambientali e sociali, ma anche in forma di proposta, di contributo costruttivo.

Arriviamo così a nuove forme di impegno, e a questo piccolo ma prezioso libro. Da decenni gli scienziati, i demografi e persino alcuni economisti, non soggiogati dalle dottrine neoliberiste dominanti, ci mettono in guardia contro un modello di sviluppo svincolato dal rispetto dell'ambiente e dei diritti di ogni persona. Se non hanno saputo farsi ascoltare loro, chi mai ascolterà un ragazzo di neanche vent'anni, senza nessuna qualifica speciale?

Intanto, ho avuto piacere di ascoltarlo e di leggerlo io. Ho apprezzato il suo modo schietto di spiegare temi complessi senza banalizzarli, ma rendendoli accessibili. Ho apprezzato la freschezza della sua voce unita all'accuratezza del suo racconto. Ho apprezzato la sua umiltà nel richiamarsi sempre agli insegnamenti autorevoli che l'hanno spronato e accompagnato lungo il percorso.

Ecco, io penso che di voci come quella di Giorgio ci sia oggi davvero bisogno. Voci che padroneggiano i linguaggi contemporanei, comprensibili ai giovani e anche alle persone meno istruite. Nessun cambiamento è possibile se non nel segno del "noi", di un impegno collettivo che chiami in causa ciascuno secondo le proprie conoscenze e capacità, il proprio ruolo, le proprie forze. E questo noi va mobilitato in ogni modo, con ogni mezzo.

Giorgio ha scritto un libro che è una piccola ma solida barca per navigare dalle infide secche dell'ignoranza, dell'indifferenza e della delega verso il mare aperto della consapevolezza, della speranza e dell'impegno. Servirebbe un'immensa flotta, e lui lo sa bene, per condurre l'umanità intera attraverso questo viaggio. Ma serve anche chi abbia il coraggio di imbarcarsi fra i primi.

Non siamo tutti sulla stessa barca, ma dovremmo seguire tutti la stessa rotta, puntare tutti alla stessa meta: libertà, dignità e diritti per chiunque abiti la terra, oggi e nel tempo a venire.

Luigi Ciotti

1. Il mare si alza

Il mare si alza. Ma questo lo sapevo anche prima di imbattermi, in un grigio venerdì di pioggia, nell'inizio di qualcosa di nuovo. Come molti, sapevo le solite cose sul cambiamento climatico. Quello che invece non riuscivo a realizzare era il profondo impatto che la crisi climatica ed ecologica ha sulla vita delle persone.

Ma andiamo con ordine. Dopo decenni di sensibilizzazione, molti sono a conoscenza del fenomeno del surriscaldamento globale, e meno male, ma tanti non conoscono il meccanismo che lo governa. Si fidano e basta, oppure non si fidano proprio.

Parto da una premessa: non sono un climatologo, né un fisico o un meteorologo. Ho 19 anni e studio Scienze internazionali per lo sviluppo e la cooperazione, che col clima – almeno apparentemente – non c'entrano un tubo. Non è per mettere le mani avanti, anzi. È per dire che in questo libro racconto della mia esperienza da attivista in relazione a temi tra loro fortemente interconnessi, e di come non serva essere uno scienziato per contribuire a portare cambiamento.

Siamo partiti dal mare, dall'acqua, continuiamo su questa rotta.

La macchina climatica è messa in moto dall'energia solare, in parte assorbita (70%), in parte riflessa (30%) dalla superficie e dall'atmosfera terrestre. La temperatura media della Terra è frutto del bilancio tra l'energia in entrata dal Sole e l'energia in uscita dal nostro Pianeta.

Proviamo a paragonare i meccanismi basilari di questo sistema a un lago. L'energia che dal Sole arriva sul Pianeta scalda la Terra, che a sua volta riemette energia (tecnicamente energia infrarossa: è come dire calore). È chiaro che, se l'energia che entra è uguale a quella che esce, la temperatura media rimane costante. È ciò che accade in un lago o in una vasca in cui l'immissario e l'emissario siano uguali: poiché trasportano la stessa quantità d'acqua in entrata e in uscita, il livello rimane invariato. Allo stesso modo, la temperatura media della Terra è determinata da una sorta di equilibrio dinamico. Il bilanciamento tra i flussi (di energia, solare e infrarossa) permette alla temperatura di rimanere tutto sommato stabile. Ma che cosa accade se arriva più acqua dall'immissario? O se una famiglia di castori costruisce una diga, tappando l'emissario e facendo aumentare di conseguenza la quantità di acqua del lago?

Nel primo caso parliamo di forzanti radiativi esogeni, esterni alla Terra, che possono aumentare il flusso di energia in arrivo dal Sole. Essi comprendono variazioni dell'orbita terrestre e nell'asse di rotazione (i cicli di Milanković) o mutamenti nell'attività solare.

No, non stiamo per addentrarci in un trattato scientifico: questi sono fenomeni complessi, che qui non approfondiremo anche perché non dipendono direttamente da noi e non sono così influenti sul riscaldamento attuale. Per trovare delle risposte dobbiamo guardare in casa, nella nostra grande casa, e considerare i forzanti endogeni, in particolare quelli legati alle attività umane. Cambiamenti nell'uso del suolo, emissioni di aerosol e di gas a effetto serra di origine antropica. Proprio questi sono considerati i maggiori responsabili del surriscaldamento globale degli ultimi decenni.

Il clima è sempre cambiato?

L'energia solare assorbita in un primo momento dal Pianeta viene in parte riemessa sotto forma di radiazione infrarossa. I gas serra in atmosfera, tra i quali il più noto è l'anidride carbonica (CO_2), che non sono trasparenti alle emissioni infrarosse, tendono a immagazzinarle e a "ributtarle fuori" a loro volta, in parte verso l'interno (cioè verso la superficie terrestre), in parte verso l'esterno. La loro presenza funge da piumino.

L'effetto serra è di per sé un fenomeno positivo. Se non ci fosse, la temperatura media sul Pianeta sarebbe di -18 °C, circa 30 °C in meno dell'attuale, e la vita per come la conosciamo non sarebbe possibile.

Negli ultimi decenni la concentrazione di gas che aumentano "l'effetto piumino" è stata e continua a essere in forte aumento. Di conseguenza diventano sempre più significativi l'effetto serra, il calore intrappolato e con esso l'aumento della temperatura media. Questi gas vengono rilasciati in atmosfera ogni volta che si verifica una combustione, specialmente di alcuni combustibili fossili, a partire dal carbone, che si trova in cima alla lista nera dei cattivi.

È del 1972 il primo rapporto del Club di Roma, *I limiti dello sviluppo*. Una squadra multidisciplinare, capitanata da Donella Meadows, aveva individuato cinque fattori che avrebbero minacciato il Pianeta e i suoi abitanti negli anni a venire: crescita della popolazione, malnutrizione, industrializzazione, sfruttamento delle riserve di risorse, distruzione degli habitat naturali. Come sottolinea già quella pubblicazione, studiare il clima del passato ci aiuta a capire l'attuale e permette di stimare in modo più accurato come cambierà in futuro.

Contrariamente a ciò che sarebbe intuitivo pensare, a differenza di quanto avviene altrove, in Antartide nevica al massimo un centimetro l'anno. Andando a fondo nel ghiaccio con i carotaggi – detti così dal nome della radice arancione, non sono altro che buchi cilindrici molto lunghi –, e analizzando le piccole bolle di aria in esso contenute, si può sapere cosa c'era nell'atmosfera quando il ghiaccio in questione si è formato, il che ci permette di ricostruire i dati e le dinamiche climatiche di epoche passate.

Presso la base italo-francese di Dome Concordia in Antartide, dove le temperature massime si aggirano attorno ai -20 °C e le minime toccano i -55, nel corso del progetto scientifico Epica (1996-2006), si iniziò nel 1997 una perforazione che nel 2004 raggiunse la profondità finale di 3270,20 metri. Grazie allo straordinario lavoro di ricercatori di varie nazionalità è stato possibile ricostruire il clima del nostro Pianeta negli ultimi 820 000 anni. Le carote di ghiaccio sono solo uno dei tanti modi indiretti per ricreare il clima del passato (temperatura, composizione atmosferica, precipitazioni) assieme all'analisi dei sedimenti marini e lacustri, degli anelli di accrescimento degli alberi, dei pollini fossili e di altri ancora; abbiamo una serie di indicatori naturali che sono la prova tangibile di come e quanto le temperature siano variate nel corso della storia e di quanto siano oggi aumentate in modo anomalo.

Un carotaggio come quello del progetto Epica, lungo più di 3 chilometri, ha evidenziato il fatto che nell'ultimo milione di anni di vita della Terra si sono alternati periodi caldi (interglaciali) e freddi (glaciali) ogni 100 000 anni circa, per effetto delle variazioni dei parametri orbitali, ovvero eccentricità dell'orbita e inclinazione e precessione dell'asse di rotazione, noti come cicli di Milanković.

Ha ragione chi dice che il clima è sempre cambiato. Altri studi paleoclimatici hanno mostrato che nel Pliocene, al tempo degli australopitechi (2,5-3 milioni di anni fa), il centro della pianura padana era completamente sommerso e a Torino si stava con i piedi a mollo. Ma i cambiamenti del passato, anche i più repentini, erano lentissimi in confronto agli odierni. Il problema oggi è che un aumento significativo della temperatura media non si era mai verificato in un lasso di tempo così breve (un centinaio di anni) come è accaduto di recente.

Le analisi climatologiche ci dicono, certo, che il clima è sempre mutato, ma ci forniscono gli strumenti per capire che adesso sta accadendo qualcosa di davvero singolare, e in termini non solo di rapidità. Rispetto ad alcuni periodi di riscaldamento verificatisi nel passato, per esempio negli ultimi 2000 anni, oggi il riscaldamento interessa quasi tutta la superficie terrestre (il 98%) e avviene ovunque nello stesso momento.

L'aumento della temperatura media globale va di pari passo con quello delle concentrazioni di CO_2. Le emissioni di anidride carbonica dal 1700 a oggi sono aumentate del 45%. A livello di quantità di diossido di carbonio in atmosfera, il passato a noi più vicino, in cui ci sono numeri comparabili a quelli odierni, è il Pliocene, 3 milioni di anni fa, al tempo di *Australopithecus*. Noi siamo i primi del genere *Homo*, che allora non era ancora comparso, a respirare in un'atmosfera con valori di anidride carbonica così alti.

La curva di Keeling, risultato delle continue misurazioni di CO_2 dall'osservatorio di Mauna Loa nelle Hawaii, iniziate da Charles David Keeling nel 1958, è uno dei tanti grafici che mostrano il vertiginoso incremento nell'accumulo di anidride carbonica nell'atmosfera terrestre.

Assieme alla CO_2 è aumentata la temperatura. Dal 1850 a oggi la media globale è salita di circa 1,2 °C, ma almeno la metà di questo rialzo si è verificata negli ultimi trent'anni. Se è vero che il cambiamento climatico avviene ovunque, è altrettanto corretto evidenziare che non è uguale ovunque. Ci sono regioni che mostrano un segnale amplificato: l'Artico, le montagne, la regione del Mediterraneo.

Un altro grafico che a me piace molto raffigura le cosiddette Warming Stripes, ideate da Ed Hawkins, climatologo dell'Università di Reading (Inghilterra). È la visualizzazione dell'aumento della temperatura in quello che sembra un codice a barre, con colori che vanno dal blu al rosso, per indicare il crescente riscaldamento. Ha un'efficacia visiva pazzesca.

Come mostrano le strisce di Hawkins sempre più tendenti al rosso fuoco, 19 degli ultimi 20 anni sono stati i più caldi di sempre. L'intruso è il 1998, condizionato dal fenomeno di El Niño.

Già agli albori del Club di Roma si era capito: questa volta siamo noi uomini a essere responsabili, in modo determinante, del negativo evolversi dei processi biologici, geologici e atmosferici che condizionano il clima. Già allora si sarebbe dovuto fare qualcosa. È passato molto, troppo tempo. Siamo noi il castoro del lago, l'alimentatore del piumino.

La teoria dell'origine antropica del cambiamento climatico – avvalorata da più del 97% delle ricerche e relative pubblicazioni sottoposte a revisione tra pari dalla comunità scientifica internazionale – è ormai affermata quasi quanto quella della gravità. Ma i ricercatori non sono così sicuri e tranquilli di quello che dicono per questo. La scienza non funziona a maggioranza: potenzialmente basta un guizzo, uno studio inedito, una scoperta nuova per rimettere tutto e tutti in discussione. C'è un consenso quasi unanime tra gli esperti del clima. Sono così tranquilli perché non esiste una sola tesi avvalorata che affermi quello che i negazionisti climatici di vario tipo sostengono. Non vi fidate? Ncep, l'insieme dei centri nazionali statunitensi per la previsione ambientale, mette a disposizione i dati aggiornati fino a due giorni prima. Sono disponibili dal 1948, potete fare voi i calcoli e trarre le conclusioni.

Insomma, il riscaldamento globale recente è causato in gran parte dalle azioni dell'uomo, principalmente dalle emissioni dei gas serra, di cui quello maggiormente disperso in atmosfera da noi umani è l'anidride carbonica. Sappiamo che il 75% circa di queste emissioni a livello globale è dovuto alle combustioni fossili nei settori della produzione di energia, dell'industria e del traffico. Il restante 25%, invece, è dovuto a un cattivo uso del suolo, principalmente per deforestazione ma anche a causa di un'agricoltura non sostenibile.

Acqua alta

Fin qua spero sia tutto abbastanza chiaro.

Tutte le volte che penso all'emergenza climatica, non riesco a decidermi: fatico a dire, almeno per quanto mi riguarda, se si tratti di un fenomeno semplice o molto complesso, accessibile a tutti, o elitario. Forse, pensandoci bene, direi che le nozioni di base del funzionamento del sistema Terra e delle cause del cambiamento climatico sono tutto sommato abbordabili. La complessità del clima, da cui in questo libro mi terrò alla larga, deriva dalle molte dinamiche articolate che ne fanno parte e che interagiscono tra loro in modo non lineare.

Caratteristiche fondamentali della Terra e della sua abitabilità sono la presenza di fluidi che la circondano (atmosfera, oceano), di un ciclo idrologico e della biosfera, che è influenzata dal clima e lo influenza allo stesso tempo. L'acqua sulla Terra si trova per il 97% negli oceani. Proprio lì è andato a finire circa un terzo delle emissioni di CO_2 prodotte dall'uomo e accumulate dal sistema. Come sottolineato nel 2013 nel 5° rapporto dell'Ipcc (Intergovernamental panel on climate change, l'organismo delle Nazioni Unite che si occupa di clima), si stima che gli oceani possano arrivare ad assorbirne fino al 90%, che è moltissimo. Ma, se da un lato è un bene, dall'altro può essere un problema: se in atmosfera l'eccesso di carbonio riscalda il Pianeta, nell'oceano rende l'acqua più acida, mettendo in pericolo la biosfera marina.

Un altro importante fenomeno, nonché una delle conseguenze più note del surriscaldamento globale, è l'innalzamento del livello medio dei mari, che si misura tramite boe e satelliti. Esso cresce con l'aumento della temperatura, per l'espansione termica dell'acqua più calda e per l'apporto di acqua dolce dalla fusione dei ghiacci continentali, in particolare dalle calotte groenlandese e antartica, e di quelli montani. La fusione di questi ultimi, inoltre, rende più scarse le riserve idriche nel lungo termine. Non avremo più acqua di fusione a diposizione per le nostre esigenze. Intere popolazioni ne stanno già risentendo, in Asia e Sud America. Qui occorre fare due importanti precisazioni. Buona parte delle persone, a causa di una disinformazione ancora diffusa, crede che il livello dei mari aumenti a causa dello scioglimento dei ghiacci marini (cioè acqua di mare congelata, ghiaccio che galleggia sull'acqua), di cui sentiamo molto parlare soprattutto in riferimento all'Artico.

Tanto per cominciare, ghiacci e ghiacciai non "si sciolgono". È lo zucchero che si scioglie nel caffè. I ghiacciai fondono. Si tratta proprio di un altro principio fisico.

E ora viene il bello: la fusione dei ghiacci del Mar Glaciale Artico – che non è altro che quello che ci immaginiamo quando pensiamo all'estremo Nord, al deserto gelato e agli orsi – non contribuisce all'innalzamento del livello dei mari. La banchisa artica è sostanzialmente a galla sull'oceano.

Se vi sentite un po' tonti o non riuscite a capire come sia possibile, non vi preoccupate. Io ho iniziato a usare il termine "fusione" solo perché Erika, una ragazza con cui ho condiviso una parte del percorso da attivista, mi ha corretto, giustamente, un milione di volte. Quanto al fatto che la fusione dei ghiacci marini non contribuisca direttamente all'innalzamento del livello del mare, l'ho scoperto e metabolizzato pochi mesi prima di iniziare a scrivere questo libro. È un meccanismo semplice, che ci capita di vedere nella vita di tutti i giorni, ma, come spesso accade con le cose più grandi e astratte, non riusciamo bene a focalizzarlo.

Ipotizziamo di mettere un cubetto di ghiaccio in un bicchiere vuoto e di riempirlo con acqua, o con qualcosa di più accattivante se preferite. Aspettando che il cubetto fonda, vedrete che il livello del liquido rimane invariato perché il ghiaccio fondendosi rilascia una equivalente quantità di acqua, senza quindi modificare il livello di quella su cui galleggia. Il fenomeno della fusione dei ghiacci marini artici funziona allo stesso modo. Al contrario, la fusione dei ghiacci che stanno sulla terraferma (per esempio in Antartide, Groenlandia o Alaska) implica immissione di acqua dolce in mare, che inevitabilmente aumenta il suo livello. È come se riempissimo prima il bicchiere fino all'orlo e poi facessimo cadere altri cubetti di ghiaccio: l'acqua straborderebbe. Dal 2002 abbiamo perso più di 3500 miliardi di tonnellate di ghiaccio in Groenlandia.

Come evidenzia una ricerca del 2011 di J.A. Church e N.J. White, il livello dei mari tra il 1900 e il 1990 è aumentato di 11-14 centimetri, che si sommano a un incremento superiore ai 3 millimetri l'anno nei vent'anni antecedenti lo studio. Nel complesso possiamo dire che il livello medio dei mari è salito di 25 centimetri dal 1880 a oggi.

Sembra poco, molto poco. Ma per rendere una zona inabitabile non è necessario che venga completamente sommersa dalle acque, stile Atlantide. È sufficiente che le sempre più frequenti inondazioni comincino a salinizzare le falde, per far sì che, dove prima fioriva vegetazione e l'acqua potabile era accessibile, non cresca più nulla.

Effetto guerra

Nel libro *Effetto serra, effetto guerra* (G. Mastrojeni, A. Pasini, Chiarelettere, Milano 2020) Antonello Pasini spiega che «sulla Terra sono possibili tre stati di equilibrio per temperatura e presenza di ghiacci: il primo è quello di una Terra completamente coperta di ghiacci, la cosiddetta Terra-palla di neve (*snowball Earth*), il secondo è quello di una Terra totalmente libera da ghiacci, e il terzo, quello in cui ci troviamo adesso, è quello in cui la Terra sia solo parzialmente coperta da ghiacci». Se tutti i ghiacci continentali fondessero, il livello degli oceani aumenterebbe di circa 70 metri. Questo fortunatamente non è previsto ma è chiaro che la situazione va monitorata. Anche piccole variazioni potrebbero avere conseguenze molto pesanti, in un sistema complesso come il clima terrestre.

Oggi gli scenari a più alte emissioni di gas climalteranti prevedono, per la fine del secolo, che il mare possa salire fino a un metro, «ma nuovi studi di dinamica dei ghiacci mostrano fenomeni di formazione di fiumi interni ai ghiacciai di Groenlandia e Antartide che conducono a movimenti e distacchi più rapidi di ghiaccio portando a rivedere queste stime verso l'alto». Se andiamo avanti di questo passo, un'ipotesi di aumento di due metri potrebbe essere plausibile.

L'innalzamento del livello dei mari è un indicatore valido, anche se complesso, della rapidità dei cambiamenti climatici, perché è influenzato da molti fattori. Nel 2007 i dati dei satelliti, che sono un'ottima fonte per ottenere informazioni, mostravano un aumento di circa 3,5 millimetri l'anno. Eppure, per gli stessi anni, in alcune proiezioni l'Ipcc calcolava come soglia massima di innalzamento 1,9 millimetri, cioè meno di quello che stava accadendo e di quanto si è poi effettivamente verificato. «È come ritrovarsi in soggiorno con l'acqua alle ginocchia mentre alla radio dicono che non si sa ancora se il fiume romperà gli argini» ha detto il professor Jem Bendell.

Più aumentano i gas serra, più aumenta la temperatura, e più aumenta la temperatura, più i ghiacciai si fondono. Se al posto della superficie bianca dei ghiacci, che hanno la proprietà di "rispedire" indietro una parte significativa delle radiazioni solari, si fanno spazio superfici più scure, come quelle di mari (nel caso dei ghiacci marini) o terre emerse (ghiacci continentali), la radiazione viene più assorbita che riflessa. E la superficie si scalda. Tutti i corpi hanno una loro albedo, ovvero il potere riflettente di una determinata superficie. Le zone artiche, per esempio, compiono una significativa azione refrigerante: riflettono la luce del sole nello spazio, laddove il ghiaccio resta integro, mentre se fonde tendono ad assorbirla. Man mano che il ghiaccio fonde a causa del riscaldamento, l'oceano o la terra assorbono maggiore luce solare e si scaldano ulteriormente. Quando non ci sarà più ghiaccio, scenario sempre più realistico, una nuova impennata di riscaldamento manderà in frantumi l'obiettivo – già difficilmente raggiungibile – dei 2 °C in più a fine secolo rispetto al periodo pre-industriale. Come se non bastasse, il gas metano intrappolato nel permafrost – che include le porzioni di suolo sempre gelate – inizia a fuoriuscire man mano che questo scongela, facendo salire ancora di più la temperatura del Pianeta, dato che il metano è un gas serra molto più potente dell'anidride carbonica (ha un potere riscaldante pari a circa 28 volte quello della CO_2).

La sesta estinzione di massa

Il nostro Pianeta ha 4,6 miliardi di anni. *Homo sapiens* è comparso circa 200 000 anni fa. Riduciamo quei 4,6 miliardi di anni, un numero che non riusciamo neanche a mettere a fuoco, a 46 anni: su questa scala, noi umani siamo apparsi circa 17 ore fa, la rivoluzione industriale è iniziata da 4 minuti. Eppure in questo breve arco di tempo siamo riusciti a spazzare via più del 50% degli ecosistemi terrestri, lasciando intatto solo il 2-3% di quelli originari, e abbiamo messo lo zampino su tutto il resto.

A oggi, di tutti gli esseri viventi il 90% sono piante. Noi umani rappresentiamo lo 0,02%, una nullità. Eppure stiamo riuscendo a fare quello in cui, in miliardi di anni, nessuno era riuscito. Siamo gli unici in grado di modificare non solo l'ambiente, anche il clima.

Il numero dei vertebrati si è ridotto del 60% tra il 1970 e il 2015. Un'inversione della tendenza non è prevista: tuttora calano ogni anno del 2% circa. Nonostante quello 0,02, il 96% di tutti i vertebrati è costituito da noi esseri umani e dagli animali che alleviamo per il nostro consumo. Il 60% dei mammiferi è bestiame da allevamento. Balene, delfini e gli altri mammiferi sono il restante 40. Dagli anni Settanta in poi, la popolazione mondiale di insetti si è dimezzata. Le nostre tracce sono ovunque, il nostro cieco assalto ha alterato la vita sulla Terra. Ogni giorno si estinguono fino a 200 specie.

Quello che avete letto finora si traduce in tre parole: estinzione di massa. Dopo cinque grandi estinzioni di origine naturale – l'ultima 65 milioni di anni fa, al tempo dei dinosauri – per la prima volta una specie che abita sul Pianeta ne ha avviata un'altra, che sembra essere la più rapida mai verificatasi in 4 miliardi di storia della vita sulla Terra. Molti studi sostengono che siamo entrati in una nuova era geologica, l'Antropocene, l'epoca nella quale all'essere umano e alla sua attività sono attribuite le cause principali delle alterazioni territoriali, strutturali e climatiche.

Il nostro sistema economico presuppone che i minerali preziosi, l'aria pura, l'acqua pulita e le specie rare si possano rigenerare in un istante. Che in qualche modo la Terra si possa espandere per soddisfare la nostra insaziabilità. La realtà dei fatti, invece, è che l'abbiamo sfruttata oltre i limiti e che, senza una coraggiosa reinvenzione della nostra economia e delle strutture di potere che sostengono l'attuale stato delle cose, la Terra non sarà in grado di riprendersi.

Ogni estinzione di massa del passato è cominciata con un brusco calo della biodiversità, che già oggi possiamo osservare, con peculiarità in alcune zone specifiche. Il fatto che molte specie, tra le 11 000 e le 58 000 l'anno, si stiano estinguendo non è certo un bel segno. Questa massiccia perdita mette a rischio la funzionalità degli ecosistemi, di cui le specie fanno parte. La loro minore funzionalità ci mette in pericolo, perché è dagli ecosistemi che prendiamo le risorse per vivere. Dobbiamo stare molto attenti, anche perché non saremmo abbastanza rapidi ad adattarci altrettanto velocemente alla velocità dei cambiamenti e alle disfunzionalità che potrebbero derivarne. La perdita di biodiversità non solo è presente, è anche in aumento. Ogni volta che si estingue una specie, molte altre che dipendevano da essa sono a rischio, e la sparizione di alcune di queste ne minaccia un numero ancora maggiore, alimentando un effetto domino.

L'Ipbes, il panel intergovernativo delle Nazioni Unite su biodiversità e servizi ecosistemici, segnala che un milione di specie, animali e vegetali, sono a rischio di estinzione in un futuro prossimo.

A partire dalla metà degli anni Ottanta circa, l'umanità sta vivendo in *overshoot*, ovvero al di sopra delle proprie possibilità in termini ambientali. Ogni 12 mesi usiamo molte più risorse di quelle che la Terra può rigenerare in quell'anno.

Metà delle terre fertili del Pianeta è coltivata. Consumiamo il suolo fino a 40 volte più rapidamente di quanto possa reintegrarsi. Stiamo chiudendo la natura in cattività, e iniziamo a subirne le conseguenze sulla nostra pelle. Gli eventi climatici estremi, come l'aumento di frequenza e intensità di ondate di calore, precipitazioni intense, desertificazione e siccità prolungata, sono già visibili, ed evidenziano gli innegabili e irreversibili danni causati dall'uomo. Rosicchiamo, sfruttiamo, devastiamo il nostro Pianeta più in fretta di quanto esso si possa rigenerare.

L'Overshoot Day, il giorno del sovrasfruttamento della Terra, arriva prima ogni anno: tutto ciò che consumiamo dopo, nell'arco dei 12 mesi, va ad allargare il gigantesco debito ecologico che abbiamo già accumulato. Viviamo come se disponessimo di 1,8 pianeti Terra, ma chiaramente di Terra ce n'è solo una.

Non tutto si può capire senza l'aiuto della scienza, ma l'agonia generale è tangibile e va ben oltre i grandi animali, che occupano posizioni alte della catena alimentare: venendo essi a mancare, le distribuzioni quantitative delle specie vengono alterate, con inevitabili ripercussioni a catena.

La loro perdita è devastante ma non minaccia direttamente la base della piramide. Per andare a capire che cosa stia accadendo alle sue fondamenta, dobbiamo ritornare al primo habitat dov'è nata la vita, nonché al filo conduttore di questo racconto: il mare.

Nonostante gli esseri umani, fatta eccezione per qualche personaggio di cui vi parlerò più avanti, vivano tendenzialmente sulla terraferma, dobbiamo preoccuparci di quello che accade agli ecosistemi marini, dove anche i numeri dei microrganismi sono in calo. Forse la minaccia più grande dell'acidificazione degli oceani, per fare un esempio, è la conseguente difficoltà nella formazione dei gusci calcarei dei piccoli animali. Sembra poca roba, ma buona parte di questi formano il plancton, che è alla base della catena alimentare marina. E se il plancton scomparisse, del tutto o in parte, scomparirebbero anche molte forme di vita che caratterizzano gli anelli superiori della catena.

Un mare di plastica

Come abbiamo visto, gli oceani costituiscono uno degli ecosistemi fondamentali della Terra, e la loro cattiva salute, fortemente influenzata da inquinamento, pesca eccessiva e cambiamenti climatici, riguarda tutti. A sua volta, l'industria ittica è in forte calo, e gli Stati sono costretti a sussidiare il settore. Abbiamo eliminato il 90% dei grandi pesci, l'80% della biomassa ittica. Stiamo togliendo i pesci dagli oceani e li stiamo sostituendo con la plastica.

Infatti il mare, il loro habitat, è sempre più una zuppona di plastica, microplastiche e nanoplastiche comprese. Il paradosso sta nel fatto che, della plastica galleggiante in svariate forme negli oceani, una parte consistente è rappresentata dagli imballaggi che abbiamo creato, prodotto, venduto, gettato. Quegli stessi involucri che proteggono gli animali da morti (anche il pesce nei supermercati si trova sempre più in vaschette di plastica) li minacciano quando sono in vita.

Se oggi togliessimo tutta l'acqua dal mare, tre quarti del rimanente sarebbero pesci – quelli che popolano l'acqua da milioni di anni – e un terzo sarebbe plastica – tutta prodotta negli ultimi sessant'anni. Negli ultimi quindici – a partire dal 2006 – abbiamo costruito più della metà della plastica mai realizzata. Le sostanze inquinanti trasportate dalle microplastiche risalgono nella catena alimentare fino all'uomo. «Per ora l'unica circolarità che siamo riusciti a ottenere è quella per cui la plastica della vaschetta mi torna in cucina sotto forma di particelle di nanoplastica ingerite dal pesce che sto per mangiare» scrive Filippo Solibello nel suo *Spam. Stop plastica a mare* (Mondadori, Milano 2019). Il 20 dicembre 2020, come riporta il quotidiano britannico *The Guardian*, sono state trovate per la prima volta particelle di microplastiche nella placenta espulsa da quattro partorienti in ottimo stato di salute.

Il dato che più lascia senza parole riguarda il fatto che il 30% della pesca a livello mondiale sia "accessoria", riguardi cioè tutti gli organismi che vengono catturati involontariamente assieme alla specie ricercata e, morti, sono spesso ributtati in mare. L'animale marino che più temiamo è senza dubbio lo squalo. Gli squali ogni anno sono responsabili della morte di una decina di persone in tutto il mondo. Noi ne uccidiamo tra gli 11 000 e i 30 000 ogni ora. Continuando l'estrazione di pesce stiamo disboscando i mari, eliminando habitat ed ecosistemi unici. L'oceano è il più grande assorbitore di carbone del Pianeta: la morale è che le distese di acqua marina e la vita che ospitano hanno un ruolo cruciale per il clima. La vita al loro interno è cruciale per tenere a bada le emissioni.

Le attività economiche legate ai mari smuovono circa 2500 miliardi di dollari ogni anno. Poco meno del 20% delle proteine di cui ci cibiamo derivano dalla pesca e dall'acquacoltura, che da sole condizionano direttamente il sostentamento del 12% della popolazione mondiale. L'aumento della temperatura della superficie del mare, dovuto ai cambiamenti climatici, può avere effetti devastanti sulle barriere coralline e causare spostamenti degli stock ittici. Solo dagli anni Cinquanta i pescatori del Mediterraneo centrale si sono spinti in acque internazionali alla ricerca di banchi migliori. Nella seconda metà del 2020 è scoppiato un caso diplomatico quando gli equipaggi di due pescherecci italiani che navigavano in acque internazionali – checché ne dicano le autorità libiche le quali avevano deciso unilateralmente che quel tratto facesse parte di un'estensione appena avvenuta delle loro acque territoriali – furono catturati e tenuti in ostaggio in una terra, la Libia che, come vedremo, non dispone di porti sicuri per nessuno, italiani e non.

Di fronte alla plastica che invade gli oceani serve un'azione internazionale coordinata per ripulire, iniziare a riciclare e cambiare atteggiamento. Del mare quanti navigano per mestiere sono le sentinelle, è nel loro interesse che stia bene. Ci sono progetti virtuosi in corso che combattono la plastica e si pongono l'obiettivo di quantificare, per esempio, quanta ne arrivi alla foce del Po. Questo lavoro, però, andrebbe fatto a monte (adottando politiche e misure efficaci), non a valle. Se la plastica finisce in mare, a causa dell'esposizione al cloruro di sodio è difficilmente riciclabile, contrariamente al periodo di transizione in acque dolci. È necessaria un'azione coordinata e consapevole che permetta di mettere in sicurezza il mare, la vita che ospita ma anche la nostra salute.

Scenari futuri

Nel 1992 la Union of concerned scientists (Ucs) ha pubblicato l'*Avvertimento all'umanità dagli scienziati del mondo*, firmato da 1700 studiosi, tra cui la maggior parte dei premi Nobel per la scienza viventi. Il documento evidenzia le prove lampanti del riscaldamento globale – definito «la più grande minaccia del XXI secolo» –, delle estinzioni delle specie, dello sfruttamento del suolo, della diminuzione dell'acqua dolce e di altri problemi. Lo studio successivo, redatto 25 anni dopo da 21 000 esperti di 190 Paesi – è il trattato scientifico da sempre più citato in assoluto nel mondo.

Come avrete ormai capito, nella storia del genere umano non abbiamo mai assistito a un riscaldamento così intenso in un periodo così breve. La Terra a un certo punto potrebbe stabilizzarsi a un nuovo punto di equilibrio. Se così fosse, non si tratterebbe di una buona notizia: esso potrebbe verificarsi a temperature molto più elevate. Sappiamo che le emissioni di gas serra determinate dalle attività antropiche hanno avuto un impatto molto forte e sono state la causa dominante dei cambiamenti climatici almeno dalla metà del secolo scorso. Non sappiamo con certezza come andranno le cose in futuro ma possiamo fare delle ipotesi.

Nel rapporto del 2013 dell'Ipcc si identificano quattro famiglie di scenari, da una forte mitigazione, che ci permetterebbe di salvare il salvabile non superando i 2 °C di aumento della temperatura a fine secolo, a un *business as usual*, passando per due casi intermedi di stabilizzazione delle emissioni. A questi scenari corrispondono concentrazioni di anidride carbonica (o di anidride carbonica equivalente, concetto usato per esprimere l'impatto di una certa quantità di gas serra rispetto alla stessa quantità di anidride carbonica).

Se proseguiamo con la situazione attuale, ignorando per esempio la necessità di cambiare il modo di produrre energia, a fine secolo supereremo i 3 °C, e sarà un disastro. Se continueremo così, sopravvivranno solo i ghiacciai oltre i 3500 metri di altitudine.

Il rapporto (globale e indipendente) *Climate vulnerability monitor* ha stabilito che il cambiamento climatico ha costi economici altissimi: non solo, già ora è responsabile di cinque milioni di morti l'anno. Le vittime abitano principalmente in regioni del Sud del mondo ma tutti i Paesi, senza eccezioni, sono colpiti dai suoi effetti. Le creature di cui stiamo devastando la casa sono "i sommersi", ma noi non siamo affatto "i salvati".

> Si è già detto che esiste una globalizzazione climatica, per cui lo sforzo da attuare per attenuare e, possibilmente, fermare l'aumento di temperatura deve essere globale. Tutti nel mondo siamo responsabili per le emissioni di gas serra, perché tutti emettiamo, ma non emettiamo tutti allo stesso modo. Questo concetto è rappresentato nei negoziati internazionali dal principio di "responsabilità comune ma differenziata": vi sono Paesi che sono più responsabili di altri perché storicamente hanno emesso tanto o perché oggi emettono tantissimo. Questo principio è stato alla base del Protocollo di Kyoto del 1997, entrato in vigore nel 2005, in cui i Paesi industrializzati, a causa delle loro responsabilità storiche e poiché allora erano i massimi emettitori, hanno dato – come dire – "il buon esempio", iniziando per primi a ridurre le emissioni. In realtà, le quantità erano per lo più simboliche e per nulla sufficienti a risolvere il problema. (G. Mastrojeni, A. Pasini, *cit.*)

Rende bene l'idea il rapper Caparezza quando in "Vieni a ballare in Puglia" scrive:

> C'è chi ha fumato I veleni dell'Eni, chi ha lavorato ed è andato in coma. Fuma persino il Gargano, con tutte quelle foreste accese. Turista tu balli e tu canti io conto i defunti di questo paese; dove quei

furbi che fanno le imprese, no, non badano a spese; pensano che il protocollo di Kyoto sia un film erotico giapponese.

Ben presto si è capito che, per contrastare una sempre più evidente crescita delle temperature, serviva una ancora più grande cooperazione internazionale di ampie vedute, che includesse anche Paesi come gli Stati Uniti, la Cina e l'India, che non avevano ratificato il Protocollo di Kyoto o che nel frattempo sono diventati grandi emettitori.

Il 12 dicembre 2015 – quando io avevo 14 anni –, per la prima volta nella storia, oltre 190 Paesi hanno firmato l'Accordo di Parigi sul clima. L'esito è stato di importanza scientifica e politica senza precedenti: approvato a grande maggioranza, il testo prevede che tutti i firmatari si impegnino per contenere l'innalzamento della temperatura media globale entro i 2 °C, facendo tutto il possibile per non superare l'1,5 °C a fine secolo (l'aumento si intende sempre rispetto al periodo pre-industriale).

A seguito dell'Accordo, Paesi che non si erano certo distinti per l'impegno nell'affrontare la crisi climatica, come la Cina, hanno annunciato di voler raggiungere la neutralità climatica entro il 2060 e il picco di emissioni nel 2030. La Conferenza tenutasi in Francia nel 2015 (nota come Cop21, che ha dato seguito all'Accordo) ha segnato il culmine di 25 anni di dibattito sui cambiamenti climatici, e un successo del multilateralismo e della cooperazione internazionale.

O meglio, un successo apparente.

Ad alcuni anni di distanza, la comunità scientifica evidenzia come i leader mondiali non stiano mantenendo gli impegni presi a Parigi. L'aumento medio della temperatura è già pari a 1,2 °C. A oggi, solo tre nazioni hanno approvato un piano per ridurre le proprie emissioni di CO_2 a un livello coerente con la limitazione del riscaldamento globale a 1,5 °C. Sapete quali?

La Svezia o un altro Paese del Nord Europa, penserete voi.

Al contrario, sono tre Stati che non ci aspetteremmo di vedere in cima alla lista dei buoni: Marocco, Costa Rica e Gambia. Invece la Svezia è tra i dieci Paesi al mondo con il più alto impatto ecologico pro capite. Esempi come questi sono un indice di quanto a volte la nostra percezione sia alterata e distorta rispetto alla realtà: se vi chiedessero di citare quelli che secondo voi sono i primi cinque Paesi con la più alta percentuale di parlamentari donne, vi sfido a dirne almeno uno tra Rwanda, Bolivia, Andorra, Cuba e Seychelles. Eppure in tutto il mondo questi cinque sono quelli con una maggiore rappresentazione femminile rispetto alla popolazione.

Sull'orlo del baratro

Il Climate vulnerable forum ha incluso anche le Isole Marshall e altre nazioni insulari tra quelle a essersi date obiettivi drastici rispetto al traguardo internazionale stabilito. Esse sono chiaramente con l'acqua alla gola, in tutti i sensi.

Gli atolli sono tra i primi a subire gli effetti del riscaldamento globale: la vulnerabilità delle comunità costiere e delle isole basse è stata riconosciuta internazionalmente e provata scientificamente da più di vent'anni. Il punto più elevato delle Maldive è ad appena un metro e mezzo sopra il livello del mare. In quelle zone, affrontare le conseguenze del cambiamento climatico è la quotidianità. A Tuvalu si può arrivare con l'aereo solo quando le piste dell'aeroporto non sono completamente bagnate. A Palau l'acqua salata raggiunge con maggiore frequenza i cimiteri e i campi coltivati dell'entroterra, rendendoli sempre meno fertili.

Le popolazioni autoctone stanno investendo in progetti che incoraggino la crescita della barriera corallina e piantano mangrovie per proteggersi da mareggiate e burrasche. "Our Sea of Ilands" di Epeli Hau'ofa, pubblicato in *The Contemporary Pacific*, rivista dell'Università delle Hawaii, rende bene l'idea della situazione in cui si trovano queste popolazioni e sottolinea il legame profondo con l'oceano. Il presidente di Kiribati è stato costretto a comprare porzioni di terra nelle isole Fiji per trasferirvi parte della popolazione. «Ho 12 nipoti, alla mia morte vorrei essere sicuro che abbiano una casa» ha detto.

L'obiettivo dell'Accordo di Parigi è considerato un traguardo ambizioso, ma in realtà significherebbe fermarsi sull'orlo del baratro. Quand'anche fossimo miracolosamente in grado di raggiungerlo – al momento dovremmo avere quattro o cinque probabilità su cento – ci capiterà di vivere in un mondo molto meno ospitale di quello che conosciamo e molti dei cambiamenti in corso saranno irreversibili.

«We are the weather» il clima siamo noi, scrive il narratore e saggista Safran Foer, ed elenca alcuni dei punti di non ritorno che abbiamo già oltrepassato o che raggiungeremo a breve senza possibilità di poterli evitare.

> Se contro ogni aspettativa riusciremo in effetti a limitare il riscaldamento globale a 2 °C:
>
> • Il livello dei mari salirà di mezzo metro, sommergendo le coste di tutto il globo. Dacca (18 milioni di abitanti), Karachi (15 milioni), New York (8,5 milioni) e decine di altre metropoli diventeranno di fatto inabitabili. Si calcola che 143 milioni di persone siano destinate a diventare migranti climatici.
> • Si stima che i conflitti armati aumenteranno del 40% a causa dei cambiamenti climatici.
> • I ghiacci che ricoprono la Groenlandia saranno soggetti a uno scioglimento irreversibile.
> • Dal 20 al 40% della foresta amazzonica verrà distrutto.
> • L'ondata di caldo verificatasi in Europa nel 2003 — che costò la vita a più di 70 000 persone, comportò 13 miliardi di euro di perdite nei raccolti e portò i fiumi Po, Reno e Loira ai minimi storici — diventerà la norma.
> • La mortalità umana subirà un drammatico incremento dovuto a ondate di caldo, inondazioni e siccità. Asma e altre malattie respira-

> torie si diffonderanno a dismisura. Le persone a rischio di malaria aumenteranno di centinaia di milioni.
> • Quattrocento milioni di persone dovranno affrontare carenze idriche.
> • Il riscaldamento degli oceani danneggerà in modo irreparabile il 99% delle barriere coralline, alterando gli ecosistemi di 9 milioni di specie.
> • Metà di tutte le specie animali rischieranno l'estinzione.
> • Il 60% dei vegetali rischierà l'estinzione.
> • La resa del frumento diminuirà del 12%, quella del riso del 6,4%, quella del mais del 17,8%, quella della soia del 6,2%.
> • Si stima che il Pil pro capite diminuirà a livello globale del 13%. (J. Safran Foer, *Possiamo salvare il mondo, prima di cena. Perché il clima siamo noi*, Guanda, Milano 2019)

Inoltre, c'è un'enorme differenza tra un aumento di 1,5 e di 2 °C. Due gradi in più o in meno possono sembrare pochi, ma non lo sono. Se abbiamo una temperatura corporea minore o pari a 36,5 possiamo entrare nei luoghi pubblici, mentre con uno o due gradi in più veniamo ritenuti "pericolosi". Nello stesso modo uno scarto di 0,5 può cambiare tutto. Lo scrive l'Ipcc nel suo rapporto speciale del 2018 intitolato "Global Warming of 1.5 °C", che evidenzia il peggioramento degli impatti del cambiamento climatico con anche solo mezzo grado di aumento di temperatura (da 1,5 a 2°C).

Limitando il riscaldamento a 1,5 °C rispetto a 2, il livello dei mari sarebbe inferiore di 10 centimetri, milioni di persone non verrebbero sottoposte a rischi legati a ondate di calore, risorse idriche, ecosistemi e infrastrutture; le barriere coralline si ridurrebbero "solo" del 70-80% (anziché di fatto sparire del tutto); al Polo Nord avremmo un'estate senza ghiacci ogni secolo (contro una ogni 10 anni con un aumento di 2 °C) e anche l'acidità del mare sarebbe contenuta. Ogni centesimo di grado in più significa maggiore distruzione degli ecosistemi, perdita di biodiversità, eventi meteorologici sempre più estremi e potenzialmente devastanti, raccolti meno fruttuosi, migrazioni forzate in aumento. Tra previsioni inascoltate, promesse mancate e nodi tortuosi, il quadro attuale sembra tutt'altro che roseo.

Nel 2018 sono stati investiti circa 800 miliardi di dollari nell'estrazione di petrolio e gas a fronte di circa 550 nei settori a basso impatto ambientale. Dalla conclusione dell'Accordo di Parigi 2015 le emissioni sono drammaticamente aumentate. I Paesi più sviluppati dal punto di vista industriale ed energetico hanno una responsabilità maggiore circa il contenimento del surriscaldamento globale. L'Italia è tra questi, e deve porsi come obiettivo i tagli delle emissioni previsti dall'Accordo: per avere il 66% delle possibilità di un aumento di temperatura non superiore al famoso 1,5 °C, va tagliato almeno il 50% delle emissioni entro il 2030. La Ue ha trovato un'intesa che prevede una riduzione delle emissioni del 55% entro quella data, ma non è ancora abbastanza.

Leonardo Di Caprio, "portatore di pace" delle Nazioni Unite e attivista ambientale, in un'intervista all'allora presidente degli Stati Uniti Barack Obama gli domandò: «Con l'accesso di informazioni che ha lei, cosa la spaventa di più?».

Risposta: «Buona parte della popolazione mondiale vive sull'equatore, a ridosso delle coste oceaniche e nella fascia del Sahara. [...] Se queste popolazioni dovessero migrare le risorse inizierebbero a scarseggiare. Si arriverebbe a conflitti internazionali».

«Non è un segreto che molti si siano opposti alle sue iniziative inerenti ai cambiamenti climatici...».

(sorridendo) «C'è qualcuno che rema contro».

«Se il prossimo Presidente non dovesse credere nella teoria dei cambiamenti climatici, pensa che avrebbe la possibilità e il potere di smantellare tutto ciò per cui lei ha lavorato?».

(in scioltezza) «Anche se un politico incentrasse la sua campagna sulla smentita dei dati ufficiali, ormai la realtà è davanti agli occhi di tutti, negarla sarebbe difficile. Credo che l'opinione pubblica inizi a credere nella scienza».

Sappiamo com'è andata a finire. Sia in merito al risultato elettorale americano, sia per quanto riguarda la fiducia nella scienza al tempo della pandemia e la campagna di disinformazione portata avanti dall'amministrazione Trump rispetto al Covid e ai cambiamenti climatici. «Covenants without swords are nothing but words». Gli accordi di Parigi non sono stati fatti a colpo di spade e rischiano quindi, secondo la nota citazione, di rimanere parole vuote.

L'unione fa la forza

> La pandemia potrebbe davvero offrire un'opportunità imprevista. Fino a poche settimane fa era opinione diffusa che solo un rallentamento dell'economia statunitense avrebbe potuto impedire la rielezione di Donald Trump alle presidenziali di novembre. Ora quel rallentamento è praticamente certo. Se questo dovesse contribuire a portare alla Casa Bianca un presidente deciso ad annullare l'uscita dagli accordi di Parigi e a riprendere il ruolo di primo piano avuto da Barack Obama nei negoziati internazionali, la crisi del nuovo Coronavirus potrebbe avere almeno un effetto duraturo sull'emergenza climatica. La pandemia ha devastato Trump tanto quanto ha devastato gli Stati Uniti. (Gabriele Crescente, in *Internazionale*, marzo 2020)

L'estremismo delle posizioni antiambientali del Tycoon ha portato il *New England Journal of Medicine e Scientific American* a un endorsement che mai era avvenuto in 175 anni di storia. L'insediamento di Joe Biden e Kamala Harris alla Casa Bianca e la rinnovata adesione Usa al Paris Agreement accendono un barlume di speranza.

Biden ha tuttavia ribadito la sua contrarietà al Green new deal (Gnd). Il piano, presentato da Alexandria Ocasio-Cortez e Ed Markey come una mobilitazione nazionale decennale, prevederebbe la totale indipendenza energetica degli Stati Uniti, basata sull'uso di sole fonti rinnovabili. A questa strategia Biden ne contrappone una sua per affrontare la crisi climatica. Il Biden Plan sarebbe relativamente meno ambizioso in termini economici: meno onnicomprensivo sugli interventi di giustizia sociale, zero netto di emissioni al 2050, "solo" 2000 miliardi di dollari in quattro anni, contro le decine di migliaia stimate dagli economisti per il Green new deal.

Ciononostante, il piano di Joe Biden contro la crisi climatica sarebbe sotto il punto di vista economico l'intervento ambientale più sostanzioso della storia recente. Negli Stati Uniti, i presidenti dimostratisi radicali, da Roosevelt a Johnson, in origine non lo erano: si sono rilevati pragmatici in situazioni che richiedevano interventi drastici. L'agenda politica di Biden sul clima non è sufficientemente ambiziosa ma potrebbe diventarlo per necessità, attraverso un processo di correzioni successive.

Sull'altra sponda, Pechino ha annunciato nel settembre scorso che raggiungerà la neutralità climatica entro il 2060 e il picco di emissioni nel 2030, un fattore che da solo potrebbe ridurre il riscaldamento di una quantità compresa tra 0,2 a 0,3 °C entro la fine del secolo. Anche Sudafrica, Giappone, Corea del Sud e Canada hanno recentemente annunciato obiettivi di zero emissioni nette. Tuttavia in tre dei quattro scenari presi in considerazione nel più recente rapporto dell'Ipcc, i 2 °C di riscaldamento verrebbero già superati nel 2040.

Senza l'apporto di tutti i Paesi, a partire da quelli già ampiamente sviluppati (ma non solo), non abbiamo alcuna possibilità di mettere un freno all'avanzata del collasso climatico. Con quanto scritto fin qui volevo dare un quadro generale su come stanno andando le cose e, perché no, ribaltare alcuni stereotipi. Rispetto alla gigantesca questione dell'inquinamento, per esempio, contrariamente a quello che di solito tenderemmo a pensare, i "Paesi nordici" non sono sempre in cima alla lista dei buoni e quelli orientali, come la Cina, in cima alla lista dei cattivi.

Vedendo quanto i fiumi cinesi siano responsabili delle plastiche che finiscono negli oceani, per esempio, ci immaginiamo che là la situazione della raccolta differenziata sia un disastro. E invece nelle grandi città la raccolta di plastica è praticamente totale, in Cina ne recuperano il 90%. Ci sta che la percentuale non recuperata crei grossi problemi se sei il Paese che ne produce più di tutti e hai oltre un miliardo di abitanti. In Europa parliamo del 50% di plastica recuperata, mentre gli Stati Uniti si fermano al 30. La Cina, inoltre, è leader nel settore del rinnovabile. Metà dei pannelli fotovoltaici nel mondo vengono di là.

Delle emissioni totali di anidride carbonica, secondo il grafico di Our World in Data, la fetta correlata all'energia è quella più cospicua, il 73% circa. Questo settore include anche gli usi energetici negli edifici (17,5% sul totale), nelle industrie (24,2%) e nei trasporti (16,2%). Agricoltura, deforestazione e allevamenti, invece, sarebbero responsabili del 18,4% delle emissioni di CO_2.

Le strade delineate a Parigi per il contenimento dell'aumento della temperatura a 1,5 °C prevedono anche l'impiego della geoingegneria per "catturare" anidride carbonica dall'atmosfera, aiutando così il lavoro degli assorbitori naturali, foreste e oceani.

Il Ccs (Carbon capture and storage) è tuttavia una tecnologia sperimentale altamente costosa e ancora in fase di ricerca. A oggi, più che un modo per abbattere le emissioni, risulta essere un espediente per tenere in vita processi produttivi e di approvvigionamento energetico altamente emissivi, «mantenendo di fatto la polvere sotto il tappeto» come sottolinea la campagna "No Ccs – Il Futuro non si (S)tocca", caparbiamente portata avanti da esperti e militanti in Emilia-Romagna. Attraverso questo escamotage, Eni intende utilizzare i propri giacimenti di gas al largo della costa ravennate per immettervi 300-500 tonnellate di CO_2 ad alta pressione e proseguire la produzione estraendo ciò che resta nei giacimenti non lontani da Ravenna. È spaventoso, ma non sorprendente, che imprese che puntano su fonti di energia fossile contribuiscano con ingenti somme di denaro alla ricerca legata alla geoingegneria, poiché vogliono fare in modo che l'abbandono dell'energia fossile venga ritardato il più possibile.

Invece di continuare a finanziare la sperimentazione di questa tecnologia, sarebbe importante investire quei miliardi di euro di fondi pubblici originariamente pensati per i progetti Ccs in una giusta transizione ecologica.

«So che gli obiettivi fissati a Parigi non sono neanche lontanamente paragonabili a ciò che gli scienziati ci chiedono di attuare, ma se nei prossimi vent'anni ci impegneremo a utilizzare le tecnologie esistenti per ridurre le emissioni sono convinto che potremo fissare obiettivi sempre più ambiziosi. Forse non fermeremo il processo di riscaldamento in corso ma saremo in grado di arginare gli eventi più catastrofici» aveva detto Di Caprio in "Punto di non ritorno". Era il 2016.

Sette anni, 102 giorni, 14 ore, 20 minuti e 35 secondi

«Questa è probabilmente la serie di numeri più importante al mondo» secondo Boyd e Golan, gli artisti che hanno ideato il Climate Clock, comparso a Union Square, uno dei quartieri più animati di Manhattan, in occasione della Global week of action nel settembre 2020. È il tempo che ci resta prima di superare l'ultimo punto di non ritorno ed evitare una catastrofe climatica irreversibile: in mancanza di efficaci interventi entro il primo gennaio 2028, le temperature della Terra sono destinate ad aumentare ben oltre gli 1,5 °C, limite stabilito dall'Accordo di Parigi.

A scandire il tempo è l'orologio installato nel cuore di Manhattan, sotto (sopra) gli occhi di tutti, dove nessuno può ignorarlo. Altrettanto sotto gli occhi di tutti è ormai l'incontrovertibile avanzata della crisi climatica e delle sue conseguenze. L'installazione ricorda il Doomsday Clock, l'orologio dell'Apocalisse, un'iniziativa ideata nel 1947 da un team di scienziati dell'Università di Chicago, opera metaforica che misura il pericolo di una ipotetica fine del mondo cui l'umanità è sottoposta: la mezzanotte è sinonimo di catastrofe, mentre i minuti che la precedono rappresentano la distanza stimata dall'evento in questione. Dopo i picchi del 1953 e del 1960, a causa del superamento delle 23 000 testate nucleari esistenti, dell'avanzare dei cambiamenti climatici e dell'indebolimento della cooperazione internazionale, il 2020, che non è certo stato un periodo fortunato, è divenuto l'anno di massima vicinanza alla mezzanotte, con appena 100 secondi di distanza.

«L'umanità ha il potere di aggiungere tempo all'orologio, ma solo se lavoriamo collettivamente e misuriamo i nostri progressi rispetto a obiettivi definiti» hanno detto gli ideatori di Climate Clock in un'intervista.

Prima dicevamo che il riscaldamento avviene, anche se in modo diverso, praticamente ovunque (ne è interessato il 98% della superficie terrestre). Parliamo di cambiamenti climatici e non esclusivamente di riscaldamento globale per vari motivi.

Uno perché è un termine più generale, e tiene conto anche delle trasformazioni che stanno avvenendo nelle varie componenti del sistema climatico in risposta all'aumento della temperatura, come la fusione dei ghiacci, l'innalzamento del livello medio dei mari, l'aumento degli eventi meteo estremi, la perdita di biodiversità, gli sfasamenti negli ecosistemi. Un altro, forse più semplice, è che la prima definizione non esclude da subito la possibilità che ci siano regioni che si sono raffreddate.

C'è un punto sulla Terra, in particolare, dove la temperatura non è aumentata ma diminuita. Si tratta di un'area sotto l'Artico, nell'Oceano Atlantico a sud della Groenlandia, definita non a caso "blob freddo dell'Atlantico" e che ha incuriosito gli scienziati per anni. Numerose ricerche l'hanno collegato all'indebolimento di una corrente oceanica calda che, attraverso il Nord Atlantico, trasporta il calore dai Tropici; collegata alla corrente del Golfo, ha perso il 15% della sua forza negli ultimi 1600 anni.

Visto che l'acqua e il mare sono un po' il filo rosso della narrazione, ci tenevo a farvi conoscere la serie di studi che si sono interrogati su questo fenomeno che mi ha molto colpito e che, seppur un po' più specifico, credo meriti di essere raccontato. Per farlo, ho chiesto una mano a Elisa Palazzi…

> Esiste almeno un'area nel globo dove il riscaldamento non è stato così importante come quasi dappertutto, o dove addirittura si è verificato un raffreddamento. Si tratta del "blob freddo" del Nord Atlantico, dislocato a sud della Groenlandia: manifestazione tangibile del fenomeno noto come indebolimento dell'Amoc (acronimo dell'inglese Atlantic meridional overturning circulation). L'Amoc, che in sostanza è la componente nordatlantica della più estesa circolazione termoalina oceanica, è guidata dall'affondamento dell'acqua salata e fredda nelle alte latitudini del Nord Atlantico, e il suo ramo superficiale, che trasporta acqua calda dalle coste del Messico all'Europa, è la ben nota corrente del Golfo.
> Recenti studi mostrano che questa circolazione ha subito un indebolimento del 15% rispetto alla metà del XX secolo, corrispondente a un rallentamento pari a 3 milioni di metri cubi al secondo – circa 15 volte la portata del Rio delle Amazzoni. La causa a oggi più accreditata dell'indebolimento dell'Amoc è l'afflusso di acqua dolce nell'Atlantico del Nord, dovuto alla fusione della calotta glaciale della Groenlandia (risposta al riscaldamento del Pianeta causato dalle emissioni di gas serra antropici), e all'aumento delle precipitazioni.
> Acqua dolce in più, dunque, che mescolandosi a quella del mare ne avrebbe ridotto di molto la salinità e con essa lo sprofondamento, inceppando un po' il nastro trasportatore oceanico. Il che implica anche meno acqua calda che risale dai

Tropici con la corrente del Golfo, con un effetto di parziale raffreddamento sul Nord Atlantico: da qui il nostro "blob freddo".

Elisa Palazzi
Climatologa del Cnr e docente all'Università di Torino

Mare nostrum

C'è un legame tra l'Artico e noi: non dobbiamo disinteressarci dei cambiamenti che si verificano là, perché il sistema climatico è fortemente interconnesso. Il Mediterraneo non è solo un'area di confine tra l'Europa ricca e l'Africa povera, è anche una frontiera climatica, una regione di transizione tra fasce climatiche diverse, un luogo più vulnerabile alle situazioni meteorologiche.

L'area mediterranea si trova, infatti, in una posizione particolare, a cavallo tra la fascia tropicale e la zona delle medie latitudini nell'emisfero boreale, e come tale sta risentendo fortemente dell'allargamento dei Tropici (ovvero di un'estensione della fascia subtropicale, dove ci sono oggi i grandi deserti). Questo sta portando sempre più spesso intrusioni dell'anticiclone africano alle nostre latitudini, investite da aria calda, afa, ondate di calore e periodi siccitosi. Ma nel contempo anche da eventi di precipitazione intensa nel momento in cui l'anticiclone si ritira e torna da dove è arrivato, e aria più fredda da nord prende il sopravvento.

Parlando dei cambiamenti nella precipitazione, più in generale possiamo dire che sono stati meno omogenei di quelli registrati nella temperatura (che è sostanzialmente aumentata ovunque). Per il futuro, visti anche i cambiamenti in atto, si prevede che le zone già secche saranno sempre più secche, e le zone dove già piove saranno più umide. Piove sul bagnato e non sull'asciutto, potremmo dire. E i fenomeni tenderanno a estremizzarsi, nel senso sia di carenza di acqua (siccità) sia di eccesso (nubifragi e piogge intense). Le precipitazioni a carattere alluvionale cui assistiamo sono un fenomeno meteorologico estremo che può diventare catastrofico nel momento in cui agisce su territori di per sé vulnerabili o che, a causa dell'antropizzazione lo sono diventati.

Nell'Europa a 32 Stati, l'Agenzia per l'ambiente ha attribuito l'80% delle perdite complessive a livello comunitario a eventi meteorologici e idrologici estremi nell'arco di tempo 1980-2016. La regione mediterranea si sta scaldando il 20% più rapidamente della media. A oggi, si prevede che entro il 2050 il livello del mare possa aumentare di almeno 20 centimetri rispetto alle attuali coste dei Paesi del Mediterraneo. Possono sembrare pochi, ma sarebbero abbastanza da salinizzare il delta del Nilo e sconvolgere così la vita di milioni di persone.

Il rapporto del 2013 dell'Ipcc evidenzia, nel Mediterraneo, un aumento del numero di giorni caldi e una diminuzione di quelli freddi (durante le ore diurne e notturne), una crescita del numero delle ondate di calore e degli eventi di precipitazione intensa, un aumento dei fenomeni siccitosi sia in intensità sia in durata. L'ondata di calore del 2003, che ha causato 75 000 decessi tra Italia, Svizzera, Austria, Germania e Belgio, è stata finora un caso eccezionale, ma il fenomeno è destinato ad aumentare: sono previste 3-6 ondate di calore nel periodo 2020-2052 (una ogni 5-10 anni), 12-15 tra il 2068 e il 2100 (una ogni 2-3 anni).

In Europa oltre il 90% dell'energia deriva ancora da prodotti petroliferi. Tra gli altri effetti, questo comporta una dipendenza economica da Paesi che sono instabili a livello politico o che continuano a essere regimi autoritari. Tuttavia, c'è da dire che in Germania ad aprile 2020 le energie rinnovabili hanno coperto l'80% circa della domanda, in Italia il 46, con picchi di 70-90% in alcune fasce orarie dello stesso mese. Alla faccia di chi diceva che non potessero superare il 15-17% del fabbisogno totale. Quanto fatto finora è importante, ma ancora non abbastanza.

Sovente sottovalutiamo l'importanza delle questioni climatiche e ambientali, o pensiamo che non ci riguardino. Il clima dell'Europa – che si sente il "vecchio continente", ma che in realtà un continente non è, almeno seguendo i criteri applicati per tutti gli altri – ha profondamente segnato la nostra cultura, differenziando e determinando identità e interessi.

L'Italia, tra mari e monti

La regione del Mediterraneo in cui l'Italia si trova immersa è estremamente sensibile alle oscillazioni nella zona di confine tra le due fasce climatiche. Negli ultimi cent'anni la temperatura media annuale del nostro Paese è aumentata di circa 2 °C, praticamente il doppio del valore riscontrato a livello globale. Questo deriva da due fattori principali: l'essere una penisola circondata dal mare e la sua posizione di confine, incastonata tra due continenti e altrettanti centri di azione climatica. Nel periodo estivo, gli anticicloni africani, tipici del deserto, prendono sempre più il posto dell'anticiclone delle Azzorre, facendo sì che l'alternanza di forti precipitazioni e caldo feroce sia sempre più comune.

L'Italia si riscalda più della media del resto del mondo. Ciò non significa che non possano esserci ondate di freddo, come quella del 2017, e altri eventi in controtendenza. Si tratta appunto di episodi occasionali, che non modificano una tendenza climatica di riscaldamento (e il cui verificarsi, anzi, può essere messo in relazione a cambiamenti nella circolazione atmosferica indotti dal riscaldamento stesso).

Come ci ha ricordato Jonathan Safran Foer, anche se il riscaldamento si arrestasse entro il 2100, i ghiacciai alpini si ridurrebbero del 35%. Rispettando gli obiettivi fissati dall'Accordo di Parigi ne perderemo il 60%; l'80% se arrivassimo a 3 °C di aumento della temperatura a fine secolo, addirittura più del 95% se si dovesse continuare con l'attuale curva di emissioni o fare ancora peggio. Già nel breve periodo una notevole perdita di massa ghiacciata appare dunque inevitabile. Dal 1850 a oggi in Italia i ghiacciai si sono dimezzati. Tra gli anni Sessanta e il 2013 sono scomparsi 20 ghiacciai sulle Alpi piemontesi, e il volume totale di quelli alpini si è quasi dimezzato. La Marmolada, ghiacciaio perenne per eccellenza, è probabilmente destinato a scomparire nell'arco dei prossimi trent'anni, anche se il clima non si scaldasse ulteriormente. Se nel 1800 i ghiacciai della Valle d'Aosta ricoprivano il 10% della superficie della regione, oggi tale percentuale è scesa drasticamente al 4% e sul massiccio del Monte Rosa, l'area dove peraltro la riduzione è minore, essi hanno perso il 37% della loro estensione, cioè più di un terzo.

A Torino probabilmente inizieremo a fare festa quando vedremo cadere la neve, proprio come in Algeria.

Mentre scrivo queste parole penso ai tanti lavoratori del mondo dello sci, dell'alpinismo, dei rifugi, degli alberghi, del turismo, già enormemente colpiti durante la pandemia. Penso al mio compagno di corso (e di vita) Stefano, che a breve dovrebbe diventare maestro di sci, e a tutti gli amici e le amiche che, a Bardonecchia e altrove, fanno di questi sport la loro passione e il loro lavoro.

Il 10% del nostro Paese è potenzialmente soggetto a inondazioni che, assieme alle frane, nei primi vent'anni del nuovo millennio hanno portato alla morte di circa 500 persone e causato decine di migliaia di senzatetto in 1300 località. Anche le alluvioni sono in aumento. L'agricoltura non sarà più così sicura come oggi: le poche precipitazioni dovrebbero cadere in maniera più violenta, e ciò non è benefico per il territorio italiano, notoriamente franoso.

Se ci immaginiamo il surriscaldamento globale come un fenomeno distante che, almeno per il momento, non ci tocca, dovremmo ricrederci. Un rapporto dell'Enea (2018) dimostra che, se andiamo avanti di questo passo, nel 2050 trentasette comuni italiani, dalla Toscana alla Sardegna, al Veneto, potrebbero essere parzialmente sommersi. Già oggi osserviamo cambiamenti a livello di fauna e flora:

deperimento di specie vegetali, migrazione di animali, allungamento della permanenza in vita delle zanzare tigre da ottobre a marzo.

Da una parte, piove meno e la portata del Po è diminuita del 15%, dall'altra, negli ultimi mesi abbiamo assistito a "bombe d'acqua" – a Roma, Palermo e altrove –, devastazioni in Liguria, Piemonte. Emilia-Romagna, fiumi in piena o straripati che in soli tre anni hanno superato più volte il massimo livello mai raggiunto.

> La mattina del 3 ottobre 2020 ricevo sul cellulare una foto. Il luogo mi è familiare, ma le immagini raccontano di un disastro. Nella notte il torrente Cervo. esondando, a Biella ha fatto crollare, tra altre cose, la palazzina della Cittadellarte.
> Due anni prima Michelangelo Pistoletto mi aveva chiesto se sarei stato in grado di trasformare suoni e rumori dei fiumi di Biella, senza utilizzare strumenti musicali, in un'opera sonora, *Watermemories*, da allestire in quello spazio.
> Impresa difficile e appassionante. Mi occupavo da tempo di costruire brani partendo da ambienti sonori, ma sempre e solo in relazione allo scenario urbano. Per realizzare il racconto sonoro di quel fiume mi sono ritrovato a vagare con i microfoni tra sorgenti vicine ad antichissimi luoghi di culto, sostituiti dalle più recenti forme della cristianità, come il santuario di Oropa, e l'ingresso delle acque nella città, che da sempre ne trae l'energia per il lavoro.
> Tra note estratte dal suono di alcune gocce registrate sotto l'acqua, il ritmo scandito delle pale e delle macine dei mulini, il gorgogliare della fonte vocoderizzato e trasformato in un canto sacro, eccomi all prese con il suono che meglio rappresenta il flusso dell'acqua. L'essenza stessa del fiume. Il suono lo ricavo piazzando un microfono all'estremità di un parallelepipedo di plexiglass, puntato verso l'acqua che, per un effetto simile a quello della conchiglia sull'orecchio, cattura un'armonica molto ben definita. Si tratta dell'opera d'arte Barra d'aria di

Giuseppe Penone. Lavorando su quella nota, abbassandola di tonalità ottengo il mio "canto" del fiume.
Posso ora decidere, in base al dosaggio della quantità di frequenze basse, se renderlo grave e minaccioso, o esile e rilassante. Non voglio generare una sensazione ansiogena ma, nella complessità emotiva dell'opera, voglio che si registri anche quella nota inquieta che, da qualche tempo in qua, siamo soliti associare ai nostri corsi d'acqua. Da quando sono diventati oggetto ricorrente di esondazione e distruzione. Da quando hanno incominciato a ricordarci gli effetti del cambiamento climatico e del dissesto del territorio.
La mattina del 3 ottobre 2020, quando guardando la foto scopro che il fiume si è ripreso i suoi suoni, quasi a chiudere un cerchio artistico, capisco di avere fatto la scelta giusta.
La mia *Watermemories* racconta quel fiume, senza omissioni.

Max Casacci
Musicista, produttore, fondatore dei Subsonica

È difficile attribuire l'origine di un singolo evento meteorologico estremo al cambiamento climatico. È più facile quando ci si trova di fronte a una serie di eventi singolarmente unici ma in relazione tra loro e altrettanto disastrosi, come quelli appena visti.

Quello degli incendi è un altro fenomeno in aumento. Nel 2017 in Valsusa migliaia di ettari sono bruciati sprigionando in aria moltissima CO_2. Eppure, le foreste e i suoi alberi sono i migliori alleati che abbiamo per contrastare l'aumento dei livelli di gas serra in atmosfera, e come tali dovremmo salvaguardarli.

Per evitare il collasso, smettere di estrarre combustibili fossili non è ancora abbastanza. Si parla di molte soluzioni, ma non di quella che abbiamo proprio davanti a noi.

La forza della foresta

«C'è una macchina magica, che sottrae carbone all'atmosfera, costa pochissimo e si costruisce da sola. Si chiama albero. Un esempio perfetto di soluzione climatica naturale».

L' ha detto George Monbiot, penna di punta di *The Guardian*. «La natura è uno strumento di cui possiamo servirci per riparare il nostro clima spezzato». E continua: «Ancor più assurdo è che, ora che abbiamo un disperato bisogno della natura, la distruggiamo più velocemente che mai». Le foreste tropicali vengono abbattute al ritmo di 30 campi da calcio al minuto.

Anche se quando si disbosca un'area si versa a favore di progetti di conservazione il denaro corrispondente al valore che le era stato precedentemente attribuito, non si recupera il valore reale degli alberi. Una foresta vale ben più della sua quotazione di mercato, è la casa di migliaia di esseri, umani e non, che sanno proteggerla al meglio senza gli incentivi dell'economia finanziaria.

Inoltre, più semplicemente, con questo metodo le emissioni non vengono compensate. È un aspetto cui si pensa meno, m bisogna prendere atto che le foreste non sono ecologicamente intercambiabili. Abbattere ecosistemi è facile, il difficile è ricostruirli. Piantare qualche albero non significa dare vita a un ecosistema.

> Spesso di un albero si nota solo l'altezza, la bellezza.
> Ma tutto dipende dall'albero. L'acqua dipende dall'albero, l'ossigeno dipende dall'albero, è la casa di tutti. Delle formiche, dei piccoli insetti, delle cicale, tutti lì dentro.
> È bello vedere crescere un albero che hai piantato, sano, solido.
> Che forza c'è qui dentro.
> Pensando che questo albero ha pochi giorni e arriverà a 400/500 anni, si può intravedere il concetto dell'eternità.

Sono le parole di Sebastião Salgado, maestro brasiliano della fotografia che per lunghi anni ha raccontato le storie di persone e popoli. Il film in cui vengono pronunciate, "Il sale della Terra", è una vera boccata di ossigeno, linfa vitale. In dieci anni la famiglia Salgado, ritornata in Brasile dopo molte avventure, è riuscita a piantumare 2 milioni di alberi appartenenti a 150 specie, dando vita all'Instituto Terra, per restituire a una parte di foresta pluviale il suo originario splendore.

La tempesta Vaia dell'ottobre 2018, nelle Dolomiti, è stata il più potente uragano extratropicale che si sia abbattuto sull'Italia negli ultimi cinquant'anni, con raffiche di vento tra i 200 e i 217 chilometri orari. La stima definitiva dei danni sul versante del Friuli Venezia Giulia, secondo la Protezione civile regionale, ammonta a 615 milioni di euro. In Veneto i danni sono stati valutati a 1 miliardo e 769 milioni, mentre le stime per la Lombardia sono sui 40, quelle per l'Alto Adige si attestano attorno agli 85, quelle per il Trentino sui 250-300 milioni di euro. Per quanto concerne il patrimonio vegetale, secondo le stime sono stati spazzati via tra i 20 e i 40 milioni di alberi su una superficie di 41 000 ettari.

Per questo motivo quattro amici, che vivono di musica e dispongono ormai di un ampio pubblico, hanno deciso di attivarsi. Sono Lorenzo Federici, Eugenio Cesaro, Emanuele Via e Paolo Di Gioia. Insieme formano gli Eugenio in Via Di Gioia, un gruppo indipendente nato a Torino e adesso conosciuto e amato lungo tutta la Penisola. La loro canzone "Lettera al prossimo", parte dell'album *Natura viva*, si è trasformata in un ampio progetto che consiste nella piantumazione di una foresta. L'omonimo sito, nato dal bisogno di raccontare l'urgenza e di voler fare un'azione concreta, è divenuto centro virtuale di confronto su tematiche legate all'ambiente, incubatore di campagne sostenibili e virtuose, aggregatore di contenuti didattici, promotore di una cultura collaborativa, organizzativa e partecipativa.

Nel settembre 2019 hanno deciso di lanciare una campagna di *crowdfunding*, il cui obiettivo era riuscire a piantare una foresta entro il 26 settembre 2050. A ogni euro donato per l'iniziativa, il conto alla rovescia si abbassava di un giorno. In sole 24 ore, la data del traguardo è stata anticipata di circa 15 anni. In 10 giorni si è riusciti a colmare i 30 anni di distanza originariamente pensati. La "lettera al prossimo" è arrivata molto prima del previsto.

«Quest'esperienza ci ha dato la possibilità di ampliare le nostre conoscenze e di continuare il discorso in maniera più rotonda. Se ci fossimo accontentati di lanciare la canzone e di fare semplicemente i musicisti, ci saremmo preclusi l'occasione di imparare moltissime cose e allo stesso tempo la possibilità di mettere in piedi altre opere in scala esponenzialmente più grande, grazie anche alla visibilità a livello nazionale a cui ci ha portato questo primo passo» mi hanno detto Emanuele ed Eugenio in un'amichevole chiacchierata.

La zona che hanno individuato per il loro obiettivo è proprio in Trentino, in una delle aree che un anno prima erano state violentemente colpite dalla tempesta Vaia. Qui, oltre a un notevole aumento dei rischi connessi al dissesto idrogeologico, nell'industria del legno triveneto, non attrezzata per gestire l'improvviso surplus, si è verificata una saturazione di mercato e il conseguente crollo del prezzo del legname. Grazie all'iniziativa degli Eugenio in Via Di Gioia ho scoperto Vaia, un gruppo di ragazzi che ha deciso che lo shanghai di abeti senza vita andava trasformato in qualcosa, proponendosi di creare e vendere oggetti senza depauperare porzioni di natura ancore intatte, anzi ripristinando le risorse naturali di un ecosistema. Con il recupero del legno caduto sono riusciti da una parte a tutelare comunità e territori esposti al rischio idrogeologico, dall'altra a creare una prospettiva economica eticamente e sostenibilmente valida.

Ciononostante, molti degli alberi sradicati dalla tempesta sono divenuti inutilizzabili, e la presenza consistente di tronchi squarciati non permetteva di costruire oggetti di grandi dimensioni.

«Da qui ha origine il concept di Vaia: un cubo dalla forma regolare, semplice ed elegante». È un amplificatore naturale costruito a mano con legno di larice e abete, in cui è possibile inserire il proprio telefono e ascoltare la musica, amplificata dal suono della natura. Un piccolo oggetto diventa veicolo di rinascita e cooperazione.

«Se porti avanti un'idea per tanto tempo con costanza e convinzione, quell'idea assume un valore molto più grande dello sforzo che ci è voluto per realizzarla» ha concluso Eugenio. «Tutta questa frase si poteva dire con: ne è valsa la pena» ha aggiunto sorridendo Emanuele.

Tra la pandemia e momenti di condizioni avverse, l'inaugurazione del progetto degli Eugenio in Via Di Gioia è stata per forza di cose più volte rimandata. Mentre andiamo avanti con la stesura del libro, con il mio amico Pietro Morello stiamo ultimando i preparativi per recarci in Trentino a dare una mano a Paolo, Emanuele, Eugenio, Lorenzo a piantare un po' di alberi.

Negli ultimi anni, in Italia e in tutto il mondo, sono stati portati avanti numerosi progetti per piantare alberi e ricostruire foreste. Il motore di ricerca Ecosia, che vi consiglio di utilizzare a pieno regime, pianta un albero ogni 45 ricerche circa. Al 15 gennaio 2021, Ecosia ha piantato 177 666 898 alberi. In collaborazione con One Tree Planted la Juventus, la squadra per cui tifo, a partire da dicembre 2020 pianta 200 alberi ogni goal segnato. E adesso anche la natura (e non solo la mia squadra del fantacalcio) è contenta che alla Juve ci sia Ronaldo.

Il cuore oltre l'ostacolo

C'è da dire una cosa: sono tutte iniziative bellissime, ma molto care e dispendiose. Non è facile mettere in piedi un'azione che non sia solo uno specchietto per le allodole: oltre alla piantumazione, bisogna pensare alla crescita, poi alla potatura degli alberi, alla loro gestione e a molto altro ancora. Si tratta di piantare, curare, proteggere. E ci vuole tempo prima che gli alberi crescano ed entrino nella fase per cui assorbono la maggior quantità di CO_2 del loro ciclo di vita. C'è solo una cosa più efficace del piantare alberi: non abbatterli.

Secondo un importante articolo apparso su *Nature*, i costi per fermare la deforestazione a livello mondiale ammonterebbero a 64 miliardi di dollari: una cifra enorme, ma niente in confronto ai 3500 miliardi che rappresentano i danni cui andremo incontro se continuiamo a deforestare.

A proposito di soluzioni, avete per caso visto la Regione Veneto, la più colpita dalla tempesta, adottare qualche misura o impegnarsi a farlo nel lungo periodo? Avete sentito dichiarazioni rispetto a politiche di mitigazione del cambiamento climatico o di prevenzione e adattamento sul territorio?

Quello che mi piace dei progetti come Vaia e "Lettera al prossimo" è che non si limitano a mettere alberi qua o là, ma danno una risposta innovativa e concreta cui può aderire la cittadinanza tutta, spesso alla luce di un'inazione di istituzioni e governi. Sono progetti che propongono un modo diverso di fare e vedere le cose. Da devastazione creano bellezza e condivisione.

Seguo e supporto volentieri questi e altri progetti anche perché mi fanno pensare al Trentino e mi permettono di fare qualcosa per le mie amate Dolomiti, scoperte per la prima volta in un'avventura tra sole e pioggia, ghiaia e nebbia con una banda di amici speciali: Anna di Pordenone, Alice, milanese orgogliosamente di Quarto Oggiaro, Andrea e Davide di Pergine Valsugana.

Ricordo quando con loro, dopo Malga Tuena o tra il Passo della Forcola e il Pian della Nana, facevo indovinelli, e mi chiedevano se la soluzione fosse un nome concreto o astratto. Sono sempre stato famoso per gli indovinelli. Ne ho fatti e ricevuti tanti anche da un anno a questa parte, come la volta su e giù per i monti delle Dolomiti di Brenta:

> Un re lo vede quando vuole, un papa lo vede quando muore, noi lo vediamo tutti i giorni e Dio, che tutto vede, non lo vede. (Un suo simile)
> Questa cosa tutto divora, bestie, uccelli, fauna e flora, distrugge re, Paesi abbatte, le alte vette rende piatte. (Il tempo)
> Non ha voce e grida fa, non ha ali e a volo va, non ha denti e morsi dà, non ha bocca e versi fa. (Il vento)

Tutti questi indovinelli, alcuni rubati a Tolkien e altri maestri del genere, sono, almeno per i più, difficili. Quindi concedevo gli amici la possibilità di farmi domande, alle quali potevo rispondere unicamente sì o no. Poi, come un sempreverde che mai si smentisce, arrivava puntuale il fatidico quesito: «Questa cosa è concreta o astratta?».

Con l'acqua alla gola

Ci siamo allontanati un po' dal sentiero del racconto e dal suo protagonista, il mare. Né concreto né astratto, una parola sola, però infinita, a suo modo persino magica, in fondo semplice.

Il mare è senza strade, senza sentieri, senza spiegazioni.

> Il lavoro mi stanca e il mare si ribella ai miei ostinati tentativi di capirlo. Non pensavo che potesse essere così difficile stargli davanti. Me ne aggiro con i miei strumenti e i miei quaderni, senza trovare l'inizio di ciò che cerco, l'ingresso a una qualsiasi risposta.
> Dove inizia la fine del mare? O addirittura: cosa diciamo quando diciamo: mare? Diciamo l'immenso mostro capace di divorarsi qualsiasi cosa, o quell'onda che ci schiuma attorno ai piedi? L'acqua che puoi tenere nel cavo di una mano o l'abisso che nessuno può vedere? Diciamo tutto in una parola sola o in una sola parola nascondiamo tutto? Sto qui, a un passo dal mare, e neanche riesco a capire, lui, dov'è. Il mare. Il mare. (A. Baricco, *Oceano Mare*, Rizzoli, Milano 1993)

A febbraio del 2021 sono tornato a Venezia, dove se no.

Venezia è come il volto di Medusa – paralizza chi la guarda direttamente negli occhi. È una città straordinaria. Nel vero senso della parola: persino piccoli gesti, come buttare la differenziata o ricevere la posta, lì sono fuori dall'ordinario. Lo sono i suoi sestieri, i luoghi più noti – da Rialto a Ca' d'Oro passando per Santa Maria della Salute e la libreria dell'Acqua Alta – e anche quelli meno conosciuti. Campo dei Mori, la zona dello Squero, San Pantalon, il labirinto di Borges. Non mi spingo molto più in là: troppi e troppo a lungo hanno raccontato di Venezia.

> Capisco molto bene, per esperienza fatta sulla mia pelle, stavo per dire, cosa significa parlare di un luogo già troppo parlato. [...] Le infinite descrizioni hanno fatto diventare *déjà vu* ciò che l'occhio ancora vorrebbe vedere; anzi, per dire meglio, *si sono sostituite* a ciò che l'occhio vorrebbe ancora vedere, sono entrate nella retina e hanno condizionato la visione, così che oggi la realtà rappresentata, il luogo comune di questa realtà, è diventato l'unico luogo frequentato – e la realtà è sopraffatta dalla sua rappresentazione.

È quanto scritto da Raffaele La Capria nella prefazione a *Venezia minima*, un libro di Predrag Matvejević che, assieme a *Venezia è un pesce*, chi conosce e ama la Serenissima non può non aver letto. Ho passato la metà delle mie giornate a visitare o più semplicemente a gironzolare con i miei amici Giulia e Andrea, che studiano lì. Sfruttavo il tempo rimanente per conoscere persone e storie del posto, realtà che si prodigano per fare del bene, lavorare per e con le comunità locali, creare aggregazione.

A Venezia, quando la marea si alza l'acqua arriva fin quasi alle finestre delle case. È come stare su una grande nave, eppure buona parte degli abitanti le grandi navi, giustamente, non le vuole. Il Comitato No grandi navi porta avanti una serie di istanze per ragioni di sicurezza, di salute pubblica e di difesa dell'ecosistema lagunare.

A Venezia, Mestre, Padova, e più in generale nel Nordest, gli attivisti e le attiviste dei gruppi locali di Extinction Rebellion, Mediterranea Saving Humans, Fridays for Future, Rise Up 4 Climate Justice mi hanno sempre accolto a braccia aperte e fatto scoprire cose nuove. Sono anche andato a disturbare qualche esperto, come Luigi Cavaleri, ricercatore del Cnr e oceanografo, che per una vita ha parlato di onde e acque alte in giro per il mondo.

Quello che trovo suggestivo dell'innalzamento del livello dei mari è che, per lo stesso principio dei vasi comunicanti, coinvolge tutti, ricchi e poveri, almeno in teoria, e tutti ne subiscono le conseguenze. Tuttavia, ognuno di noi risente del livello del mare relativo alla costa dove si trova. Proprio per questo è importante considerare anche i movimenti verticali della crosta terrestre nelle singole zone. Così, per esempio, Venezia, che ci sta tanto a cuore, soffre non soltanto dell'innalzamento assoluto del livello del mare ma anche dell'abbassamento delle terre.

«Il problema di Venezia è estremamente semplice – mi ha detto Luigi –. Prima di tutto bisogna sapere che la città sprofonda. È sempre accaduto: non per cause antropiche, ma perché buona parte della Val Padana giace su 700 metri di sedimenti. È come sedersi su una sedia posta su un materasso: a poco a poco, il materasso viene schiacciato. Venezia sprofonda di un millimetro e mezzo ogni anno». «Tutti si chiedono – ha aggiunto – perché San Marco sia la parte più bassa di Venezia. Basta pensare a quanto ammonta il peso complessivo di campanile, basilica, Palazzo Ducale e quant'altro. Se tu metti un peso di 50 milioni di tonnellate su dei sedimenti nel lungo periodo non è difficile immaginare cosa accada».

Contemporaneamente, come ormai sappiamo, il livello del mare cresce di circa 3,5 millimetri l'anno. Se sommiamo i due dati possiamo concludere che il livello della città rispetto all'acqua scende di circa 5 millimetri ogni anno. Sembrano pochi, ma se si sommano ai 13 centimetri persi a causa dell'emungimento di acqua per le attività industriali a Marghera e al depauperamento delle falde nel periodo del dopoguerra, con il passare degli anni questo numero diventa sempre più significativo. Dal 1900 ai giorni nostri il suolo a Venezia si è abbassato di 20 centimetri, mentre il livello assoluto del mare è cresciuto di una quindicina. Un aumento del livello marino, anche con una tendenza stazionaria o in diminuzione di fenomeni meteorologici avversi, comporta maggiore frequenza nelle inondazioni, e questo sta succedendo a Venezia, dove negli ultimi cinquant'anni la frequenza di eventi di acqua alta è continuamente aumentata.

Luigi Cavaleri mi ha anche spiegato nel dettaglio la coincidenza di variabilità meteorologica che ha portato ai 100 chilometri orari di vento e ai 187 centimetri di acqua alta del novembre 2019. Proprio in quell'occasione, molti che ho incontrato si sono attivati e hanno formato una grande coalizione per aiutare quelli maggiormente colpiti e fare rete con la cittadinanza.

È la tendenza che conta

Sempre Luigi mi ha tuttavia invitato a fare attenzione ai casi estremi. «Per ogni evento estremamente intenso che citi, puoi sempre trovare un negazionista a farti l'esempio opposto. Le oscillazioni di anno in anno del clima sono estremamente più ampie della tendenza media». Non è il fenomeno estremo, ma la tendenza che conta. «È molto difficile prendere in esame esclusivamente casi estremi per analizzare il problema; bisogna quantificare e lavorare sulle statistiche, sulle medie e sul numero di eventi».

Come per il cambiamento climatico in generale, si dice che la vita a Venezia, sin dai tempi di Marco Polo, sia stata influenzata dall'acqua alta. Anche in questo caso si tratta di un fenomeno che esiste da tempo, ma che negli ultimi decenni è stato più intenso che mai. Nel passato anche recente, fino agli anni Cinquanta si registravano a decennio da due a otto episodi di acqua alta, che sono gradualmente aumentati, fino ai 50 tra il 2000 e il 2010 e agli oltre 80 da allora. Il trend crescente riguarda anche gli eventi eccezionali, in cui l'acqua alta supera i 140 centimetri, che sono stati assenti nella prima parte del Novecento. Delle nove acque alte più forti della storia, cinque si sono verificate negli ultimi 19 anni.

Finché fenomeni "leggeri" di acqua alta accadono una o due volte a settimana, la situazione può non precipitare, dato che il Mose (con non pochi problemi e polemiche) sembra funzionare. Però quando, nei prossimi decenni, questo numero raddoppierà o addirittura triplicherà, non si potrà tirare su il Mose ogni giorno: altrimenti la laguna, che necessita obbligatoriamente di un ricambio d'acqua, diventerebbe uno stagno – con tutte le conseguenti implicazioni per la vita umana e animale.

Gli allagamenti più gravi in città si verificano quando all'alta marea e ai fenomeni a essa collegati si abbinano forti venti provenienti da sud, che risalgono l'Adriatico e "spingono" la massa d'acqua verso la laguna. Come accadde appunto nell'autunno del 2019, quando le sirene della città che annunciano l'arrivo dell'acqua alta misero in allarme i cittadini veneziani e l'Italia intera. Un succedersi di perturbazioni meteorologiche, con venti di scirocco non particolarmente intensi, ha causato ripetute acque alte eccezionali dovute al livello medio dell'Adriatico, temporaneamente molto alto.

Un'analisi dell'Enea ha rivelato che l'area tra Venezia e Trieste è una delle più vulnerabili al cambiamento climatico in Italia, in quanto l'innalzamento in termini assoluti del livello del mare e gli effetti tettonici di subsidenza del terreno si amplificano a vicenda, accoppiandosi ad altre concause. Nello scenario *business as usual* le acque penetreranno per circa 30 chilometri all'interno rispetto all'attuale linea di costa.

Tutto ciò comporterà costi importanti per la società, in termini di rimodulazione dello spazio e di disegno di nuove opere di protezione o aggiornamento di quelle già esistenti. La capacità e possibilità di arretrare nel lungo periodo segnerà la vita di molti. Non ho mai trovato un veneziano al quale non piaccia Venezia. È una città difficile, cara, soffocata dal turismo, ma la amano. Molti scappano comunque verso la terraferma, perché c'è sempre meno spazio per vivere in laguna, e perché banalmente a Venezia la terraferma non c'è. È sotto l'acqua, che spesso sale.

Predire cambiamenti nel livello marino, capire che cosa questo comporta, portare avanti politiche di mitigazione e opere di adattamento, come la pianificazioni della zona costiera, diventa sempre più cruciale ogni giorno che passa.

Per fortuna – a fronte dei "danni inimmaginabili" inferti dall'*aqua granda* del 2019, la seconda più alta di sempre, e della "devastazione apocalittica e totale", come l'ha definita il suo presidente – la Giunta regionale veneta si è decisa a smuovere la situazione stagnante, riconoscere l'emergenza climatica in corso e prendere delle misure serie per affrontarla come tale...

Beh, mi spiace dirlo, ma purtroppo non è andata così.

Martedì 13 novembre 2019 l'acqua ha fatto breccia e ha allagato il Consiglio regionale pochi minuti dopo che la Giunta aveva bocciato gli emendamenti presentati per contrastare i cambiamenti climatici. Non è uno scherzo, piuttosto l'ironia della sorte, che "fa venire a galla", mi verrebbe da dire, l'ipocrisia e l'inadeguatezza di una classe politica che è pronta a lamentarsi e a chiedere aiuto per calamità avvenute ma non si adopera per prevederle, decidendo di non voler pensare a una prospettiva di lungo periodo.

Come avrete ormai capito, molti politici della Regione Veneto non sono tra i miei supereroi preferiti.

Oltre a Palazzo Ferro Fini, che è stato poi evacuato mentre la seduta era ancora in corso, l'acqua, alta 187 centimetri, ha sommerso l'80% del capoluogo veneto e causato danni enormi.

Al centro della basilica di San Marco c'è una grande lastra di marmo. I veneziani la chiamano "il mare". È levigata dal tempo e quasi increspata dall'instabilità delle fondamenta. «Il mare difende e minaccia, dà vita e morte. Non c'è una soluzione di continuità. Non c'è una risposta definitiva. Forza e debolezza non sono opposti per Venezia. Saper cercare un equilibrio quasi impossibile con l'acqua, con la natura, con la paura» ha detto il regista veneto Andrea Segre nel suo docufilm "Molecole".

La prima cosa che viene intuitivo fare, in queste situazioni, è alzare gli argini dei fiumi o, nel caso di Venezia, costruire una singolare opera che tenga al di fuori un po' di acqua e non pochi casini. Forse non l'abbiamo ancora metabolizzato, ma siamo già arrivati al punto di dover costruire un muro, anche se mobile, per cercare di difenderci da eventi amplificati e accelerati dall'emergenza climatica. Se oggi è ancora possibile proteggersi con il Mose, è facile che il marchingegno, in un arco di tempo più breve di quanto pensiamo, rischi di divenire insufficiente.

Rinforzare l'orlo del baratro non è più abbastanza, se non ci si preoccupa di colmarlo.

Di smog si muore

Nel 2020 un'altra emergenza ha sconvolto il mondo.

La foto arrivata dai reparti di malattia infettiva del Policlinico di Bari, che ritrae quattro operatori sanitari che reggono cartelli con la scritta «Il Covid-19 non è l'unica emergenza, agite ora sul clima e salvate gli ecosistemi!» ha scosso l'opinione pubblica. L'Oms, di cui tanto abbiamo sentito parlare, afferma che tra il 2030 e il 2050 nel mondo potranno esserci fino a 250 000 morti l'anno a causa dei cambiamenti climatici. Nel nostro Paese sono già ora in media 80 000 ogni anno i decessi dovuti all'inquinamento dell'aria. Un piemontese ha per questo un'aspettativa di vita inferiore di nove mesi rispetto alla media italiana. Per un abitante di Torino, dove abito, è inferiore di due anni.

La pandemia, l'inquinamento e le emissioni climalteranti sono tre questioni intrinsecamente connesse. Quando su internet hanno cominciato a circolare le immagini satellitari della Cina e della pianura padana – regioni entrambe estremamente degradate dal punto di vista della qualità ambientale in generale e dell'inquinamento atmosferico in particolare – che mostravano l'impressionante riduzione delle emissioni causate dallo stop delle attività per il nuovo Coronavirus, molti hanno pensato che questa terribile situazione avrebbe avuto almeno un effetto positivo: rallentare notevolmente il surriscaldamento globale. In effetti, nel febbraio 2020 le misure adottate dalla Cina hanno determinato una riduzione del 25% delle emissioni di anidride carbonica rispetto allo stesso periodo del 2019. Tutto ciò, secondo lo studio di G-Feed riportato da *Internazionale*, «ha evitato almeno 50.000 morti per inquinamento atmosferico, cioè un numero più alto di quello delle vittime del Covid nello stesso periodo». Ma è mai possibile che per vedere una riduzione delle emissioni si dovesse aspettare un'emergenza di quella portata?

In verità bisogna dire che tutte le crisi economiche del recente passato sono state accompagnate da una riduzione delle emissioni inquinanti e climalteranti. Sono state gli unici momenti della storia recente in cui la crescita costante della curva delle emissioni si è interrotta. Ogni volta, però, la ripresa ha portato con sé un vertiginoso nuovo aumento della curva. Se per esempio la Cina dovesse, come sembra, confermare la costruzione di centrali a carbone per far ripartire l'economia, nel medio-lungo periodo decisioni di questo tipo potrebbero vanificare qualunque miglioramento.

Molti studi, a partire da quello dell'Università di Harvard, evidenziano la relazione tra clima più caldo, inquinamento dell'aria e diffusione del virus. Su questo aspetto però bisogna essere prudenti e aspettare che le ricerche facciano il loro corso.

L'inquinamento atmosferico, su cui spenderò poche parole, è l'altra faccia dei cambiamenti climatici. Quando si parla di inquinamento atmosferico, e specificamente di particolato, invito a ricordare ciò che ormai è assodato: l'aerosol primario, il 30% del totale, deriva principalmente dal riscaldamento di edifici, mentre il secondario (pm 10, le molto citate "polveri sottili"), che contribuisce per circa il 70%, deriva da trasporto merci su strada, veicoli leggeri, agrozootecnia e industria.

L'Italia è stata deferita più volte dalla Commissione alla Corte europea di giustizia per questioni legate all'inquinamento dell'aria. Il 26% delle sanzioni comminate al nostro Paese sono dovute a problemi ambientali. L'inquinamento a Torino oggi è doppio rispetto a Helsinki, triplo in confronto a Dublino e Copenaghen. Clima e inquinamento sono fenomeni diversi, che hanno però molto in comune. Se li affrontiamo insieme, è come quando ci sono gli sconti. Compriamo, o meglio combattiamo, due al prezzo di uno.

Nel 2012 il saggista e divulgatore statunitense David Quammen scrisse nel suo *Spillover* (Adelphi, Milano 2013) che una probabile futura pandemia sarebbe partita dal salto di specie di un virus trasmesso da un animale selvatico, e che questo sarebbe venuto a contatto con l'uomo proprio in Cina. Quammen non aveva una sfera di cristallo, ma la capacità di approfondire e condurre ricerche. Negli ecosistemi terrestri si trovano milioni di specie viventi, alcune portatrici di forme virali uniche. L'emergere di tre nuovi Coronavirus in meno di vent'anni è un fenomeno fortemente legato al cambiamento degli ecosistemi: se vengono travolti, il virus si trova di fronte a nuovi ospiti.

Un punto di contatto tra le due crisi consiste nel fatto che con il riscaldamento globale il rischio si amplifica: la fusione dei ghiacciai e soprattutto lo scongelamento del permafrost potrebbero rilasciare – oltre a ingenti quantità di metano (nel caso del permafrost), un gas parecchio cattivo – molti microrganismi sconosciuti provenienti dal passato (anche se non necessariamente attvi), ai quali il caldo potrebbe offrire le condizioni ideali per esplodere.

Del resto il riscaldamento globale ha un effetto anche sulle specie contemporanee: non solo le fa migrare verso latitudini e altitudini maggiori ma fa espandere anche i vettori delle malattie. Le ondate di calore e la diffusione di vettori – specie come la zanzara tigre asiatica e alcuni tipi di zecche – facilitano l'insorgenza di morbi quali la dengue, l'encefalite, la chikungunya, la leishmaniosi.

> «Di particolare gravità è la deforestazione, necessario preludio a queste attività, come dimostra il caso del virus Nipah, comparso in Malesia nel 1998, e probabilmente legato all'intensificarsi degli allevamenti di maiali al limite della foresta, dove si disboscava per ottenere terreni a spese dei territori di pertinenza dei pipistrelli della frutta, portatori del virus. E sia Sars sia Ebola sono da ricondursi a pipistrelli, cacciati o comunque conviventi con i *sapiens* nelle aree metropolitane, oltre che a scimmie, preda di bracconaggio e vendita illegale».

Questo ha scritto Mario Tozzi in un articolo su *La Stampa* del 4 marzo 2020 intitolato "Deforestazione e allevamenti intensivi. I danni dell'ambiente fanno esplodere i virus".

Non sappiamo, al momento, se il Covid-19 sia una conseguenza dei cambiamenti climatici. Possiamo però dire che è il risultato di come e quanto l'essere umano negli ultimi decenni abbia abusato e distrutto della natura.

Quando interferiamo con i diversi ecosistemi, quando abbattiamo alberi, scaviamo pozzi e miniere, viviamo in metropoli sempre più affollate, catturiamo animali e li vendiamo morti o vivi, disturbiamo determinati ecosistemi e rischiamo di scatenare nuovi virus. Poi, volando intorno al Pianeta, trasportando cibo e altri materiali, li portiamo ovunque, trasformando un'epidemia in pandemia.

Nella nostra responsabilità, però, gli ottimisti come me potranno anche vedere la soluzione del gigantesco problema: basterebbe diminuire l'intensità e il livello di quelle attività distruttive per gli ecosistemi per ridurre, di conseguenza, il rischio di epidemie e irrobustire addirittura le nostre difese. Questa malattia ha mietuto vittime soprattutto tra le persone anziane e malate e i gruppi sociali più vulnerabili. Il nuovo obiettivo non è avere vite più lunghe, ma avere vite più lunghe in salute. Tutto ciò implica ripensamento dei nostri stili di vita, prevenzione di malattie e disuguaglianze sociali, investimento nella sanità pubblica, nell'istruzione e nella cultura.

La pandemia ha temporaneamente ribaltato la narrativa: preservare la vita è diventato più importante che preservare l'economia. «Difendere l'economia è più importante che vivere» ha detto invece il governatore del Texas, seguito da molti politici al di qua dell'oceano. Attenzione però: il problema non sta nell'anteporre l'una o l'altra e scegliere, ma nella dicotomia stessa.

La lingua del clima

Una narrativa corretta è il punto di partenza per affrontare i mutamenti climatici. Questo aspetto è fondamentale perché il linguaggio, il modo in cui ci esprimiamo, dà forma ai nostri pensieri.

Partiamo dal presupposto che quando parliamo di ambiente abbiamo un enorme problema, perché il linguaggio cui siamo abituati ci porta a concepire l'ambiente come qualcosa di distaccato, di esterno rispetto a noi. Il fatto che siamo parte integrante dell'ecosistema, se ci pensate, è un concetto difficile da esprimere a parole. Quando diciamo che facciamo parte dell'ambiente tendiamo a pensare che abbiamo attorno qualcosa che ci circonda, non che siamo al suo interno, tassello di un sistema, pezzo del puzzle.

L'ecolinguistica analizza temi come il consumismo e cerca modi alternativi di pensare e di parlare del mondo, utili per fronteggiare problemi globali che gli umani devono affrontare mentre i sistemi ecologici che supportano la vita vengono danneggiati e perdono l'abilità di farlo.

> Non siete veri mammiferi.
> Tutti i mammiferi di questo Pianeta d'istinto sviluppano un naturale equilibrio con l'ambiente circostante, cosa che voi umani non fate.

> Vi insediate in una zona e vi moltiplicate. Vi moltiplicate finché ogni risorsa naturale non si esaurisce. E l'unico modo in cui sapete sopravvivere è spostarvi in una zona ricca.
> C'è un altro organismo che adotta lo stesso comportamento. È il virus. Gli esseri umani sono un'iniezione estesa per questo Pianeta, un cancro, una piaga.

Questa citazione dal film *Matrix* del 1999 ci ricorda come la dicotomia del rapporto uomo-natura abbia origini lontane.

L'uomo si sente padrone della natura, che viene considerata plasmabile a piacere. L'ambiente è sempre stato visto come fonte da cui attingere risorse ma anche come discarica in cui gettare i rifiuti. In molte delle lingue occidentali le risorse sono prive di limiti: acqua, energia, petrolio sono nomi di masse non numerabili. Sappiamo che si tratta di elementi finiti ma la lingua, e noi di conseguenza, li rappresenta come se l'unica fonte di restrizione fosse il nostro modo di quantificarli (una cisterna, un barile), e questo porta inevitabilmente a percepirli come inesauribili.

Il disastro economico e quello ambientale hanno la stessa origine: partono dal presupposto che l'avidità sia sana e l'ambiente a disposizione di chi lo sfrutta. Troppo a lungo abbiamo considerato la natura come qualcosa di ovvio, scontato. Con il nostro modo di pensare incentrato sull'economia, abbiamo misurato ogni millimetro secondo il suo valore monetario, anche nell'ambito della protezione dell'ambiente.

A partire dagli anni Ottanta del secolo scorso, l'economia è stata concepita come il sistema dominante, e la società e l'ambiente come suoi sotto-sistemi. Il *Rapporto sui limiti dello sviluppo* del Club di Roma, che abbiamo già incontrato, evidenzia che il mercato non è e non può essere in cima alla gerarchia, anche se la nostra attuale società lo considera così. Per forza di cose non può esistere mercato senza ambiente, mentre può esistere ambiente senza mercato.

Finché continueremo a considerare la natura come merce e a parlare di fenomeni naturali in modo tecnocratico, non riusciremo a liberarci da questo meccanismo distruttivo. Invece di ricorrere a forme astratte, dovremmo assumere concetti che facciano apparire la natura come qualcosa di vivo, anziché indicare la sua funzione o valore d'uso: non sentiamo la mancanza di risorse idriche ma di acqua che zampilla da una roccia. Non assistiamo a una diminuzione di risorse ittiche ma di banchi di triglie. In sostanza, come sostiene il linguista statunitense George Lakoff, è necessaria un'azione di *reframing*. Uno degli esempi che porta è «Non pensare all'elefante!». E, nel momento esatto in cui lo dice, tutti pensano subito all'elefante. Il suggerimento è ricorrere a storie che fungano da esempio di valori e concetti che si vogliono trasmettere, fare leva sulle emozioni. È necessario mettere al primo posto i problemi quotidiani, le immagini, il contesto, e solo in un secondo momento i dati, i numeri, i grafici.

Per questo motivo nel libro proverò a portare il più possibile l'attenzione sulle persone e sui loro racconti.

In questo contesto i media ricoprono un ruolo nevralgico. La televisione, i giornali, le riviste, i video on line plasmano la narrazione culturale *mainstream*, la nostra percezione su molte cose, decidono quali storie meritino di essere raccontate e come.

Nei quotidiani le notizie sul clima si trovano solitamente in una sezione di nicchia, apposita, quando dovrebbero essere in prima o quantomeno nelle prime pagine. Le previsioni del tempo sono ancora nella stessa pagina dell'oroscopo e del sudoku. Anche se siamo bravissimi a controllare su chissà quale app del meteo che cosa accadrà nell'arco delle prossime tre ore, il più delle volte ci disinteressiamo di ciò che realmente condizionerà i prossimi trent'anni.

Le evidenze scientifiche spesso non sono trasmesse in maniera trasversale sui canali di comunicazione. Vengono ignorate o distorte. I legami tra i cambiamenti climatici e i fenomeni che ne conseguono non sono sufficientemente evidenziati.

Un errore che si ripete di frequente, sia sui quotidiani sia nella lingua di tutti i giorni, è confondere tempo e clima. Il tempo meteorologico è l'insieme delle condizioni atmosferiche in un dato istante o in un intervallo di tempo breve: temperatura, vento, formazione di nubi, precipitazioni, umidità... Il tutto può variare nell'arco di una giornata, è veloce. Il clima, invece, è un concetto relativo a un periodo più ampio, che può essere definito come la media e l'insieme delle condizioni meteorologiche di una specifica zona osservate nel corso di decine o centinaia, se non migliaia e milioni di anni.

Climate is what you expect, weather is what you get. Il clima è quello che ti aspetti, il tempo è quello che trovi. Con i modelli climatici non si vuole prevedere la situazione meteorologica di un certo giorno a una certa ora in un dato anno futuro, ma come varierà la statistica del tempo tra 30, 50 o 100 anni. A metà secolo, la temperatura media del Pianeta, o della mia regione, sarà maggiore o minore rispetto a oggi? Di quanto? Quale la probabilità che si verifichino più ondate di calore o periodi siccitosi? Di quanto in media si ridurrà la neve sulle Alpi in settembre, tra mezzo secolo? Domande di questo tipo appartengono alla sfera delle previsioni climatiche.

Proprio come se ne parla e come si mostrano determinano il modo in cui le questioni sono capite ed eventualmente contrastate. Alla fine del 2019 *The Guardian*, una delle testate più importanti nel Regno Unito e nel mondo, ha deciso di rivoluzionare la sua narrativa sul clima. Lo staff che si occupa delle fotografie pubblicate sul giornale ha lavorato per «comunicare visivamente l'impatto che l'emergenza climatica sta avendo in tutto il mondo» ha spiegato Fiona Shields, photoeditor del quotidiano.

Nel tentativo di garantire che le immagini da pubblicare trasmettano in modo appropriato l'emergenza che stiamo affrontando, la direzione si è rivolta a Climate Visuals e alle sue linee guida. Una di queste suggerisce di mettere in primo piano persone reali e storie autentiche; un'altra invita a usare meno le immagini classiche, come foto di ciminiere, panda e orsi polari, che rischiano di dare l'idea di un problema "non umano" né particolarmente urgente.

Dal punto di vista del linguaggio la testata britannica ha deciso di usare l'espressione "negazionisti del clima" al posto di "scettici", e di *global heating* invece di *global warming*. Quest'ultima scelta, che riflette la grave situazione in cui ci troviamo, è difficile da rendere in italiano: *warm* in inglese significa tiepido, *hot* significa caldo. Come si legge in un articolo sul quotidiano digitale in lingua italiana *Il Post*, anziché "riscaldamento globale" si è scelto di usare "infiammazione globale". Ultimo ma non meno importante, *The Guardian* ha preferito abbandonare l'espressione "cambiamento climatico", che risulta piuttosto passiva, per iniziare a parlare di "crisi climatica". Ed è così che la chiameremo d'ora in avanti.

In generale, l'emergenza climatica è da una parte una drammatica realtà, dall'altra una profonda astrazione, un grande contenitore. Dentro la parola clima, così come dentro le parole umanità e società, ci sta tutto, o quasi. La usiamo in termini di clima sociale, clima economico, clima politico, clima razziale, clima del territorio. Il clima influisce sulla religione, sulla sociologia, sulle teorie filosofiche.

Le conseguenze di un suo mutamento sono molteplici. Ve ne cito alcune di cui non abbiamo ancora parlato: dislocazione culturale, ansie, stress collettivi, geo-razzismo, sedimentazione spaziale delle ineguaglianze, cambiamenti nei consumi, finanziarizzazione della natura, epidemie, endemie globali, ontologie della catastrofe e normalità dell'emergenza, naturalizzazione delle disuguaglianze, dinamiche del capro espiatorio e delle comunità della paura.

Ripartiamo da qui, dalla paura: le comunità della paura create dalla società del rischio aggregano singoli interessi e timori, e corrispondono alla somma delle loro parti.

Una rilevazione eseguita a fine 2018 da Swg, leader nel settore delle indagini demoscopiche e delle ricerche di mercato, chiedeva a un campione di 1000 maggiorenni italiani quanto fossero preoccupati per il "clima impazzito" e i fenomeni atmosferici violenti: il 27% degli intervistati affermava di avere molta paura, il 56 abbastanza, il 16 poco e l'1 di non averne. Il 55% riteneva "molto necessari" interventi straordinari per affrontare il fenomeno, mentre il 60 ha risposto "poco" alla domanda su quanto stiano facendo i governi per invertire la rotta. Solo l'1% ha scelto l'opzione "molto".

La strada per una nuova economia

Questo primo capitolo contiene numeri, dati, racconti tanto catastrofici da non sembrare veri. Così allarmanti da incutere timore, generare rabbia o far venire il voltastomaco. Leggendoli e rileggendoli la mia prima reazione è stata: dobbiamo fare qualcosa!

Non so spiegare il perché, ma so che questa psicologia del terrore non ha funzionato e non sta funzionando, o almeno non abbastanza. Abbiamo visto in questi anni che, per quanto assurdo possa sembrare, infondere la paura non è stato sufficiente a segnare una svolta. Proviamo allora a ribaltare la narrativa anche in questo senso.

Il clima non è solo una questione di acqua e aria. È una questione di politica, commercio, economia. Economia, così come ecologia, deriva dal greco *óikos*, che significa casa. La nostra casa è la Terra. Un'economia che distrugge la nostra casa, e che non ha obiettivi all'infuori di crescere o decrescere, non è economia, ma una guerra contro il Pianeta, contro le sue genti e contro il nostro futuro.

Ci sono molte domande che ancora necessitano di risposte. In molti altri casi le risposte già ci sono, bisogna condividerle, parlarne, fare in modo che si sappiano.

Quanto costa arginare la crisi climatica? Tantissimissimo. Si parla di circa 50 000 miliardi di euro.

Quanto costerà in futuro la scelta di andare avanti con il *business as usual*?

Tantissimissimissimo.

Ora la domanda più corretta: qual è il costo dell'azione rispetto al costo dell'inazione?

Da un punto di vista meramente economico, non fare niente avrà implicazioni molto più pesanti rispetto a fare, e fare adesso. È un argomento importante, che le persone riescono a capire meglio.

Le aziende devono comprendere che efficientando le proprie strutture avranno dei risparmi. Alla domanda «Chi pagherà la transizione ecologica?» rispondiamo con un'altra domanda: «Chi pagherà il costo di non farla, questa transizione ecologica?». E la risposta è noi, i nostri figli, tutti quanti.

Puntare per davvero sull'economia verde significa dare alle persone un lavoro di qualità, di cui abbiamo un disperato bisogno. Lo stanno facendo altri Stati europei, non noi che siamo il Paese del sole, dell'acqua, del vento.

«La transizione energetica avverrà quando apparirà socialmente desiderabile» diceva Alex Langer, ambientalista e pacifista.

La cosa bella è che "etico" e "giusto", da essere considerati sinonimi di "irragionevole", stanno diventando sempre più equivalenti a "sensato" e "conveniente". Parte della comunità imprenditoriale ha cambiato drasticamente opinione: se fino a poco tempo fa temeva che decarbonizzare le proprie attività avrebbe iniettato costi aggiuntivi, eroso i profitti, intaccato la competitività, oggi è dell'idea che la transizione possa rappresentare un'opportunità di espansione e un'ancora di salvezza per un'economia altrimenti votata alla paralisi. Nel 2020, 200 lobby del petrolio sono fallite, come Shell Usa, o hanno rischiato il fallimento. Moltissime banche e colossi come Black Rock disinvestono nel fossile.

Quelli della transizione ecologica sono settori ad alta intensità di lavoro: investire in rinnovabili, efficientamento energetico, mobilità sostenibile, prevenzione contro il dissesto significa creare lavoro di qualità in quantità. È un processo che va accompagnato da incentivi e risorse per non lasciare nessuno indietro.

In Germania più del 30% dell'energia deriva dal solare e dall'eolico. In Marocco la percentuale è molto più alta. La Danimarca ricava quasi il 100% del fabbisogno elettrico dal vento. Le rinnovabili dal punto di vista economico possono vincere, ma soffrono ancora di un quadro normativo complicato, talvolta ostile, soprattutto di procedure di autorizzazione e di meccanismi di valutazione troppo lunghi e incerti. Serve dare stabilità, combattere l'incertezza. A oggi mancano 480 miliardi di dollari l'anno per la ricerca e lo sviluppo delle tecnologie a basse emissioni di carbonio per poter quantomeno provare a raggiungere gli obiettivi dell'Accordo di Parigi.

Spesso ci si preoccupa di chi pagherà i costi della transizione e non di chi sta già pagando i costi della non-transizione, che sono molto alti. I maggiori costi della transizione non devono ricadere sui più deboli e, più in generale, sui consumatori. Troppo spesso il buon senso e la scienza sono stati ignorati a favore di politiche a breve termine e di appoggi alle multinazionali che distruggono il clima. Proteggere l'ambiente non può più essere una carineria cui ci si dedica a tempo perso nel tentativo di compiacere l'elettorato. Servono programmi di investimenti massicci in energia pulita e trasporti pubblici alla portata di tutti, così da dare speranza e lavori sensati alle comunità svuotate dalla deindustrializzazione.

Il falso dilemma tra lavoro e ambiente

Si potrebbero fare molti esempi, uno che mi sta particolarmente a cuore è il caso ex-Ilva. Anche in quella situazione la scelta non può e non deve essere tra lavoro e ambiente. Dobbiamo uscire dalla falsa contrapposizione tra il diritto al lavoro e il diritto a respirare un'aria che non ti faccia morire.

Se dieci anni fa la politica fosse riuscita a mettere attorno a un tavolo il mondo produttivo, quello sindacale, la società civile organizzata e la comunità della ricerca scientifica per studiare un piano di conversione, oggi i lavoratori e le lavoratrici non si troverebbero quasi a dover scegliere tra l'uno o l'altro diritto. Come spesso accade, e come nel caso del clima, è tardi, ma volendo si è ancora in tempo per costruire e attuare un grande piano di ammodernamento e riconversione.

Il periodo che stiamo attraversando, grazie soprattutto alle risorse del Recovery Fund, può essere una grande occasione per affrontare una volta per tutte le crisi climatica ed economica: potremmo finalmente dare vita a quelle riforme strutturali necessarie per realizzare un vero Green Deal nel nostro Paese.

Avviare un programma di bonifiche e riassetto dei nostri territori creerebbe centinaia di migliaia di posti di lavoro, garantirebbe la sicurezza a milioni di cittadini, ci restituirebbe aree pulite e sane. Metterebbe in moto un processo virtuoso grazie al quale si produrrebbe ricchezza creando nuovo lavoro, tutelando e non distruggendo il territorio, si garantirebbe la salute dei cittadini di queste aree limitando l'impatto sulle casse del sistema sanitario nazionale.

Così, oltre a creare nuove opportunità lavorative, renderemmo i nostri territori resilienti, dunque capaci di affrontare quegli eventi catastrofici e incontrollabili – alluvioni, nubifragi, mareggiate, siccità... – che ogni anno producono morti e mettono in ginocchio intere economie.

I soldi stanno arrivando. È necessario che i cittadini partecipino al processo decisionale. Non un euro deve esser speso contro la nostra salute, la nostra sicurezza e il nostro futuro. Usiamo al meglio questa opportunità, le scelte che faremo ora potranno essere la nostra condanna o la nostra mossa più intelligente.

Uno che affronta spesso questi concetti ed è bravo a farlo è Giovanni Mori, amico e attivista di Brescia.

Nessuno vuole tornare a vivere nelle grotte – men che meno il sottoscritto, che soffre molto l'umidità.
È da sfatare il mito secondo cui con la transizione ecologica ed energetica dovremo ridurci a una vita di sacrifici, rinunciando a tutti i comfort che ormai diamo per scontati. Nulla di più errato. E non si parla di opinioni di visionari ma di studi scientifici revisionati da centinaia di climatologi, ingegneri, fisici, biologi, agronomi, economisti, sociologi. Semplicemente, il mondo in cui viviamo ha un'efficienza incredibilmente bassa sotto ogni punto di vista, a partire dal sistema alimentare e dalla filiera produttiva, dai mezzi di trasporto, dalle case in cui abitiamo.
Quanto sia assurdo tutto questo è provato da esempi eclatanti. Una casa che richiede tantissimo gas comporta il pagamento di corpose bollette, quindi fa Pil; una casa efficiente non ha quasi bisogno di riscaldamento, e fa pochissimo Pil. Un'automobile – che solitamente ha un'efficienza del 20-25% – consuma benzina, emette CO_2 climalterante, crea inquinamento e contribuisce molto di più alla famigerata crescita rispetto a una bicicletta, con zero costi di manutenzione, zero emissioni e riduzione sui costi sanitari – senza considerare le endorfine generate agli utilizzatori, che mai e poi mai potranno rientrare in qualsiasi indicatore economico.
Il Pil è l'indicatore economico globale in base al quale prendiamo tutte le decisioni più importanti, compresa la quantità di fondi che possiamo usare per evitare i morti di una pandemia o le misure che lo Stato deve impiegare per affrontare la crisi climatica e, al contempo, salvaguardare i lavoratori nella transizione. Eppure – a detta del suo stesso creatore, Simon Kuznets – è quanto di più lontano dalla rappresentazione del benessere, come magistralmente spiegato da Robert Kennedy. Conosciamo indicatori come il Bes – Benessere equo e sostenibile, registrato anche in Italia dal 2013 – che possono sostituirlo in maniera molto più efficace.

Esistono già anche visioni dell'economia molto più complete di quella di una crescita infinita senza direzione: l'economia della ciambella di Kate Raworth, dell'Università di Oxford, si basa sull'idea che come margini interni ci siano esigenze sociali da soddisfare (cibo, acqua, lavoro, istruzione, parità di genere) e come margini esterni della ciambella limiti spaziali e fisici da rispettare per evitare gravi conseguenze: i cambiamenti climatici, lo sfruttamento dell'acqua, la distruzione della biodiversità, l'acidificazione degli oceani. Le esigenze interne non devono essere soddisfatte a spese dei limiti ecologici esterni.
Insomma, conosciamo davvero delle alternative che, oltre a essere validate, porterebbero incredibili benefici in termini economici, di tempo libero, di salute a pressoché tutti gli esseri umani. O, quantomeno, al 99% degli esseri umani.

Giovanni Mori
Ingegnere ambientale

Una storia che mi ha colpito è quella del Progetto Quid, che recupera dalle aziende scarti e tessuti di rimanenza con imprecisioni, per esempio varianti di colore leggermente diverse rispetto ai desideri dello stilista, che vengono lavorati da persone in difficoltà e rimessi sul mercato a un prezzo accessibile. I prodotti rimangono comunque di grande qualità e varie collezioni sono andate a ruba.

Mio padre mi dice spesso che i piatti più buoni e soddisfacenti si fanno con gli avanzi rimasti in frigorifero; mi sembra che qui valga lo stesso principio, capace di mettere alla prova anche i meno creativi.

L'impresa sociale Quid è riuscita a recuperare più di 80 000 metri di tessuto messi a disposizione da prestigiose aziende del settore. Ogni capo è reso unico grazie al lavoro di persone – soprattutto donne – con trascorsi di fragilità, che trovano in Quid un'occasione di riscatto. Dei 150 dipendenti il 90% sono donne, il 60 arriva da situazioni di difficoltà – ci sono anche ex detenuti e detenute –, sono rappresentate 17 nazionalità in un range anagrafico tra 19 e 65 anni. Quid è un progetto inclusivo, sostenibile, funzionante, di successo. È uno degli esempi che dimostrano che è possibile creare posti di lavoro in modo etico e socialmente giusto.

D'altronde l'economia circolare "da culla a culla" è anche questo, e non può che passare dalla valorizzazione della produzione locale. Molti ricercatori, economiste e antropologi, come Susan Paulson, Giorgos Kallis, Mariana Mazzucato e Kate Raworth, stanno già studiando come dovrebbe essere strutturata un'economia alternativa. Di un sistema che trascende i confini ecologici solo per crescere, non ce ne facciamo nulla: abbiamo bisogno di un sistema che serva a portare benessere a tutti e tutte, non di uno che serva se stesso. La costruzione di un tale sistema economico e sociale richiederebbe una grande ridistribuzione, ma alla fine porterebbe a un mondo più giusto e sicuro, in cui né il clima e gli ecosistemi della Terra né la società vengano distrutti.

Nel 2018 scienziati e politici si sono riuniti a Bruxelles per discutere delle strategie post-crescita per l'Europa: 238 ricercatori hanno elaborato proposte politiche e le hanno presentate in una lettera aperta, in cui raccomandavano di istituire nel Parlamento europeo una commissione per un futuro di post-crescita; misurare le politiche economiche in base alla loro capacità di aumentare il benessere delle persone; favorire il risparmio di risorse; creare pari opportunità e mezzi di sussistenza adeguati.

Per l'economia di mercato siamo manodopera, consumatori, creditori e debitori. In casa, invece, siamo fratelli e sorelle, genitori, vicini, figlie e figli. Davanti allo Stato siamo contribuenti, elettori, manifestanti. Nelle comunità siamo co-creatori, compartecipi, riparatori e aiutanti. Coltivare questa eterogeneità di competenze sociali è cruciale, considerate le trasformazioni, nel bene o nel male, che ci aspettano. Serve dare presupposti nuovi ai rapporti tra nazioni, affinché comincino a collaborare seriamente al benessere collettivo anziché fare a gara a chi ha il Prodotto interno lordo più alto. Dobbiamo essere in grado di conquistare i cuori e le menti, passando per i portafogli.

Le economie che abbiamo ereditato sono degenerative, portatrici di divisioni e drogate di crescita. E noi abbiamo un urgente bisogno di tradurle in economie rigenerative, distributive, capaci di prosperare a prescindere dalla crescita.

È la sfida di riprogettazione più importante del nostro tempo.

2. The wave

Nell'estate del 2017 una ragazza di 15 anni di Seattle, Jamie Margolin, decide di postare su Instagram la foto di un cartellone con la scritta "Marcia dei giovani su Washington", invitando i coetanei a organizzare una manifestazione per il clima. Riceve un'unica risposta, da una studentessa che vive a Baltimora, Nadia Nazar. Nonostante le separi un continente intero, iniziano a creare qualcosa di nuovo. Ben presto si aggiungono Madelaine Tew, Zanagee Artis, Mrinalini Chakraborty, Natalie Mebane, Shravya Jain, e il movimento inizia a prendere forma. Lo chiamano Zero Hour, perché è arrivata l'ora zero per agire contro il cambiamento climatico. A mobilitarsi e a mobilitare li spinge soprattutto la totale mancanza di consapevolezza globale sull'urgenza della crisi climatica e di misure per tutelare la vita e il futuro delle nuove generazioni.

Era il 2017, il più piccolo movimento per il clima era ancora completamente ignorato dai media, dalla politica, dal settore privato e dall'opinione pubblica. Era prima dell'arrivo di Fridays for Future e delle grandi azioni di Extinction Rebellion. Prima del dibattito sul Green new deal, prima che l'attivismo diventasse (quasi) di moda. Allora, come spiega Jamie, il movimento ambientalista era rappresentato esclusivamente da maschi bianchi. Mancava uno spazio in cui le donne potessero far sentire la loro voce.

Nell'estate del 2018 Zero Hour indisse a Washington la Marcia dei giovani per il clima, con la partecipazione di 25 città gemellate di tutto il mondo. Nell'ultimo mese prima dell'evento, molti scienziati, artisti, celebrità espressero pubblicamente il loro sostegno alla marcia: tra gli altri Al Gore e Leonardo Di Caprio. Il movimento fu appoggiato e sostenuto da oltre 40 associazioni nazionali.

Il 21 luglio 2018 migliaia di persone marciarono, sotto un diluvio, a Washington.

Jamie è «giovane, ebrea, ispanica e gay» ed essere fieramente se stessa «è già un atto di resistenza». Ho scelto di partire da lei e dal suo post perché questa storia mi è sembrata quanto più vicina a un inizio temporalmente individuabile delle caratteristiche, dei tipi di narrativa, dei modi di operare e comunicare di quest'ultima nuova grande ondata di attivismo e mobilitazione internazionale. «In quella fase i social furono il nostro canale di comunicazione principale e la base di reclutamento che ci permise di fondare Zero Hour e di farla crescere. [...] Li usammo per coinvolgere militanti all'estero, che a loro volta mobilitarono le proprie comunità per organizzare marce gemellate con la nostra» scrive Jamie Margolin in *Alza la voce. Manuale per cominciare a cambiare il mondo* (Fabbri, Milano 2020).

Se è vero che i movimenti che si sono sviluppati, la rete e il coinvolgimento che hanno creato non sarebbero stati possibili senza i social – che ci hanno sempre accompagnati, da quando ci siamo incontrati a quando, in tempi di lockdown, abbiamo cominciato a organizzare call aperte con militanti di decine di Paesi – è altrettanto vero che essi, nel tempo, hanno portato al proliferare e all'ascesa di una pericolosa miscela di complottisti, nazionalisti, fanatici, suprematisti.

Un esempio emblematico è rappresentato dai troll. Questi, che non hanno niente a che vedere con libri e film fantasy, sono personaggi solitamente anonimi che attendono "sotto i ponti" delle nostre discussioni on line e la cui unica ragion d'essere è disturbare, annientare le opinioni di chi si azzarda a varcare quei ponti: accuse di lobbismo, conclusioni illogiche, osservazioni fuori tema nonché bombe incendiarie a sfondo razzista o di integralismo religioso.

A proposito di onde (mediatiche), originariamente il termine inglese *troll* si riferiva a un tipo di pesca praticato dalla barca con una lenza lunga: si lancia l'esca e si avanza con il motore al minimo fino a quando un bel pesce non troppo intelligente abbocca, e allora lo si tira lentamente a bordo. Il comportamento dei cosiddetti troll sul web non è molto diverso: navigano in blog, chat room, forum, account alla ricerca di qualcuno da prendere all'amo. Con la diffusione di comportamenti di questo tipo, da attività tendenzialmente praticata da adolescenti il termine *troll* è venuto a indicare la condotta digitale di persone che si comportano proprio come quelle creature mitologiche che vivevano sotto i ponti e aggredivano i viandanti sprovveduti.

Grazie al coraggio di Jamie e di molte altre persone in giro per il Pianeta, come un fiume in piena aumentava la consapevolezza e passava di bocca in bocca la notizia della gravità della crisi climatica. Alla maggiore sensibilizzazione non corrispondeva però un'azione politica o un dibattito adeguato sul tema. Questa situazione ha generato in molti un enorme senso di impotenza, paura, rabbia, stress, isolamento, mutismo selettivo.

Un venerdì come un altro

È ciò che è accaduto a una ragazza con la sindrome di Asperger che, ispirandosi alla marcia di Washington, nell'agosto del 2018 decise che da lì in avanti il venerdì non avrebbe preso parte alle lezioni scolastiche per recarsi davanti al Parlamento a Stoccolma. Anche lei portava con con sé un cartello, c'era scritto "Skolstrejk för klimatet", Sciopero della scuola per il clima.

Greta Thunberg è nata nel 2003. La sua iniziativa ha dato vita a un movimento chiamato Fridays for Future, Venerdì per il futuro, che ha organizzato momenti di mobilitazione climatica in oltre 180 Paesi, con la partecipazione di milioni di persone. Greta ha parlato a convegni, incontri, manifestazioni, eventi in tutta Europa, alla Cop24 di Katowice, in Polonia, e al Forum economico mondiale di Davos, in Svizzera, denunciando l'inazione istituzionale nei confronti della crisi climatica in atto. Nel 2019 e nel 2020 è stata segnalata come possibile vincitrice del Nobel per la pace. Immagino conosciate la sua storia.

Dopo aver citato questi nomoni e parlato in termini così ampi, ora che devo un po' dirottare il focus sull'aspetto locale mi sento all'incirca come Bilbo del Signore degli Anelli che, proseguendo il racconto su re nani, elfi e sulla magnificenza di Erebor, dice al nipote: «Per quanto assurdo possa sembrare è qui, mio caro Frodo, che entro in scena io. Per puro caso e per la volontà di un mago il fato decise che avrei fatto parte del racconto».

È proprio per puro caso che sono entrato a far parte di questa storia.

Era venerdì primo febbraio 2019, e avevo visto da qualche parte sui social che quel giorno alle 15, in piazza Castello a Torino, ci sarebbe stato un presidio per il clima.

Con alcuni amici decisi di andare a curiosare. Alle 15 e 10 in piazza non c'era alcun presidio. Mi sentivo disorientato: di solito quando c'è una manifestazione, a meno che tu non abbia sbagliato ora e luogo – può capitare – non è difficile da vedere. Qui invece 15 e 15, 15 e 20, niente da fare. Passato un altro po' di tempo, capii che il presidio eravamo noi, più un'altra ventina di ragazzi e ragazze che a poco a poco stavano arrivando.

Cantavamo «Con Greta, per il Pianeta!». Io di questa Greta non avevo mai sentito parlare, e di clima e ambiente sapevo le poche solite cose.

Questa è una storia di sognatori, che in quel gelido venerdì di inizio febbraio, con un cartellone in mano e sotto la pioggia, iniziavano a dire che di lì a non molto ci sarebbe stato qualcosa di grosso. Si parlava di un 15 marzo, in cui avremmo dovuto mobilitarci e mobilitare.

Passarono alcune settimane, venerdì dopo venerdì, presidio dopo presidio, riunione dopo riunione, chiamata dopo chiamata. Arrivò il fatidico 15 marzo, per il quale avevamo previsto, comunicandolo alla Digos, una partecipazione di circa 2000 persone. A cambiare tutto fu un messaggio, arrivato a metà mattinata dalla coda alla testa del corteo, che in quel momento si trovava a metà di via Cernaia. «Gli ultimi a mettersi in marcia non sono ancora partiti da piazza Arbarello» diceva.

Questa è la storia di come pochi ragazzi e ragazze hanno portato in piazza 30 000 persone a Torino, centinaia di migliaia in Italia, milioni in tutto il mondo tra i primi 123 Paesi partecipanti. Fridays for Future è per me un grande miscuglio di forti emozioni e sentimenti. Per descriverlo nel modo più semplice e immediato possibile, ho pensato di partire da quello che è divenuto il suo grido più noto:

Chi siamo? Fridays for Future.

Che cosa vogliamo? Giustizia climatica.

Quando la vogliamo? Ora.

Chi siamo?

Fridays for Future è un movimento internazionale, politico ma apartitico. Proprio come la crisi climatica, è presente in quasi tutti i Paesi del mondo, oltrepassa i confini, non conosce barriere di etnia, orientamento sessuale, età, religione. Si fonda su due pilastri.

Il primo è la sensibilizzazione: le piccole scelte di ognuno di noi, se moltiplicate e sommate, possono davvero fare la differenza.

Il secondo necessita di una premessa. La drammaticità della situazione in cui ci troviamo fa sì che le azioni dei singoli, per quanto virtuose possano essere, non siano abbastanza. È necessario un cambiamento di sistema. Bisogna invertire la rotta, ma non possiamo permetterci di sperare e aspettare di avere in un futuro prossimo un ruolo decisivo nelle stanze del potere – potrebbero volerci molti anni prima che la nostra generazione e le persone che si stanno battendo per la causa entrino nei Palazzi dove si prendono le decisioni. L'ora zero è già arrivata, il tempo di agire è adesso.

Il secondo pilastro include quindi tutto ciò che è nelle nostre possibilità in un orizzonte politico più ampio, che va oltre l'azione dei singoli e spetta alla politica: organizziamo manifestazioni, dimostriamo quanto sia importante questa causa per le persone, creiamo un grande segmento di consenso nell'opinione pubblica e un bacino elettorale che non possa essere ignorato.

Che cosa vogliamo?

Il 10% più ricco della popolazione mondiale è responsabile del 50% delle emissioni globali di CO_2, il 50% più povero del 10%. Cento aziende da sole generano il 71% delle emissioni climalteranti. Non prendete con leggerezza questo dato: pensate a quante aziende ci sono nella vostra città, nella vostra regione, in Italia, in Europa, nel mondo. Immaginatene la portata: un centinaio di realtà contribuisce a quasi i tre quarti dei gas serra emessi in atmosfera.

A fine 2020, 18 Ong internazionali, tra cui Re:Common, hanno lanciato il rapporto "I 12 progetti che rischiano di distruggere il Pianeta", che vedono coinvolte la società francese Total, l'anglo-olandese Shell e l'italianissima Eni (già Ente nazionale idrocarburi, ora società per azioni). Parliamo di una multinazionale che emette ogni anno una quantità impressionante di gas climalteranti; nonostante gli annunci roboanti, ha intenzione di aumentare nei prossimi anni la produzione di derivati del petrolio e altri combustibili fossili, contravvenendo tanto agli obiettivi dell'Ipcc quanto al cronoprogramma stabilito dagli Accordi di Parigi e dal già insufficiente European Green Deal. È responsabile di catastrofi ambientali in tutto il globo: non solo, alcuni dirigenti di Eni e Shell sono sotto processo a Milano (ma il primo grado di giudizio si è concluso con un'assoluzione «perché il fatto non sussiste») con l'accusa di aver ottenuto la concessione del blocco petrolifero nigeriano Opl 245 tramite il pagamento di una tangente di 1,1 miliardi di dollari.

Il Fatto Quotidiano è stata una delle poche testate di casa nostra a raccontare con inchieste, cronache politiche e commenti i disastri di Eni in Italia e in giro per il mondo. Per questo motivo l'azienda, nella speranza di mettere a tacere le voci scomode, ha avanzato una richiesta danni di 350 000 euro, la più grande che il giornale abbia mai ricevuto.

Ancora rispetto all'operato di Eni, e per restare in Italia, a seguito dello sversamento di 400 tonnellate di petrolio dal Centro Olio Val d'Agri, in Basilicata (26 000 metri quadrati di terreno contaminati, rete fognaria e falde acquifere comprese), nel febbraio 2017 è stata aperta un'indagine per disastro ambientale; e stavolta il Tribunale di Potenza, nel marzo 2021, ha condannato a pene da 16 a 24 mesi di reclusione i responsabili della raffineria di Viggiano. Nel frattempo, ancora nel luglio 2020 i lucani sono stati messi in allarme dalla fuoriuscita di altissime fiamme e fumo nero dalle contigue torrette di Cova e di Tempa Rossa (altro colossale giacimento petrolifero, scoperto e sviluppato da Total).

Eni (dal 1953 al 1992 ente pubblico, poi partecipata statale tramite il ministero dell'Economia e la Cassa depositi e prestiti) a partire dal 2025 intende puntare molto sul cosiddetto gas naturale e su progetti di cattura e stoccaggio, che sono spesso escamotage per continuare a emettere. I grandi inquinatori sono soliti portare avanti azioni di greenwashing, traendo in inganno l'opinione pubblica con promesse di un futuro verde, che non combacia affatto con l'oscurità proiettata su di esso. Per citare un esempio che mi ha divertito, si fa per dire, nella biografia dell'account Instagram di ExxonMobil, che aumenterà l'estrazione di combustibili fossili del 35% da qui al 2030, si legge il proposito di «lavorare per sodisfare le crescenti esigenze energetiche mondiali affrontando il rischio del cambiamento climatico».

Nel 1982, un gruppo di scienziati consulenti di ExxonMobil aveva previsto con notevole accuratezza i livelli di concentrazione di diossido di carbonio che la Terra avrebbe raggiunto nei successivi quarant'anni. La Exxon Mobil Corporation sapeva che cosa stava facendo, e ha continuato a farlo.

Nel 2019 l'Opec, organizzazione dei Paesi esportatori di petrolio, ha definito gli attivisti per il clima come la più grande minaccia per i suoi affari.

Non stiamo rischiando l'estinzione del genere umano in un weekend, che sarebbe cosa drastica e rapida ma, perdonate la franchezza, un'infinita rottura di balle. Visto che l'arrivo di questa serie di scocciature non è in discussione, per quale diavolo di motivo non dovremmo fare di tutto per evitarle? Perché la gigantesca macchina dell'inquinamento deve cambiare rotta, ma questo ai potenti non conviene.

Le aziende e gli individui più ricchi spesso amplificano l'avanzata della crisi climatica, e certamente sono gli stessi che, disponendo di ingenti risorse, possono difendersene più facilmente. Mentre alcuni dispongono, per esempio, dei mezzi finanziari per far fronte all'aumento dei prezzi dei prodotti alimentari o per costruire gigantesche dighe a difesa dal livello dei mari in crescita, in molti altri casi anche solo un costo più alto dei cereali può minacciare la sopravvivenza di intere famiglie, o un evento meteorologico estremo portare via a qualcuno tutto ciò che ha.

Le persone e le nazioni che meno contribuiscono alla crisi climatica sono quelle che ne patiscono le conseguenze più gravi. È un'ingiustizia. Per inquadrare il cambiamento climatico in una prospettiva non solo fisica e ambientale ma etica e politica, si usa l'espressione "giustizia climatica". In questo concetto rientrano anche i temi delle responsabilità storiche, dell'uguaglianza, dei diritti umani. L'emergenza climatica è un problema di giustizia per tre ragioni principali. Prima, le sue cause sono marcate da forti disuguaglianze sociali: le comunità più marginali dal punto di vista economico, culturale e politico usufruiscono, per esempio, di molta meno energia derivante da fonti fossili. Seconda, il ricco e il povero percepiscono i suoi effetti in modo diverso. Terza, le politiche di mitigazione e adattamento per far fronte alla crisi climatica avranno incidenze ineguali nelle e tra le società.

Sosteniamo che debbano pagare i costi della crisi coloro che negli ultimi decenni hanno favorito la sua avanzata, e ci hanno guadagnato. Vogliamo giustizia climatica, e ci battiamo per essa.

Quando la vogliamo?

Adesso. Non possiamo attendere oltre perché la finestra temporale che ci permette di arrestare la crisi climatica si sta via via chiudendo. Siamo con le spalle al muro.

Il cambiamento climatico è, in termini generali e semplificati, un gigantesco problema sociale, economico, ambientale, causato dagli esseri umani, che impatta sugli esseri umani e che solo gli esseri umani possono arrestare. Sta dunque a noi tutti, nella nostra quotidianità, compiere azioni e fare scelte che, se sommate a quelle di tanti altri, possono fare la differenza: sta a noi, soprattutto, lottare assieme per un sistema più equo che abbia la giustizia climatica come cardine fondante.

Escludendo la missione in Cambogia, quando ho preso l'aereo nell'estate del 2020 per raggiungere la Sicilia e la mia voluminosa e festosa parte di famiglia che vive là, era da quasi un anno e mezzo che non volavo.

Ho pensato molto al fatto di prendere l'areo, il mezzo più inquinante in assoluto: salirci è una delle azioni più impattanti che una persona possa fare. Ho provato a servirmene il meno possibile, ma sono giunto anche a una serie di conclusioni.

Tanto per cominciare, non esiste giustizia ambientale senza giustizia sociale, Chico Mendes insegna. Questo significa che l'ambientalismo non può rimanere, come in buona parte è, una scelta per ricchi e privilegiati. Io sono italiano, bianco, benestante eccetera, ma è chiaro che viene difficile anche a me fare una scelta etica di un certo tipo, come per esempio viaggiare in treno, se questo per arrivare in Sicilia ti garantisce minori forme di sicurezza, ci mette dieci volte tanto e costa il doppio.

Finché alcuni collegamenti non verranno migliorati e non si investirà davvero su mezzi di trasporto sostenibili, facilitando opzioni di un certo tipo, non si può pretendere che la gente scelga l'etica e la sostenibilità: soprattutto chi non si pone domande di questo tipo finirà sempre per prendere l'aereo.

Inoltre, i movimenti per il clima si battono per un cambiamento di sistema, e ciò significa anche che le singole azioni virtuose contano sì ma fino a un certo punto. Secondo molti amici l'attivismo non è altro che *the rent you pay to live on Planet Earth* l'affitto che paghi per vivere sul Pianeta Terra, ma è chiaro che, in generale, a fare rinunce non debbano essere solo coloro che nella quotidianità portano avanti uno stile di vita sostenibile e un consumo etico e attento, se no non se ne esce.

Ultimo ma non meno importante, spesso la cosa più difficile non è compiere o non compiere un'azione, ma saper rispondere alle critiche e portare avanti un ragionamento che stia in piedi. Chi delega all'individuo la soluzione dei problemi sistemici – il noto cliché secondo cui tutto si risolverà grazie a quanti riciclano, bevono il caffè in tazze lavabili e utilizzano un'app eco-friendly – non ha capito quale sia il nodo della questione.

Il coraggio di tuffarsi

L'attivismo di solito non ha un inizio e una fine precisi. Non è come entrare o uscire da una pizzeria. Può essere il frutto di un lungo percorso, o qualcosa di relativamente casuale. Una piccola scintilla può cambiare tutto. L'attivismo di Jamie è cominciato cliccando su un annuncio in cerca di persone disposte a lavorare a un centralino durante la campagna elettorale del partito democratico.

Il mio ha preso la strada su cui sono oggi grazie a una storia Instagram, che mi ha portato a febbraio a uno dei primi presìdi di Fridays a Torino. Credo nelle coincidenze ma bisogna esserci perché accadano.

Uno dei più importanti passi nel viaggio dell'attivismo è trovare il proprio perché personale, quello che ti fa battere il cuore. Ben prima di addentrarci nell'organizzazione di comunità e nella costruzione di un movimento dobbiamo chiarire a noi stessi perché siamo attivisti e per che cosa lottiamo. È il punto di partenza: il trampolino da cui tuffarci e la bussola dell'intera traversata.

Il mio perché ha origine nell'inaccettabile divario tra le persone, a partire dalla mancanza di diritti fondamentali, e nel tentativo di fare quanto sta nelle nostre capacità per provare a colmarlo.

Prima o poi però bisogna un po' buttarsi. Possiamo passare ore a informarci e a studiare le alternative, ma niente ti prepara a diventare militante se non la militanza, a costo di battere qualche testata, fare molte figuracce, sembrare talvolta fuori luogo. Per un attivista le storie di vita vissuta valgono quanto una laurea.

Magari siete ancora fermi sulla sponda, intimoriti dalle acque tumultuose dell'attivismo, oppure vi siete già tuffati e vi serve solo una spinta per proseguire. Forse vi spaventa l'idea di esercitare pressione sui politici o di partecipare alle proteste. Nessun problema, anch'io su alcune cose sono ancora riluttante e timoroso.

Solo perché al momento non osate alzare la voce non significa che non ci arriverete. Se volete creare qualcosa di nuovo, non sapete da che parte cominciare e cercate una guida, vi consiglio il libro di Jamie Margolin *Alza la voce* (Fabbri, Milano 2020). Spero vi renda un po' più facile il viaggio verso la creazione di un cambiamento.

Così come nei grandi movimenti internazionali, i giovani sono tornati a creare cambiamento anche in realtà locali, spazi sociali, centri attivi e radicati sul territorio, comunità più piccole: non servono recinti più alti, ma tavoli più lunghi. Solidarietà Alimentare, che ormai tanto piccola non è, è un esempio calzante e sicuramente uno di quelli che mi sta più a cuore.

Per raccontarvi di questo progetto, messo in piedi da sognatori che non hanno mai smesso di essere tali, ho chiesto aiuto a Camilla Savio, un'amica solare che illumina le giornate con la propria luminosità, nonché la persona che mi ha invitato a far parte di questa bellissima ciurma.

> Solidarietà Alimentare nasce il 4 maggio 2020, quando un gruppo di ragazzi torinesi decide di agire di fronte alle devastanti conseguenze economiche e sociali generate dalla pandemia del virus Covid-19.
> Spinti dal desiderio di fare qualcosa di concreto per aiutare le persone più colpite, e grazie a una serie di eventi fortunati, ci siamo ritrovati nel giro di qualche mese con oltre 100 giovani volontari e volontarie a ricevere tutti i venerdì dai grossisti del Caat (il mercato alimentare di Torino, con sede nella cintura, a Grugliasco) più di 20 tonnellate di frutta e verdura. Tramite una rete di decine di associazioni, enti religiosi (parrocchie, moschee…), comitati di quartiere, realtà solidali che operano nel capoluogo piemontese e dintorni, le donazioni ricevute sono distribuite a migliaia di famiglie.
> La pandemia ci ha obbligati ad affrontare tante sfide a livello individuale e collettivo, e proprio per questo molti giovani hanno riscoperto un sentimento di solidarietà e unione, che è diventato uno dei punti cardini della nostra associazione. Insieme abbiamo creato uno spazio di socialità dove condividiamo le difficoltà del periodo storico e le trasformiamo in forza e determinazione per continuare ad aiutare il prossimo, con la convinzione che nessuno meriti di essere lasciato indietro.
>
> *Camilla Savio*
> Volontaria di Solidarietà Alimentare

Un movimento globale

Dobbiamo ricordare, io per primo, che non serve per forza un grande palco per segnare una svolta. Non si tratta di quanti follower abbiamo, ma del cambiamento che riusciamo a determinare nelle nostre comunità, dove è possibile esercitare l'impatto più forte.

Per natura su alcune cose sono uno stakanovista, oltre che un irritante contestatario: tendo a passare più tempo a comunicare sui social che a investirlo nella comunicazione dal vivo, cosa che comunque non disdegno. E quando dico di non avere tempo per qualcosa, in realtà sto dicendo che quella non è una mia priorità. Questo spesso mi fa pensare.

Se davvero vogliamo qualcosa, che può essere battersi per una giusta causa ma anche camminare in montagna con amici, il tempo lo abbiamo, anche se naturalmente il nostro valore come persone e come motori di cambiamento non si misura in base alla quantità di tempo che dedichiamo a quel qualcosa. Non si tratta di trovare il tempo ma di crearlo. Io sono il tipo di persona che inserisce il pilota automatico allo scopo di essere iperproduttivo, perdendo a volte di vista quanto è realmente importante e rischiando di apparire come un grande militante, senza però mutare di una virgola la quotidianità della comunità in cui vivo.

In realtà è un fatto normale e abbastanza diffuso. Anche postare per forza a una certa ora, guardare ripetutamente quanti like ha un determinato post, fare delle cose solo per far vedere che le si è fatte lo è. Bisogna però accorgersene, magari prendersi una pausa dai social, eliminare parzialmente o del tutto il multitasking – di cui sono un campione... – e ritrovare un proprio centro di gravità.

I social sembrano – forse sono – costruiti apposta per indurci a confronti continui. Da Instagram-dipendente anch'io ho sprecato ore a guardare profili di altre persone, paragonando i miei risultati ai loro e provando un po' d'invidia. In una società dove l'avere più visibilità e più seguito social corrisponde a un maggiore prestigio, è facile provare rancore perché qualcun altro ha raggiunto la risonanza pubblica cui aspiriamo. Spesso i media puntano i riflettori sul singolo individuo che ha dato fuoco alle polveri, non sui tanti che hanno tenuto in vita la scintilla e dedicato molto tempo a preparare l'innesco, affinché l'incendio si propaghi. Sono attivisti essenziali, e spesso sono molti di più, quelli che non salgono agli onori della cronaca. Quelli che lavorano nelle retrovie, fanno sì che tutto quadri spaccando il capello in quattro, prestano ascolto agli altri e ramificano i rapporti.

A proposito di rapporti, spesso ci concentriamo solo sulla meta perdendo di vista il valore del viaggio e mettiamo in secondo piano le relazioni reciproche e la cura di sé. Allo stesso tempo, a volte dimentichiamo che il nostro scopo ultimo non è farci notare dalle pagine più seguite e dalle riviste prestigiose, bensì far arrivare il messaggio a quanta più gente possibile.

Il primo passo per superare le gelosie, gli attriti, le rivalità e i risentimenti è porsi domande ed essere consapevoli delle probabili risposte. La competizione e l'ego danneggiano i rapporti e la collaborazione, entrambi fattori cruciali per il cambiamento. Sono mine vaganti nella coesione del movimento e – più in generale – nei rapporti di amicizia che, almeno nella mia esperienza, sono prerequisito essenziale dell'essere attivisti e del lottare assieme. Come in quasi tutte le realtà, se una persona non si sente accolta e non riesce a stringere legami, è facile che torni a fare quanto stava facendo prima o che vada a fare altro.

Per me Fridays Torino, prima ancora che un gruppo locale di attivisti, è diventato un gruppo di amici.

Il primo ragazzo che mi è stato presentato in quel gelido venerdì di febbraio ha un anno più di me. Allora era rappresentante del liceo Cavour. Aveva un cartello appoggiato sulla schiena che stava su con un cordino e gli permetteva di avere le mani libere. C'era una scritta d'impatto, leggibile attraverso una pellicola trasparente messa apposta perché non si bagnasse. Ho subito pensato che fosse uno preciso e responsabile. Infatti, negli anni a venire abbiamo sempre fatto firmare a lui la richiesta di occupazione del suolo pubblico e gli altri documenti importanti per le manifestazioni. Sin da subito abbiamo molto legato. Luca mi ha fatto conoscere Andrea, suo amico fraterno, anch'egli rappresentante d'istituto. Luca e Andrea hanno scelto di continuare parte del loro percorso di studi in Germania e Francia, in anni diversi, e alternandosi hanno sempre dato un contributo enorme al gruppo locale di Fridays.

> Ci conosciamo da una vita, ma Fridays è stata una tappa fondamentale nella nostra amicizia. Abbiamo trascorso anni a parlare di politica negli intervalli tra le lezioni e condiviso svariati mandati da rappresentanti di istituto. La passione per la politica ci ha sempre tenuti uniti: abbiamo cercato di impegnarci in ogni tipo di progetto, dai video su YouTube, per illustrare le posizioni dei partiti ai dibattiti sulla Tav, la linea ferroviaria ad alta velocità Torino-Lione, destinati a coinvolgere gli studenti. La nascita di Fridays è stata però una vera rivoluzione: era un movimento politico nuovo, spontaneo e giovane, con idee ben precise e una battaglia estremamente urgente. Ci ha affascinati fin da subito.
> Prima di entrare nel movimento, anche per noi come per molti altri ragazzi la crisi climatica era qualcosa di lontano dalla vita quotidiana: non l'avremmo inserita tra i problemi più gravi del nostro tempo. Era qualcosa di cui sentivamo parlare poco e a livello puramente teorico, magari nelle ultime settimane del programma di Scienze. Entrare in Fridays for Future ci ha aperto gli occhi: abbiamo dovuto studiare, sia per andare a parlare nelle scuole, sia per capire quanto ci dicevano i politici. E informandoci abbiamo preso sempre più consapevolezza di questo enorme problema, sottovalutato da tanti. Era l'inizio del 2019: da allora la nostra missione è stata diffondere questa consapevolezza a quante più persone possibile.

In molte organizzazioni, anche animate da buoni principi, si finisce per parlare tanto e combinare poco: a differenza di queste realtà Fridays ci ha davvero permesso di "fare". La sua organizzazione, spontanea e orizzontale, permette a chiunque abbia voglia di impegnarsi di costruire cose concrete senza dover possedere ruoli particolari o avere esperienze decennali. È il classico luogo dove a una proposta ambiziosa si risponde «facciamolo!» e si inizia a lavorare.
Ovviamente Fridays non è solo cose belle. Soprattutto in questo ultimo anno di pandemia ci siamo chiesti spesso se ore ed ore dedicate ad assemblee e videochiamate servissero davvero a qualcosa. E se, più in generale, Covid a parte, il nostro impegno sia mai servito a qualcosa. Abbiamo portato in piazza centinaia di migliaia di persone e abbiamo ottenuto una briciola del cambiamento che chiedevamo: potremo mai ottenere qualcosa di più? Ce la potremo fare prima che sia troppo tardi?
Dilemmi come questi ci perseguitano ogni giorno, e per alcuni di noi queste perplessità diventano causa di ansia e depressione. Non abbiamo una risposta. Sappiamo solo che, se ci tiriamo indietro noi, nessun altro ci proverà al posto nostro. Per questo, anche se fosse impossibile riuscirci, noi non possiamo mollare. Siamo la prima generazione a sperimentare gli effetti di questa crisi, e siamo l'ultima che può fare qualcosa per fermarla. Come scriveva ormai un secolo fa Antonio Gramsci, all'inevitabile pessimismo della ragione opponiamo l'ottimismo della volontà.

Andrea Borello e *Luca Sardo*
Attivisti di Fridays for Future Torino

Il bello di Fridays for Future è che si tratta di una realtà aperta, inclusiva, con molti volti, storie, idee, istanze e con tante persone che se ne fanno portatrici. Ognuno contribuisce secondo le proprie possibilità. Io, che ero – e sono tuttora – appassionato di fotografia, ho cominciato scattando foto ai presìdi e passandole a David, che le metteva sulla pagina Instagram di FfF Torino, seguita da non più di 200 persone. Dopo un paio di settimane ho chiesto a David che senso avesse che io creassi una cartella Drive per fargli avere foto in alta qualità che lui col suo telefono, sempre a corto di memoria, salvava, selezionava, postava. Così ho iniziato a farlo io. Intanto il nostro seguito e la partecipazione aumentavano, sia sui social sia dal vivo. Si formava quindi il primo coordinamento, in vista dello sciopero globale sempre più vicino.

Da allora sono passati i 15 marzo, i 24 maggio, i 29 novembre, i 24 aprile, i 9 ottobre. Sette scioperi globali, due assemblee nazionali, un meeting internazionale, migliaia di eventi. Nella Global week of action del settembre 2019 coinvolgemmo la cittadinanza in momenti di confronto e dialogo, *critical mass*, gare di raccolta rifiuti, iniziative contro la *fast fashion*, *guerrilla gardening*.

Il 27 settembre correvo con Luca sotto i portici di via Cernaia, suonando a mano aperta a dieci citofoni alla volta: ogni tanto per sembrare più credibili ci presentavamo come giornalisti, nella speranza che qualcuno aprisse e ci permettesse di scattare qualche foto da un balcone. Ci salvò Roberta, che mai dimenticherò, aprendomi il portone di una casa liberty del centro. Nonostante fossi per lei un perfetto sconosciuto, e trafelato perché andavo di corsa, mi fece entrare nel suo piccolo ma molto grazioso appartamento. A renderlo speciale era il balconcino ottagonale (credo). Quando uscii, mi venne un colpo al cuore. La testa del corteo era in arrivo, seguita da una fiumana di persone che mai mi era capitato di vedere nella vita e che non so se mai rivedrò.

Venerdì 27 settembre scesero in piazza a Torino in 100 000 (centomila!), quasi un milione in Italia, nella settimana oltre 7,6 milioni in tante città del mondo. Da Wellington, Nuova Zelanda, a La Paz, Bolivia, passando per Ulan Bator, Mongolia, e Kampala,

Uganda. Con 4000 località e 156 Paesi partecipanti, non ho paura di sbagliare nel dire che è stato lo sciopero più globale della storia.

Oltre confine, il Kurdistan

L'idea che si è attivisti solo quando si marcia in una manifestazione, si bussa alla porta dei governanti, si partecipa a un comizio è un mito da sfatare.

Spesso da fuori non ci si rende conto di quanto lavoro c'è dietro. Mi è capitato più volte che qualcuno mi domandasse che cosa richiedesse tanto lavoro. «Basta decidere una data per la manifestazione, accordarsi con la Questura per una piazza e comunicare l'orario sui social, no?».

In realtà, no: le nostre giornate sono piene di telefonate e webinar, mailing list, documenti, messaggi da gestire e riordinare su Telegram, WhatsApp, Discord, Trello. In più, la nostra è una reale presenza sul territorio, che comporta l'organizzazione o partecipazione a eventi formativi, summit, assemblee, volontariato, azioni, giornate di mobilitazione. Per sostenere e contribuire a dare visibilità alla causa ho deciso, per esempio, di esporre le mie fotografie al Museo della Resistenza e a Paratissima, dove in pochi giorni, grazie alle offerte devolute in cambio delle immagini, abbiamo raccolto parecchie centinaia di euro.

Sono arrivato a vedere la vastità del movimento che avevamo creato, un movimento senza simboli né bandiere, oltre qualsiasi differenza, solo quando sulle chat internazionali ha cominciato a girare l'appello di Fridays for Future Kurdistan, un grido disperato di aiuto di fronte all'imminente invasione turca, che abbiamo deciso di condannare duramente.

Il Kurdistan è una regione semi-autonoma divisa tra Iraq, Iran, Armenia, Siria e Turchia, dove da sempre sono radicate la cultura e l'identità curde. Negli ultimi anni i curdi sono stati coinvolti in vari conflitti d'interesse. Sin dal 2011 sono stati in prima linea contro il Daesh (quello che noi chiamiamo Isis) fino a quando, grazie al loro sforzo e all'aiuto di una coalizione internazionale, l'autoproclamato Stato islamico è stato sconfitto nel marzo 2019.

Da tempo ci sono prove di accordi tra i fondamentalisti e il governo turco. Dopo la vergognosa decisione dell'amministrazione Trump di ritirare il contingente americano, la Turchia ha iniziato ad attaccare, prima via cielo, poi anche a terra. Delle forze turche fanno parte centinaia di jihadisti, e molti altri sono scappati dalle prigioni curde al momento dell'offensiva. La popolazione curda, che nulla può contro lo strapotere turco, è stata lasciata sola dalla democrazia internazionale.

Dall'ottobre 2019, centinaia di migliaia di persone sono state costrette ad abbandonare le proprie case e a cercare riparo altrove. Solitamente i profughi non si spostano molto lontano, nella speranza di rientrare nel luogo di provenienza non appena la situazione migliori. Altre volte, però, decidono di provare a mettersi in viaggio per l'Europa, alla ricerca di un futuro meno ingrato. I primi di questa nuova ondata migratoria a raggiungere l'Italia sono arrivati a Taranto su un barchino che galleggiava per miracolo. Si parla di 70 000 persone in fuga, più di 3 milioni di profughi dall'inizio del conflitto.

Il dittatore Recep Tayyip Erdogan chiama tutto ciò *Operation peace spring.*

Un dramma nel dramma è che i turchi questa guerra la combattono con le nostre armi, con i nostri soldi. L'Italia è il sesto partner economico della Turchia e uno dei maggiori produttori ed esportatori di armi al mondo. Dal 2015 al 2018 abbiamo fornito al governo di Ankara un quantitativo di armi pari a (anno per anno) 78, 76, 147 e 162 milioni di euro. Secondo la Rete italiana disarmo, dal 2015 corrispondono a oltre 900 milioni le forniture militari giunte dal nostro Paese alla Turchia. Come se non bastasse, finora l'Unione europea ha pagato alla Turchia 6 miliardi di euro affinché bloccasse i flussi migratori, spesso costituiti da coloro che fuggono dal conflitto alimentato dalla Turchia stessa. Nel perseguire questo obiettivo sono stati messi in piedi mostruosi campi di lavoro e detenzione.

Zehra Doğan è un'artista e attivista, nata sulle sponde del Tigri nel Kurdistan turco. È stata inghiottita nella notte, imprigionata per un disegno che aveva l'ardire di mostrare l'incubo della realtà. L'opera riproduceva un'immagine celebrativa di propaganda del governo turco, in cui si vedeva uno scorcio di Nusaybin, città devastata dalla guerra. Zehra decise di raffigurare i carri armati come scorpioni intenti a divorare terra e carne. Accusata per quel disegno di propaganda terroristica, ha passato 2 anni, 9 mesi e 12 giorni dei suoi 32 anni in carcere. È stata perquisita, spogliata, buttata in cella, minacciata di morte. Ha continuato a dipingere su vestiti, lenzuola, fogli di giornale. Con un ciuffo di capelli come pennello.

È così scomoda perché con la sua arte, un mezzo potentissimo, racconta una verità che il governo vuole sopprimere.

Lanciata da Banksy, che l'ha raffigurata su un murale nel Lower East Side di Manhattan, è riuscita a raggiungere Londra e ha esposto alla Tate Gallery, poi al Louvre di Parigi e al Pergamonmuseum di Berlino.

A differenza dell'artista britannico, rifiuta l'anonimato e prende posizione in maniera forte rispetto al regime dittatoriale di Erdogan, rischiando molto per questo. «Vorrei dipingere sui muri in rovina del Rojava, il Kurdistan siriano, e se ne avrò i soldi fondare una casa d'arte dove donne e artisti di tutto il mondo possano soggiornare» ha detto.

Negli anni ho partecipato a vari eventi e presìdi in sostegno della popolazione curda. Ho avuto occasione di scambiare qualche parola con un uomo rimasto parzialmente paralizzato a causa dell'esplosione di una bomba in Rojava.

Ho conosciuto Maria Edgarda Marcucci e Davide Grasso che, dopo gli attentati in Europa, hanno deciso di partire per il Rojava, il Kurdistan siriano, in un momento in cui coloro che erano ritenuti alleati dal governo italiano avevano chiuso a ogni mezzo di informazione verso l'esterno le porte di un Paese che non era il loro, ormai dilaniato da anni di guerra. Nonostante allora la Siria del Nord fosse off-limits per tutti i giornalisti del Pianeta, Davide e altri come lui sono riusciti a oltrepassare il confine dall'Iraq, arruolandosi nelle unità di protezione del popolo curdo e fronteggiando il Daesh in una lotta senza quartiere.

Ho fatto a Davide tante domande, non riuscivo davvero a capire il perché della sua scelta. Credo fermamente che nessuna azione violenta valga la pena di essere intrapresa; mai imbraccerò le armi. Ma dirlo così è semplice.

«Non si può comprendere la guerra finché non la si vive» racconta Davide. Era venuto il momento per lui di decidere come venir fuori da un dilemma etico difficilissimo: scegliere, per quanto logicamente sbagliato, di combattere o tirarsi indietro, pur sapendo che i tuoi avversarsi non si fermeranno di fronte a niente? Due notti prima del nostro incontro 21 civili erano stati trucidati da jihadisti filo-turchi. Se avessero avuto armi forse non sarebbe accaduto? Forse i morti sarebbero stati meno?

Davide mi spiega che una soluzione diplomatica è possibile. L'Italia potrebbe smettere di vendere cannoni da 600 colpi al minuto, capire che cosa fare con i nostri militari in missione in Turchia, soprattutto spingere affinché la Nato consideri i cieli sopra la Siria una *no-fly zone*, una soluzione a tavolino che permetterebbe di non versare una goccia di sangue e anzi ne risparmierebbe milioni. Anche stavolta, però, gli interessi politici ed economici contano più della vita delle persone.

Quello che avviene in Siria è importante anche perché là è in corso un esperimento sociale rivoluzionario fondato sull'autogoverno delle comunità, sull'ecologia e sull'autonomia delle donne. Lo chiamano Confederalismo democratico.

Prendo qualche riga in più per dirlo chiaro e tondo: non ci stiamo con Erdogan, con gli islamisti e gli jihadisti, gli stessi che hanno colpito il Bataclan a Parigi, e poi Nizza, Berlino...

"Scudo dell'Eufrate", così il presidente turco ha battezzato l'accozzaglia di salafiti, qaedisti e mercenari chiamati a raccolta nel tentativo di mantenere il controllo sulla Siria. Gente che ha lottato per l'Isis fino all'ultimo e che è pronta a colpire nuovamente il cuore dell'Europa.

Siamo vicini al popolo curdo, al popolo siriano, che hanno lottato anche per noi e che si battono per una società fondata su pilastri quali la democrazia, la libertà di culto ed espressione, la parità di genere, la tutela dell'ambiente.

Protagonisti del nostro tempo

Il 15 marzo 2019, mentre eravamo in piazza per il colossale sciopero globale, si è tenuta a Hong Kong la prima protesta contro il disegno di legge sull'estradizione di latitanti verso Paesi con cui la regione amministrativa speciale non ha accordi, come la Cina continentale e Taiwan. La rivoluzione degli ombrelli – così chiamata in onore dello strumento che ha permesso ai manifestanti di difendersi sia dal sole cocente sia dai lacrimogeni e dagli spray urticanti della polizia – è diventata un moto di protesta contro la sempre più forte volontà della Cina di sopprimere la democrazia e le sue forme a Hong Kong.

La regione semiautonoma mi ha sempre colpito per più aspetti. Sono di Hong Kong gli unici ragazzi asiatici che ho conosciuto nei miei viaggi all'estero. Durante una chiacchierata, Kelvin chiese a Sergio, spagnolo, chi fosse il suo artista preferito. «I Rolling Stones». «E chi sono?» replicò Kelvin, a testimonianza di quanto differente possano essere la percezione e la conoscenza del mondo. A Hung, Chan e Kelvin penso ogni volta che scrivo di Hong Kong.

La successiva marcia del 16 giugno ha visto la partecipazione di quasi 2 milioni di persone. La legge sull'estradizione, che minacciava la già traballante autonomia politica ed economica, è stata sospesa:

l'ennesima dimostrazione che le proteste partecipate e non violente possono cambiare le cose. Dopo il violento assedio del Politecnico di Hong Kong, la schiacciante vittoria – senza precedenti – dei partiti pro-democrazia alle elezioni del Consiglio distrettuale di novembre e la pandemia hanno portato un po' di tregua.

Nel maggio 2020, però, si è verificata una nuova escalation di tensione a seguito dell'approvazione a Pechino di una legge sulla sicurezza nazionale, nient'altro che un tentativo di soffocare ogni libertà politica fondamentale e le poche libertà civili rimaste. Le proteste e gli scontri che ne sono seguiti hanno causato due morti, decine di suicidi, oltre 9000 arresti da parte delle forze dell'ordine, la cui credibilità, assieme a quella del regime cinese, non è mai stata così bassa dal 1997.

Forse è un po' difficile per gli "occidentali" avere un'idea chiara delle dinamiche e del motivo per cui a Hong Kong si sta ancora lottando per diritti fondamentali che invece a noi sono garantiti. Tuttavia le proteste evidenziano, oltre alla repressione di un regime totalitario, la possibilità che abbiamo noi giovani di essere il cambiamento.

Joshua Wong, attivista di 24 anni pro-democrazia, volto più noto del movimento nell'ex-colonia britannica, si è dichiarato colpevole di aver preso parte in più occasioni ad "assemblee non autorizzate", di essere uno dei coordinatori delle diverse manifestazioni, di aver organizzato nell'ottobre del 2019 una protesta fuori dal quartier generale della polizia. Per questi motivi – che in Italia non sarebbero degni di nota ma che in luoghi come Hong Kong sono prova di grande determinazione e coraggio – è stato condannato a 13 mesi e mezzo di carcere; con lui Agnes Chow a 10 mesi e Ivan Lam a 7.

Joshua Wong – che ogni tanto dice di essere un patito di supereroi – non è un supereroe ma sicuramente si scontra contro una superpotenza. Con i loro arresti, la Cina spera di mettere a tacere il grido che era divenuto coro, e poi eco di voci che si è alzato e battuto per i diritti e i valori democratici.

La libertà senza democrazia è come una casa senza fondamenta.

Il 2019 è stato un anno in cui la gente è tornata in piazza, dal Brasile all'India, dalla Francia al Sudan, dalla Polonia all'Algeria.

In Colombia la popolazione si è riversata nelle strade per protestare contro la dura riforma del sistema pensionistico e del lavoro, contro l'atteggiamento del governo in merito all'istruzione, contro le violenze subite dagli indigeni e per un nuovo modello di società.

Dilan Cruz era uno studente e un militante. Aveva solo 18 anni, come me quando ho iniziato a pensare di scrivere questo libro, e probabilmente come molti di voi che state leggendo. Dilan è stato brutalmente assassinato dalle Esmad, i corpi di polizia in assetto antisommossa messi in campo dal presidente Iván Duque Márquez.

Dilan è stato colpito alla testa da un proiettile sparato da un agente. Il giorno dopo avrebbe dovuto sostenere il suo esame di maturità. L'uccisione di una delle voci di punta di uno sciopero generale, che non si vedeva da vent'anni, è solo l'ultimo frutto della repressione violentissima del governo colombiano.

Yegor Zhukov è un blogger russo che conta centinaia di migliaia di follower. Aveva 21 anni quando è stato arrestato per aver partecipato a una protesta contro il presidente Putin, così come è accaduto ad altre 1400 persone attivamente presenti alle manifestazioni del 14 luglio 2019. La candidatura alle ultime elezioni di Mosca e la sua domanda per un master presso la Scuola superiore di economia non sono state accettate per ordini arrivati dall'alto. Come gli organizzatori delle proteste delle forze di opposizione, è stato accusato di aver sostenuto e fomentato disordini di massa e anche incriminato per incitazione all'estremismo. Gli studenti di molti istituti di Mosca si sono mobilitati per la sua liberazione. Dopo altri arresti, tra cui quello di uno dei più noti e combattivi oppositori di Vladimir Putin, Alexei Navalny – rientrato a Mosca dopo la convalescenza in Germania seguita all'avvelenamento per il quale sono accusati i servizi di sicurezza russi – decine di migliaia di persone sono scese in piazza in tutto il Paese, anche con temperature di oltre 20 gradi sotto lo zero, sprigionando una forza mai vista prima. L'immagine dei manifestanti che a Mosca hanno preso a palle di neve le forze dell'ordine in tenuta antisommossa ha fatto il giro del mondo.

Zehra, Joshua, Dilan, Yegor vengono da mondi diversi. Ciononostante, hanno tutti in comune l'agire in prima persona e la voglia di fare la differenza. La loro storia è la storia di molti. Su di essi si è spesso riversato un atteggiamento di intolleranza e discredito. A molti potenti ha dato fastidio – nel caso di Greta Thunberg per Fridays for Future o di Emma Gonzalez per Never Again – che fossero delle ragazzine a dire che stavano sbagliando, che stavano distruggendo il loro futuro.

La battaglia contro le armi e l'effetto serra si porta avanti da trent'anni, ma queste ragazzine hanno dato il via a un modo inedito di dirlo e di perseguirlo. A parlare non sono questa volta (solo) esperti, scienziati o politologi, ma i futuri bersagli del possesso delle armi e i futuri abitanti del Pianeta.

Un ecosistema, tanti organismi

Viviamo in realtà sempre più omologate. Facciamo le stesse cose, parliamo delle stesse cose, fotografiamo le stesse cose, mangiamo le stesse cose, indossiamo le stesse cose e, se non lo facciamo, a volte ci sentiamo tagliati fuori o giudicati. Anche se può sembrare più faticoso, non si è obbligati a seguire la massa, il flusso. Anche tu puoi far nascere qualcosa di nuovo, trovare la tua strada, il tuo perché. Creati il tuo flusso.

Sappi però che non è necessario nuotare sempre controcorrente per farsi ascoltare. In Italia e nel mondo ci sono moltissimi movimenti, realtà, collettivi, assemblee, associazioni, comitati, reti, circoli, gruppi che già fanno la differenza. Ecco alcuni di quelli che mi sono venuti in mente.

Youth Over Guns, Box the Ballot, International Indigenous Youth Council, Rezpect our Water, Klimastreik, Sunrise Movement, Me Too, Non Una di Meno, We Exist, Bunch of Kids, Slow Food, Standing Rock, Greenpeace, Legambiente, Rise Up For Climate Justice, Las Chicas Chulas, Extinction Rebellion, Sea Shepherd, Science Moms, Less Plastic, Surfers against Sewage, Love Hew Wild, Movimento Decrescita Felice, Zero Hour, Youth for Climate, Młodzieżowy Strajk Klimatyczny.

Se ti senti piccola goccia, sappi che molte altre già si sono unite e sono diventante marea. Se negli ultimi tempi sei stato/a costretto/a in un vaso, ma la tua voglia di venire fuori, traboccare, urlare non si è mai placata, sappi che c'è un grande bacino d'acqua in cui hai la possibilità di confluire. Scrive Michele Anghileri, il ragazzo lombardo che tra il 2018 e il 2019 ha intrapreso in solitaria una "pedalata per l'acqua" da Covo (Bergamo) al villaggio di Kaponya (Malawi):

> Il mio augurio vuole portarti a tornare a prendere il largo, a continuare a nuotare, sempre da piccola goccia, dalle profondità più remote degli oceani raggiungendo però la superficie, tornando a respirare. Siamo tutti in balia dello stesso mare, questa è una verità incontestabile. Non dimentichiamoci mai, però, della fortuna che abbiamo a essere viaggiatori a bordo di una nave forte, robusta, sicura, ricordandoci di chi, purtroppo, sotto i propri piedi ha solo barche di cartapesta.

L'antropologa Margaret Mead ha sempre sostenuto che un gruppo, anche piccolo, di persone, di cittadini coscienziosi e impegnati può cambiare il mondo. In verità, ci dice, questo è l'unico modo in cui è sempre successo.

Come nel caso di Never Again, può essere che a un evento singolo si ritrovino oltre 950 000 persone, cinque volte tante quelle che erano presenti al celebre "I have a dream" di Martin Luther King.

All'indomani dell'insediamento di Donald Trump alla presidenza degli Stati Uniti, una marea di persone si riversò in strada per quella che è divenuta nota come la Women's March del 21 gennaio 2017. Al corteo di Washington sfilò mezzo milione di persone, e anche in altre città ci fu una grande partecipazione: 750 000 persone a Los Angeles, 150 000 a San Francisco, 200 000 a Denver, 400 000 a New York, 175 000 a Seattle. Un evento globale che mobilitò 5 milioni di persone da migliaia di città in tutto il mondo. Fu la manifestazione politica più grande dai tempi delle proteste per la guerra in Vietnam. A oggi, solo il 20 settembre 2019 è riuscito a eguagliare il record.

A me piace pensare all'attivismo e ai diversi spazi di cambiamento come a un ecosistema. All'interno di un habitat coesistono molti organismi diversi, con funzioni distinte ma tutte necessarie alla sopravvivenza dell'insieme. In una foresta, per esempio, nessuna singola creatura può occuparsi di tutto: la fotosintesi, il consumo delle piante per tenerne sotto controllo la popolazione, la caccia, la fertilizzazione dei suoli, la produzione di ossigeno e l'eliminazione delle scorie. Vale lo stesso nel mondo della militanza: nessuna singola organizzazione può soddisfare le esigenze di tutti e realizzare tutti gli obiettivi.

Nella foresta, i cervi, gli scoiattoli, l'erba, gli alberi e gli uccelli convivono tra loro, facendo ciascuno la propria parte. Insieme compongono un ecosistema sano, collaborando tra loro e alimentandosi a vicenda. Ciascuno ha il suo compito ma nessuno sopravvive da solo. Ogni specie animale e vegetale aiuta l'altra, creando una rete intricata di collegamenti e rapporti ben più profonda ed essenziale di quel che appare a prima vista. Nella sfera del cambiamento, i movimenti femministi, ambientalisti e di giustizia climatica, dei diritti delle popolazioni indigene e dei neri, dei diritti riproduttivi e femminili, delle persone Lgbtq+, dei malati, dei disabili e dei lavoratori coesistono, componendo un sistema interconnesso di ecosistemi.

Come ogni habitat, il movimento ambientalista comprende una quantità di "nicchie" specifiche. Ci sono organizzazioni che si occupano delle battaglie legali, gruppi che organizzano proteste e azioni dirette, campagne di pressione e di sensibilizzazione dell'opinione pubblica, e così via. Ogni movimento consiste a sua volta di un'intricata rete di gruppi di lotta, organizzazioni, attivisti, studi legali, società per la comunicazione, organizzatori, giornalisti, artisti e molto altro ancora. Affinché il movimento sia forte serve il contributo di tutti. (Jamie Margolin, *cit.*)

Serve coesione, non uniformità. Di fronte a un irrigidimento politico e istituzionale, come foresta rigogliosa in un arido deserto è cresciuta la mobilitazione della società civile.

«I segni sono chiarissimi: la devastazione climatica è una realtà. In prima linea ci sono i popoli più poveri del mondo e le comunità indigene, costrette a sostenere l'urto della sesta estinzione di massa causata dalla trasformazione delle loro foreste, dei terreni paludosi e di altri ambienti selvatici in città di cemento, dighe e campi di soia». Sono parole di una delle autrici di *Questa non è un'esercitazione* (Mondadori, Milano 2020), Farhana Yamin, che abbiamo avuto modo di conoscere a Torino all'inizio della Climate Action Week nel settembre 2019, durante una sua visita in Italia.

Lo sappiamo da trent'anni ormai, o forse anche da prima. Fino a ora accordi, trattati, meeting, tavoli di lavoro, salotti politici, dibattiti televisivi, presìdi, manifestazioni sono serviti a poco o niente.

Respect existance or expect resistance

Il movimento Extinction Rebellion è nato in una cittadina inglese per iniziativa di 15 persone che avevano studiato e approfondito il tema di come ottenere un cambiamento sociale radicale. Insieme hanno deciso di imbarcarsi in una lunga avventura con l'intento di trasformare il modo in cui si parla di emergenza climatica ed ecologica per costringere i governi ad agire.

Costruire un movimento è diverso da qualunque altra cosa. L'azione di attivisti e attiviste dovrebbe essere più simile a piantare alberi e spargere semi che a dare ordini. «La nostra responsabilità è garantire che la Terra sia fertile, che i semi siano di buona qualità e innaffiati, che siano riparati quanto occorre a crescere e che ci siano api a impollinarli» scrive Cordula Reimann, politologa ed esperta di questioni connesse con la pace e i conflitti.

La storia dei successi e dei fallimenti dei movimenti che ci hanno preceduto ha molto da insegnarci.

Uno strumento prezioso sono ad esempio i cosiddetti Principi di Jemez per l'organizzazione democratica, che trovano le loro fondamenta nei valori di inclusione, partecipazione dal basso, libera espressione, reciprocità, lavoro condiviso, trasformazione di sé.

Marco Bertaglia, fondatore di Extinction Rebellion Italia, mi ha spiegato che nel libro *Why civil resistance works* di Maria J. Stephan ed Erica Chenoweth sono stati studiati 353 conflitti. Di questi, il 53% delle azioni non violente hanno avuto successo, contro il 26% delle lotte armate. Nel primo caso, dopo cinque anni, la percentuale di tenuta democratica è stata del 40% contro il 5% nel secondo.

La ribellione si manifesta in disobbedienza civile non violenta. La non violenza evidenzia la violenza del sistema, la disobbedienza civile si propone di scuotere le coscienze. Martin Luther King ne descrive alla perfezione la necessità in una lettera scritta dal carcere di Birmingham (Alabama) ai bianchi moderati che criticavano il suo ricorso a questa forma di attivismo. Quei bianchi imputavano ai militanti per i diritti civili il disturbo della pace pubblica; aderivano all'obiettivo di mettere fine alla segregazione razziale, ma si scandalizzavano per i disordini e i tumulti: secondo loro gli attivisti avrebbero dovuto manifestare in modo meno molesto. King rispose che non c'è pace in una società che ammette la violenza del razzismo.

Il 31 ottobre 2018 Extinction Rebellion si è dichiarata in aperta ribellione conto il governo del Regno Unito. I suoi militanti hanno deciso di ribellarsi a un sistema tossico basato sulla logica del profitto e sulle disuguaglianze. Si ribellano per avere una giustizia sociale che garantisca una società più inclusiva e resiliente. Si ribellano con amore per questa Terra, per gli esseri viventi che la popolano.

Nell'aprile del 2019 è cominciata la prima fase della Ribellione internazionale. A Londra migliaia di persone hanno bloccato giorno e notte cinque snodi importanti nel cuore della città: Oxford Circus, Marble Arch, Waterloo Bridge, Piccadilly Circus e Parliament Square. La capitale è rimasta paralizzata. Le attiviste e gli attivisti hanno presidiato i siti per dieci giorni tenendo una serie di discorsi, dibattiti, assemblee pubbliche, flash mob e altri eventi di ogni tipo mirati al coinvolgimento della cittadinanza tutta. Molti altri, tra cui anche Greta, si sono messi in viaggio da tutta Europa per raggiungerli e supportare la protesta. Le azioni portate avanti dal movimento non "disturbano" la pace sociale. Semmai denunciano una mancanza di pace. Permettere alle multinazionali di distruggere la vita sulla Terra, per esempio, non è pace. Gli attivisti hanno costretto a chiudere temporaneamente le filiali dei produttori di combustibili fossili, sbarrato le strade intorno al ministero del Tesoro e "congelato" la Borsa di Londra. Si è verificato un coinvolgimento della società non da poco, con scene emozionanti come lavoratori in sciopero che prendevano anch'essi parte alle proteste, o signore anziane con tè e biscotti per rifocillare i manifestanti. In quei giorni più di mille persone sono state arrestate.

I militanti di XR sono perfettamente consapevoli della crisi in atto e di quello che stanno facendo: pur di evidenziare il problema, sono disposti a rimanere seduti o distesi come sacchi di patate, bloccare strade, ponti e impianti inquinanti, farsi portare via dalle forze dell'ordine e passare una o più notti al fresco. Di sicuro c'è che i cambiamenti sono tutti arrivati tramite sacrifici delle persone, come per esempio nel caso dei Freedom Riders. Nella tradizione delle suffragette e del movimento per i diritti civili, cercare l'arresto significa trasformarsi da spettatori a protagonisti, a difensori di qualcosa di più grande.

«La tattica è fornire un'ininterrotta riserva di persone da arrestare fino a saturare ed esaurire le risorse delle forze di polizia». Queste, già impegnate al massimo delle loro possibilità, sono state spiazzate dalle proteste. Con una nota ufficiale Sadiq Khan, sindaco di Londra, ha chiesto ai coordinatori del movimento di interrompere le azioni. Al termine della prima fase di ribellione, il Regno Unito è diventato il primo Paese a dichiarare lo stato di emergenza climatica ed ecologica.

Nel frattempo il movimento si diffondeva in tutti i continenti (esclusa l'Antartide). Ci sono state azioni in Pakistan, Olanda, Stati Uniti, Cile, Ghana... Una Rete di solidarietà internazionale è nata per sostenere e operare a stretto contatto con gli attivisti di Papua Occidentale, Mongolia, Bangladesh, Caraibi.

Le ribellioni si fondano sulla speranza. Ma avere speranza non basta, dobbiamo creare i presupposti affinché nel lungo periodo si possa attuare una situazione di fiducia. Tanto per cominciare, è necessario un cambio di prospettiva che metta da parte la mentalità individualista e riporti al centro la comunità.

Extinction Rebellion si ispira a personaggi come il mahatma Gandhi, Martin Luther King, Emmeline Pankhurst. Quest'ultima, attivista per i diritti delle donne e fondatrice della Women's Social and Political Union, aveva sviluppato una teoria della resistenza non violenta che doveva raggiungere i suoi obiettivi in modo pacifico, incruento e disarmato. Tre anni dopo la sua nascita l'associazione contava oltre 260 000 membri. Le suffragette presentarono una petizione al primo ministro, disturbarono i comizi elettorali, tennero discorsi pubblici, organizzarono manifestazioni imponenti, si lasciarono arrestare senza opporre resistenza. La polizia fece uso della violenza, ma infine in Gran Bretagna fu introdotto il primo – seppure ancora in parte discriminatorio – diritto al voto delle donne.

Spesso pensiamo che personaggi del calibro di quelli appena citati siano stati eroi, solitarie guide cui si deve il successo dei movimenti. In realtà hanno potuto trionfare grazie al sostegno di molte persone. Una delle convinzioni più distorte su qualsiasi grande cambiamento è l'idea che sia stato opera di singoli individui. Per liberarci da dinamiche corrosive, leggi oppressive e costruire un mondo diverso serve una comunità, grande, aperta, biodiversa, inclusiva.

Proprio per questo, se doveste chiedermi i nomi dei miei personaggi preferiti di sempre, tra questi ci sarebbe John Lewis.

Se doveste chiedermi chi è stato il più audace, determinato, equilibrato leader dei movimenti studenteschi negli Usa e non solo, risponderei John Lewis.

Se doveste chiedermi a chi mi ispiro quando faccio attivismo, risponderei John Lewis.

Lewis ha iniziato a fare attivismo politico alla mia età. La differenza è che lui proveniva da una famiglia discendente da schiavi, terzo di dieci fratelli, viveva negli anni Sessanta in America (prima a Troy, Alabama, poi a Nashville, Tennessee, infine ad Atlanta, Georgia) e, soprattutto, era nero.

Io sono bianco, privilegiato, sufficientemente benestante e minuscolo rispetto a uno come lui.

Nel 1957 Lewis, ascoltando la radio, capì che anche nel Sud degli States qualcuno iniziava a ribellarsi. Scrisse una lettera a Martin Luther King, che avrebbe incontrato di lì a poco, essendosi convinto di voler frequentare un college di alto livello, a pochi chilometri da casa sua, per soli bianchi. Finì invece a Nashville in una scuola per soli neri, dove fondò un gruppo di studenti che si battevano per i diritti civili. Entravano nei bar e si sedevano ai tavoli destinati ai bianchi, come se niente fosse. Si prendevano insulti, sputi, calci. Ma non si spostavano. Non rispondevano con la violenza, che avrebbe in qualche modo giustificato il comportamento nei loro confronti. Lewis e compagni si allenavano tra loro, picchiandosi e insultandosi senza reagire, studiavano Gandhi. Dovevano essere pronti a tutto e allo stesso tempo pronti a non fare niente. Fu arrestato per la ventiquattresima volta nei giorni in cui doveva conseguire la laurea per cui tanto aveva studiato. Dalla prigione disse: «Non posso essere con voi, ma non c'è altro luogo in cui vorrei essere adesso».

Lewis divenne leader dello Student Non-Violent Coordinating Committee, parte dei Freedom Riders e uno dei Big Six, punto di riferimento del movimento per i diritti civili, proprio a fianco di Martin Luther King. Guidò la prima storica marcia da Selma (Alabama) il 7 marzo 1965. Fu il primo a essere travolto dalla carica delle forze del (dis)ordine. Col cranio rotto, squarciato dai manganelli della polizia a cavallo, lanciò un messaggio alla nazione che divenne urlo di speranza, eco di voci.

> Mentre la furia della violenza e dell'odio si abbatteva con forza sulla gente inerme di Selma, mentre veniva assalita con lacrimogeni e con manganelli, come fosse un nemico in guerra, nessun americano poteva evitare di ritenersi responsabile di questa brutalità poiché siamo tutti responsabili del nostro prossimo.
> Io mi appello alle donne e agli uomini di Dio che hanno cuore e animo buono, neri, bianchi o di altro colore: se voi pensate che tutti gli uomini siano uguali venite a Selma, unitevi a noi, unitevi alla marcia contro l'ingiustizia e l'inumanità. Ci serve l'aiuto di tutti voi.

Il grido corse veloce di bocca in bocca e poche settimane dopo decine di migliaia di persone di ogni età, genere, religione e provenienza marciarono attraversando un ponte – fisico e metaforico, che oggi in molti vorrebbero intitolare a John Lewis: fu un momento decisivo sulla strada del cambiamento, che senza la forza della collettività non sarebbe stato possibile.

In genere non sono i dati a convincere le persone, ma gli esempi di vita vissuta, come quello di Lewis. Ciascuno di noi ha una propria storia, più spesso parecchie, e raccontare storie è un modo universale per comunicare ed entrare in sintonia con gli altri. John Lewis, ultimo dei mitici Grandi Sei, venuto a mancare a 102 anni esatti dalla nascita di Nelson Mandela, in un periodo in cui la battaglia per i diritti civili, a fronte di discriminazioni mai svanite, ha di nuovo preso piede, è un altro dei tesori di cui il 2020 ci ha privati.

«Non si può avere paura di parlare e far sentire la propria voce su qualcosa in cui si crede. Bisogna avere coraggio. Puro coraggio».

Because of you, John.

Dopo quello dei diritti civili molti altri movimenti hanno fatto ricorso alla disobbedienza civile. Nel saggio *This is an uprising* i fratelli Mark e Paul Engler hanno evidenziato che i movimenti pacifici, per ottenere un risultato, necessitano di una strategia elaborata. Essi sono per definizione inclusivi. Comprendono persone di età ed estrazione sociale diverse che non possono o non vogliono ricorrere alla violenza. L'inclusione è imprescindibile per il successo, perché solo così la partecipazione, che può determinare un cambiamento radicale, diventa abbastanza grande. Un atteggiamento non violento aumenta poi la probabilità che il messaggio venga ascoltato.

La rinuncia alla forza pone i regimi repressivi di fronte a un dilemma morale che può andare solo a loro svantaggio, quello che viene anche definito paradosso della repressione: devono contrastare il movimento per mantenere il loro potere ma, appena fanno ricorso alla violenza contro una protesta pacifica, scatta l'indignazione delle grandi masse e più persone ancora si uniscono al movimento. Forse l'esempio più eclatante degli ultimi tempi riguarda quanto accaduto in Bielorussia a partire dalla metà del 2020.

Proprio perché procedevano senza violenza, i movimenti pacifici sono stati in grado di rovesciare regimi in Iran nel 1979, nelle Filippine nel 1986, in Corea del Sud nel 1987. Nella maggior parte dei casi, ciò che è venuto dopo rispecchia in qualche modo la struttura dei movimenti che hanno portato a quella situazione. Per questo dobbiamo vivere già da ora, all'interno dei nostri gruppi, il futuro che vogliamo e per il quale ci battiamo. Un futuro inclusivo, democratico e antirazzista. La non violenza deve essere punto di partenza imprescindibile. Mantenere il controllo è la regola numero uno. Sempre, a prescindere dalle circostanze. Citando ancora Martin Luther King: «La non violenza è un'arma giusta e potente, che taglia senza ferire e nobilita chi la brandisce. È una spada che rimargina».

Se il movimento non prende le distanze da chi, anche al suo interno, non rifiuta la violenza, o se si divide in due fazioni, le probabilità di ottenere successi crollano.

Il movimento dei Gilet jaunes si è affermato in Francia nell'autunno 2018 in risposta a un brusco innalzamento del prezzo del carburante stradale (non a caso, ha scelto come simbolo il giubbotto ad alta visibilità che per legge ogni guidatore deve tenere a bordo). Dougald Hine, radical britannico, giornalista, editore e imprenditore sociale, ne ha commentato la nascita come segue.

> Le immagini vengono da entrambe le sponde della Manica. C'è qualcosa di straordinario nell'emersione, in contemporanea, lo stesso giorno, di due movimenti - Extinction Rebellion e i Gilet gialli — che si somigliano per scelte tattiche e in un certo senso cromatiche, il giallo fluorescente a Parigi e lo stesso giallo, più il verde e il rosa, sui ponti di Londra. A prima vista sembrano ai lati opposti di uno specchio, due schieramenti opposti nella battaglia per il futuro. Ci sono diverse lezioni da imparare, qui. La tassa sul gasolio per auto potrebbe essere stata l'ultima goccia per i manifestanti francesi, ma è l'ultima di una lunga serie. Quando si affronta il cambiamento climatico dando incentivi al mercato, il costo tende a ricadere su chi nella società capitalista, a livello nazionale e internazionale, è già svantaggiato.

I Gilet gialli si sono divisi, i vari segmenti hanno portato confusione e violenza, le proteste si sono spente. Le Primavere arabe, invece, sono fallite perché, ottenuta la caduta dei regimi, non si è stati in grado di costruire qualcosa di nuovo. Hanno tradito se stesse, trasformandosi in conflitto, povertà e violazione dei diritti umani.

Extinction Rebellion basa tutta la propria azione su tre richieste principali, rivolte ai governi dei Paesi nei quali è presente:

1) Il governo deve dire la verità sul clima e sull'emergenza ecologica in generale, invertire le politiche incoerenti e lavorare al fianco dei media per comunicare con i cittadini. È giunto il

momento di dire la verità sulla crisi climatica, che è solo un sintomo della nostra errata comprensione di quale posto noi esseri umani occupiamo nella natura. «Nell'epoca dell'inganno universale, dire la verità è un atto rivoluzionario» (George Orwell). Secondo Gandhi, *satyagraha* è la non-collaborazione basata sulla forza della verità. I parlamenti, i governi degli Stati, le autorità locali devono dichiarare l'emergenza climatica ed ecologica, seguendo l'esempio di oltre 100 enti amministrativi del Regno Unito.

2) Il governo deve adottare misure politiche giuridicamente vincolanti per fermare il crollo della biodiversità, ridurre le emissioni di carbonio allo zero netto entro il 2025 e diminuire i livelli di consumo.

3) Deve essere resa operativa un'assemblea nazionale dei cittadini per supervisionare i cambiamenti, come parte della creazione di una democrazia. Per affrontare la crisi in corso è necessaria la creazione di uno spazio di dialogo nuovo che coinvolga le persone comuni. In questo senso nascono l'idea e l'istanza di un'assemblea dei cittadini su clima e giustizia ambientale. Una risposta seria all'emergenza climatica necessita di un processo democratico radicale, una trasformazione del nostro stile di vita alla quale dobbiamo partecipare non come consumatori qualsiasi ma come cittadini e cittadine.

Davide contro Golia

Gene Sharp, soprannominato il Machiavelli della non violenza, ha individuato 198 metodi di disobbedienza civile e li ha suddivisi in tre macrocategorie: protesta non violenta e sensibilizzazione (conferenze, petizioni, libri, podcast); non cooperazione non violenta in forma politica, sociale ed economica (scioperi, manifestazioni degli studenti, boicottaggi); interventi non violenti (*critical mass*, sit-in, blocchi).

Proteste di questo tipo – Davide contro Golia – si svolgono in tutto il mondo, anche nei Paesi industrializzati. Nelle foreste di Dannenröder e Hambach, nel Land tedesco dell'Assia, sono state costruite sugli alberi case a più di 20 metri di altezza per opporre resistenza pacifica a grandi opere inquinanti e dannose. Nel primo caso le proteste contro il prolungamento di una parte dell'autostrada A49 ha riacceso il dibattito pubblico, nel secondo si è impedito che la foresta fosse bruciata per far posto a una miniera di carbone a cielo aperto.

Molti pensano che la disobbedienza civile sia un problema perché disturba l'ordine. Ma viviamo in un'epoca nella quale, se ci pensiamo bene, spesso l'ordine è sbagliato e distruttivo.

A volte mi viene in mente quello che si dice in *La Haine* (L'odio), più che un film un capolavoro. «Bravo, la protesta dovrebbe essere pacifica in un mondo ideale. E a te pare un mondo ideale quello dove ti ammazzano perché sei nero?». «No, l'odio chiama odio».

Spesso commentando il messaggio del film ci si concentra sulla violenza che praticano e subiscono i protagonisti. Ma il problema non è la violenza in sé, almeno non solo, ma la violenza del sistema. E ancora il disagio sociale di fondo, la lotta tra i più svantaggiati, il buio del tunnel da cui molte persone non riescono a uscire, e quando vedono uno spiraglio poco importano i ragionamenti, i modi e le dinamiche per provare a venirne fuori, spesso alimentate da una politica che non è in grado di dare risposte, che soffia sul fuoco e cavalca mediaticamente l'onda del disagio. Ci sono risposte strutturali che non arrivano a pezzi della società. Il tutto è stato esacerbato dalla pandemia, che si è stratificata e accumulata a forti problemi preesistenti, portando disperazione e rabbia.

Il 26 e il 27 ottobre 2020, a fronte di ulteriori restrizioni, la rabbia si è riversata nel centro di Napoli, Torino, Milano e altre città, in quella che la Bbc ha definito *Italy's Autumn of unrest*, l'autunno dei disordini in Italia. Vetrine sfasciate, cassonetti bruciati. La violenza non va mai giustificata, ma per non fermarsi in superficie è importante capire che cosa ha portato fin lì. È facile postare una storia dell'assalto alle vetrine di Gucci, più difficile provare a comprendere cosa può significare quel gesto e che cosa c'è dietro.

A molta gente danno più fastidio il saccheggio di merci e la rottura di vetrine di grandi brand multinazionali che non la reale condizione delle persone. Il fine non giustifica i mezzi, e in quelle azioni non c'era alcun fine, se non il tentativo di gridare, di far venire alla luce l'intero tunnel. Gli assalti al centro e i furti nei magazzini di enti, che già aiutano chi ha meno, sono istantanee di un mondo che si agita, che si dibatte per non annegare. Come diceva il sociologo e storico statunitense Barrington Moore, fragilità e disagio sociale sono terra fertile per far germogliare nazionalismi e fanatismi. Povertà e non inclusione portano alla violenza. Diritti, opportunità e inclusione portano a un miglioramento.

Dalla stessa parte della barricata?

Sempre nell'ottobre del 2020, durante una breve permanenza a Roma in casa del mio amico Enzo, ho deciso di partecipare ai primi giorni della Ribellione internazionale. Dopo una giornata di formazione e preparazione alla Città dell'Altra Economia a Testaccio, gli attivisti e le attiviste hanno aperto le danze, in tutti sensi, in piazza dell'Esquilino, nel cuore di Roma.

La ribellione inizia e finisce con la danza. Una danza alla vita, un canto all'amore. L'amore che dovremmo provare per l'umanità e per il Pianeta. Con amore e determinazione sono scesi in strada. Hanno cantato, danzato e suonato perché il messaggio fosse ascoltato.

Quello che mi colpisce sempre delle azioni di Extinction Rebellion sono le emozioni, i colori, la musica, la straordinaria carica degli attivisti e delle attiviste, che vibra nell'aria e penetra nelle ossa. Il momento iniziale più gioioso, che attrae sempre moltissimi passanti e li coinvolge, si conclude con la canzone dei Bee Gees

"Staying Alive" («Che tu sia un fratello o tu sia una madre/Stai rimanendo vivo, rimanendo vivo/Senti la città rompersi e tutti scuotersi/Sto rimanendo vivo, rimanendo vivo») e il relativo ballo. Poi i manifestanti si lasciano cadere a terra, mimando la morte cui andremo presto incontro se non si cambia rotta ora. Dopo questo momento singolare, si susseguono attività e interventi, sia di natura scientifica sia di carattere personale, densi di lutti e paure, ma anche di speranze, desideri e determinazione.

A conclusione della mattinata, un gruppo di manifestanti si è diretto verso piazza del Parlamento per chiedere di consegnare la Dichiarazione di ribellione ai deputati e di improvvisare una performance in quel luogo simbolico. Le forze dell'ordine lo hanno impedito con un dispiegamento sproporzionato, se si considera il carattere non violento della manifestazione.

Le Red Rebels sono state obbligate a svestirsi dei panni rossi che indossavano. Hanno iniziato a cantare ma non gli è stato permesso. Volevano continuare pacificamente a portare il messaggio per le strade ma non gli è stato concesso. Parlare di quel pomeriggio è difficile, frustrante.

Facciamo però un passo indietro. XR ha scelto una posizione molto particolare nei confronti della polizia. Anche se non era questo il caso, in alcune azioni la scelta di ricerca attiva dell'arresto costringe i poliziotti, a loro volta, a scegliere la posizione da adottare. Più in generale, tra i militanti è molto comune sviluppare una repulsione nei confronti delle forze dell'ordine, e viceversa. Tutto ciò ha radici lontane, che però si estendono vigorose fino a oggi.

Dal 2010, nei circoli di attivisti di alcune città europee è scoppiato lo scandalo dei cosiddetti "poliziotti spia". Alcuni agenti hanno ricevuto l'ordine di infiltrarsi nei gruppi ecologisti, hanno stretto relazioni con le attiviste e avuto addirittura con loro dei figli, per poi abbandonarle a obiettivo raggiunto. È stato uno dei punti più bassi e aberranti mai toccati dalle forze dell'ordine. Tuttavia, bisogna fare attenzione.

Diversamente da un pensiero dominante, che trova nel motto Acab (All cops are bastards) la sua massima espressione, e nonostante le apparenze, le forze dell'ordine non sono un blocco ideologico monolitico. Al loro interno esistono importanti prese di posizione etiche. Può dunque emergere uno spazio in cui si crea un dialogo con le persone del movimento. Io stesso ho più volte provato rabbia e disgusto nei confronti di agenti della Digos. Ho assistito a reazioni spropositate, violenza gratuita, abusi di potere. È altrettanto vero, però, che nel breve corso della mia vita privata e da attivista ho incontrato membri delle forze dell'ordine nei confronti dei quali ho nutrito una profonda stima e che mi hanno trasmesso e insegnato molto. Vale per tutte le cose: ci sono idioti a sinistra, a destra, nel mezzo, in ogni ambito, lavorativo e non; la polizia non fa eccezione. Forse ci sono reparti in cui ce ne sono di più e altri in cui ce ne sono di meno, d'accordo. Di sicuro generalizzare non è mai d'aiuto.

Nella storia, abbiamo visto che la partecipazione di massa può indurre polizia ed esercito a cambiare schieramento. Secondo la studiosa americana di politiche pubbliche Erica Chenoweth, i movimenti popolari che fanno breccia tra i membri delle forze dell'ordine hanno circa il 60% in più delle probabilità di successo.

> Mentre facevo la guardia di notte, un agente di polizia di stanza nella zona venne a congratularsi con noi per l'organizzazione (una tenda per il pronto soccorso, pasti caldi gratis, una toilette da campo, e l'inconfondibile nave rosa con la scritta *Tell the Truth*, Di' la verità). Dopo una pausa, aggiunse: «Era ora che qualcuno protestasse per queste cose, ne avevamo proprio bisogno, e ora ci siete voi. Sono assolutamente dalla vostra parte».
> Durante la settimana persi il conto dei poliziotti che vennero a dirci, ciascuno a suo modo, che stavano con noi. Uno che guidava un cellulare pieno di arrestati fischiettava piano la canzone "I'm sorry, my friend" (mi dispiace, amico mio); un altro offrì un po' del suo pasto a un ribelle ammanettato. La polizia impiegò circa due ore per staccare me e la mia collega ribelle da dove ci eravamo incollate.

> Durante un momento di calma delle operazioni, un agente andò a cercare il mio compagno tra la folla e gli trasmise la mia richiesta di cantare *Hallelujah* di Leonard Cohen [...]. Usando le mani a mo' di megafono, me la cantò, e fece piangere un bel po' di gente. Sì, anche me. In quel momento le bandiere di Extinction Rebellion coprivano tutta la zona centrale di Londra, da Waterloo Bridge a Marble Arch. Un intenso e ininterrotto halleluja. (Jay Griffiths, *Anarchipelago*, Wooden Books, Londra 2007)

In Italia questo difficile rapporto non si è certo addolcito dopo alcuni eventi e manifestazioni negli ultimi decenni. Il progressivo accanimento della polizia e della magistratura, a volte con semplici sanzioni amministrative, altre con multe più pesanti, denunce, decisioni insensate nei confronti di militanti recatisi in Rojava (il Nordest della Siria) o ancora di Extinction Rebellion, Black Lives Matter, Fridays for Future, Greenpeace, non fa ben sperare.

Dana Lauriola, attivista No Tav in Valsusa, è stata condannata a due anni di carcere per aver preso parte e parlato con il megafono, nel lontano 2012, a una manifestazione in cui centinaia di oppositori al progetto ferrovia ad alta velocità bloccarono con nastro adesivo l'accesso a un casello della Torino-Bardonecchia, lasciando passare gratuitamente le auto e causando un danno di 777 euro, prontamente risarcito. Voglio che una cosa sia chiara: qui non c'entra il sì Tav/no Tav, giusto o sbagliato che sia; qui conta solo il fatto che condannare una persona per aver parlato al megafono e distribuito volantini in una manifestazione del tutto pacifica è un pugno in faccia alla libertà di espressione e un segnale forte a chiunque faccia politica dal basso, o semplicemente si occupi di attualità.

La Tav è ormai venduta come una questione di propaganda piuttosto che come una questione sociale e ambientale, di cui non parlerò perché ne so relativamente poco, e che onestamente non sento molto mia. Ciononostante, nell'ottobre del 2020 con Stefano, Ivan, Sara, Riccardo, Andrea, Barbara, Alarico, Margherita, Edoardo e altri amici ci siamo recati al presidio dei Mulini, dove ho avuto modo di vedere con i miei occhi il filo spinato (vietato dalle convenzioni internazionali) che, assieme ad altri strumenti, le forze dell'ordine utilizzano in Valsusa ma in nessun'altra parte dell'Unione europea. Non solo: il gas talvolta lanciato nei pressi del cantiere fa parte della famiglia dei gas Cs, classificati dalla legge n. 110 del 18 aprile 1975 come armi da guerra di terza categoria, ossia armi chimiche. La Convenzione di Parigi, ratificata anche dall'Italia, a livello teorico proibisce l'uso dei Cs addirittura in uno scenario bellico. Eppure questo strumento continua a far parte dell'equipaggiamento della polizia italiana. Dalla parte opposta della montagna, in Francia, le forze dell'ordine non sono da meno. Le immagini della polizia francese che spruzza spray al peperoncino sui manifestanti di Extinction Rebellion seduti immobili a Parigi hanno fatto il giro del mondo. La tattica là adottata prevede spesso di convogliare tutti i manifestanti verso una piazza per poi caricare da più lati. Sovente nella trappola rimangono famiglie e bambini.

A Roma in piazza del Parlamento è avvenuto il contrario. La piazza si è riempita di camionette e agenti, in numero superiore alla somma di manifestanti e passanti-spettatori. Le forze dell'ordine erano presenti in ogni via limitrofa. Hanno blindato un'area consistente del centro. Controlli a tappeto, persone nei paraggi identificate, chi seduto al bar, chi incuriosito, zaini aperti e svuotati.

Personalmente non ho mai partecipato a un'azione ad alto rischio perché non mi sento a mio agio nel farlo, e inoltre, non essendo propriamente un attivista di XR, non ero coinvolto in prima persona. Da semplice osservatore mi sono ritrovato con Filippo di Fridays Roma a dare indicazioni e a rassicurare il mio e altri gruppi formatisi sul momento. Mi sembrava tutto così assurdo e, a pensarci adesso, ancora provo sgomento. Dopo esserci imbattuti in vari accessi blindati e in varie pattuglie decido che era troppo. Ci incamminiamo verso la piazza, come fossimo turisti – in effetti io lo ero –, fino a quando un omaccione si para di fronte a noi. Ero il primo del gruppetto, mi chiede i documenti.

A proposito, sapete come comportarvi in presenza di agenti di polizia? Sapete che siete tenuti a dare i vostri documenti di identità ma non a fornire informazioni aggiuntive? Potete filmare gli agenti o no? Cosa fareste se vi chiedessero il telefono per cancellare una foto che ritengono scomoda? Dopo la morte di George Floyd, il giovane afroamericano soffocato a Minneapolis dal poliziotto che lo stava arrestando – poi sospeso dal servizio e di recente condannato in Tribunale per tutti e tre i gradi di omicidio previsti dall'ordinamento giudiziario del Minnesota –, la consapevolezza sulle risposte a queste domande è cresciuta. Anche se pensate che non vi capiterà mai di trovarvi in una situazione del genere – come non lo pensavo io – conoscere i vostri diritti e doveri di base è importante.

Ma torniamo ai fatti. L'uomo mi chiede di dov'ero, dove alloggiavo a Roma, se ero già stato identificato. Risposi di no, mi disse che avrebbe chiamato una volante per verificare. Gli agenti fanno spesso questo scherzetto. Avendo una linea sempre aperta, fingono di chiamare per metterti paura ma non chiamano proprio nessuno; anche perché, nella fattispecie, cosa gliene frega a chi ha maggiore potere decisionale nella scala gerarchica di un torinese qualunque – alto, bianco, che parla bene l'italiano e non si fa intimidire – che cammina per le vie del centro senza recare disturbo alcuno.

Vedendomi sorridere, il poliziotto mi restituisce il documento. Chiedo se possiamo proseguire. No, di lì non si può passare. Questo senza che stia effettivamente succedendo nulla. Perché nulla è potuto succedere: Montecitorio, il palazzo sede del nostro Parlamento, massima espressione della democrazia, è stato inavvicinabile per quegli stessi cittadini che dovrebbe rappresentare. I manifestati rimasti sono stati dispersi, alcuni seguiti fino alle fermate degli autobus.

Le parole della lettera che non ci è nemmeno stato concesso di leggere pubblicamente sono rimaste tronche nella brezza autunnale del centro della capitale. Una settimana dopo, XR Roma è riuscita a raggiungere il Parlamento in occasione del voto per il decreto Sostegno e rilancio economia e salute.

A Roma ho fatto un salto a Corto Circuito, che è un tentativo di risposta alle necessità delle persone, faro luminoso nella burrasca di Cinecittà, con uno spazio sociale, molti laboratori, un orto, un campo da calcio, dove i ragazzini del quartiere si danno appuntamento.

Sempre con il medesimo intento, Akira, attivista di Fridays Roma, mi ha portato a San Lorenzo, dove prima o poi arriva la strada di chi fa attivismo. Dopo piazze vissute, locali colorati, muri graffitati, sedi di XR, Greenpeace, Mediterranea, Sea Shepherd, siamo entrati nel Nuovo Cinema Palazzo. Di quel posto mi hanno colpito, oltre ai disegni di Zerocalcare, l'aulicità e l'accoglienza dei suoi spazi e di quanti li animano, che mi hanno fatto entrare a dare un'occhiata anche se in quel momento stavano riassettando i locali ed erano abbastanza in alto mare. Da anni questa esperienza produce cultura e aggregazione, sottraendo spazi alla speculazione.

Durante la pandemia il Nuovo Cinema Palazzo è diventato un punto di riferimento importante per pratiche sociali e mutualistiche. Un bene comune che ha dato e ricevuto tanto dal quartiere e che ha continuato a ospitare le assemblee di Fridays for Future.

Alle 6.15 del 25 novembre 2020 decine di agenti e 15 blindati l'hanno circondato, mentre la città ancora dormiva. È stato sgomberato. Agghiacciante il tweet della sindaca Raggi, che sostiene di aver ripristinato la legalità nella capitale, la stessa sindaca che nel 2016 era stata ospitata al Cinema e aveva pubblicato un post scrivendo che lei «con i cittadini ci parla, non va con le ruspe!». Penso che in un momento del genere l'idea del Comune di Roma di considerare come priorità lo sgombero di uno spazio come quello sia stata perfetta. Perfetta per un'amministrazione che ogni volta che deve affrontare una questione seria guarda l'unghia del dito invece che la luna.

A scuola di umanità

La scuola è lo spazio più naturale per la formazione su ambiente, territorio e difesa della nostra casa comune. Combattere la crisi climatica significa lottare per un futuro. Non c'è scuola senza futuro e non c'è futuro senza scuola. In questo periodo di emergenza ambientale, sanitaria, sociale, è dalla scuola che bisogna partire.

Anche se ho avuto buoni insegnanti, la maggior parte delle cose che ho imparato rispetto a quello che faccio nella quotidianità le ho imparate fuori da scuola, o almeno fuori dalla classe. «Credo che la scuola debba essere un luogo in cui si inizia a fare politica – mi ha detto una volta Fabio Geda, torinese, educatore presso i servizi sociali, scrittore anche di libri per ragazzi. Politica nel senso più alto del termine, per contrastare questa fase di anti-politica».

Dal 2009 in poi l'Italia è uno dei pochi Paesi europei che hanno tagliato i fondi per sanità e istruzione. Debole e non così efficace è anche l'alternanza scuola-lavoro per il modo in cui è strutturata adesso. I crediti riconosciuti per attività extrascolastiche dovrebbero avere più importanza, considerando magari davvero gli interessi degli studenti al di fuori dell'orario delle lezioni, facendoli diventare argomento di condivisione in classe e superando la semplice registrazione numerica del risultato raggiunto.

Io sono fortunato perché ho frequentato una scuola in cui mi sono trovato bene, che mi ha dato molte possibilità. Il liceo Spinelli di Torino non ha enormi difficoltà, e soprattutto non cade a pezzi. Non tutti, anche in Italia, anche in Piemonte, possono dire lo stesso. Un pensiero particolare va a Vito Scafidi, lo studente di 17 anni morto nel crollo di un soffitto del liceo Darwin di Rivoli.

I vari governi degli ultimi anni si sono differenziati su molte tematiche. Non sui fondi tagliati all'istruzione, su cui si dovrebbe puntare in assoluto.

L'articolo 34 della nostra Costituzione recita che la scuola è aperta a tutti e allude a un'idea di uguaglianza sociale strettamente intrecciata a quel principio di democrazia che è l'anima profonda dell'intera Carta repubblicana. È il luogo privilegiato dove si apprende, si comprende, si sperimenta la democrazia. La scuola è caratterizzata dalla comune acquisizione dei saperi. È nella scuola che ci si avvicina alla conoscenza della vastità e molteplicità del mondo, che si fa esperienza di quella convivenza laica e pacifica che rappresenta il fondamento culturale e morale di cui ogni Paese ha bisogno per non cadere in rovina.

Ogni taglio alla scuola è un taglio al nostro futuro.

> L'Italia è quel Paese in cui sei sempre troppo grande o troppo piccolo per fare le cose. Se sei giovane e anche donna, ancora peggio.
>
> Spesso si associa l'età all'esperienza, alla bravura, alla serietà. Se sei giovane in Italia non vieni preso in considerazione, ascoltato, compreso. Dopo anni di studio ti ritroverai a svolgere un tirocinio gratuito che con il tempo diventerà un lavoro sottopagato, che ti spingerà a cambiare Paese. Se sei giovane in Italia, si saranno dimenticati che potresti rappresentare il futuro e che potresti avere un sogno.
>
> La disoccupazione giovanile si attesta al 32% con il 23% dei giovani che non studia né lavora. E la pandemia da Covid-19 non ha fatto che acuire differenze già presenti. Così è stato per il lavoro femminile, che ha visto ben 90 000 donne disoccupate a causa del virus.
>
> Ma il vero virus è rappresentato dalla condizione di precarietà pregressa che attanaglia le donne da sempre, cui si va ad aggiungere il loro maggiore impiego nei servizi e nell'assistenza domestica: i settori più colpiti dalla crisi. Inoltre, è emerso un allarmante incremento di donne inattive, soprattutto giovani, che evidenzia un forte retaggio patriarcale. È infatti statisticamente provato che, nonostante abbiano durante gli studi un rendimento migliore, le donne sono penalizzate sul mercato del lavoro.

Ciò accade perché vivono in un costante precondizionamento sociale. L'intersezionalità del discorso femminista si lega quindi al retaggio ampio dello sviluppo della cultura, delle politiche giovanili e della considerazione della donna in quanto tale.
Lo sviluppo della cultura e l'investimento sull'istruzione sono due temi cruciali. In Italia si pagano le tasse universitarie più care d'Europa e il tasso di abbandono è altissimo, si attesta al 40%. Ben cinque anni di università, dopo cinque anni di scuola superiore per cosa? Un lavoro malpagato dopo anni di stage non retribuiti? Molti giovani preferiscono un mestiere manuale che possa più facilmente garantire un reddito. Altri si trovano disorientati davanti a un futuro incerto.
Non si incentivano i sogni, si dà una pacca sulla spalla e nel caso qualche consiglio per scegliere la facoltà giusta «per trovare lavoro». Ho sentito questa frase un milione di volte, con effetti disastrosi.
L'Italia è il Paese in cui se vuoi studiare Lettere e filosofia vieni etichettato come un futuro disoccupato, un sognatore, un fallito, meglio optare per qualcosa di più "capitalista". Si crea così la fila di ragazzi che rinunciano alle loro passioni per scegliere la via più funzionale, che spesso li porta a perdere anni nella facoltà sbagliata o a decidere di non laurearsi.
Che cosa rimane quindi del sogno? Quel sogno che ha spinto me a scegliere Scienze politiche seppur scoraggiata dalla retorica del «non si trova lavoro». Quel sogno non mi ha mai delusa e non mi ha mai fatta pentire della scelta fatta, perché l'ho fatta con tutto il mio cuore.
Ognuno di noi merita questo: studiare ciò per si è nati, ciò che ci appassiona, ciò che ci fa bruciare dentro, e non rinunciare mai.

Flavia Restivo
Giornalista freelance, attivista politica e femminista

Dobbiamo attivarci noi, nessuno lo farà al posto nostro: i diritti non sono mai stati riconosciuti, sono stati conquistati. È nel mondo giovanile che vive la dimensione della prospettiva. Solo conoscendo la situazione attuale possiamo fare qualcosa per cambiare rotta.

I gas serra che emettiamo possono restare in atmosfera per generazioni. Il metano ci rimane 12 anni, il biossido di carbonio dai 30 ai 95, il protossido di azoto circa 120, l'esafluoro di zolfo più di 3000. Le risorse vengono estratte dal futuro, più che dalla Terra. Così come stiamo ancora scontando quanto abbiamo rilasciato in cielo negli ultimi decenni, gli effetti delle scelte di oggi avranno un impatto forte su un domani fatto di decine e decine di anni a venire.

La realtà è che buona parte dei politici e le potenti élite che beneficiano dello status quo non sono intenzionati a interrompere le loro pratiche distruttive o ad allentare la presa sulle leve di comando finanziarie ed economiche: continueranno a chiedere sussidi per il fossile e a scartare ogni iniziativa coraggiosa. Noi giovani, invece, abbiamo davvero il potere di far cambiare rotta alla politica e spostare gli equilibri, se lo vogliamo davvero. L'abbiamo già fatto in passato e possiamo farlo ancora. Ma ci sono moltissime cose che non abbiamo il potere di fare.

Per quanto riguarda la crisi climatica, non possiamo aspettare che la nostra generazione abbia l'età giusta (ammesso ve ne sia una) per sventare la crisi. Sarebbe troppo tardi. È già tardi. Il mondo ha bisogno di ascoltare la voce di coloro che passeranno più tempo di tutti su questo Pianeta. Ma molte volte non facciamo notizia e chi non ha più di 18 anni non può nemmeno votare, perciò spesso le nostre istanze non arrivano alla classe politica. È di vitale importanza farci sentire, perché esistono questioni urgentissime che ci riguardano direttamente e sulle quali non ci viene riconosciuto alcun potere decisionale. Per questo dobbiamo premere su chi lo detiene, quel potere decisionale.

Tenendo conto del bel mucchio di cacca sulla quale siamo seduti, a un presidio del venerdì un giornalista chiese a me e a un altro paio di attiviste e attivisti se fossimo ottimisti o pessimisti.

Luca, il primo a rispondere, disse che nonostante tutto era ottimista. Con il mio vedere sempre il bicchiere mezzo (in questo caso un sedicesimo) pieno lo seguii.

Alessio, che è sempre stato più saggio di me, disse che non sapeva, e che «un po' di pessimismo» ci avrebbe «fatto bene».

Io sono un inguaribile ottimista. Sono convinto che ci sia speranza, che è poi la carica delle mie giornate, però quelle semplici parole mi fecero riflettere. Riporre le nostre speranze in un futuro migliore ci consente di scendere a compromessi nel presente; scordarci un futuro migliore invece ci aiuta a liberarci dalle false promesse e a vivere la quotidianità con maggiore onestà. Potrebbe persino rendere più efficace il nostro attivismo.

Musica (r)esistente

Sta a noi scuotere la società dall'apatia, dicendo la verità in faccia ai potenti e denunciandone i crimini.

La musica è un mezzo potentissimo per farlo. Un movimento globale che si rispetti non può non essere accompagnato da una grande eco mediatica e musicale. In passato tutti i ragazzi che hanno vissuto la ribellione hanno incontrato i Clash. Che cosa sarebbero state le mobilitazioni per i diritti civili senza Bob Dylan? E i concertoni al tempo dell'apartheid senza Peter Gabriel, Tracy Chapman, Whitney Houston, i Dire Straits? Dove sarebbe finita la controcultura senza Woodstock? E in Italia quanto sarebbe cambiato senza Guccini e De Gregori tra gli anni Settanta e Ottanta, e senza gli Africa Unite, i 99 Posse, Frankie hi-nrg nei Novanta?

Per fortuna ci sono amici e grandi artisti come Max Casacci, gli Eugenio in Via Di Gioia, Ariete, gli Psicologi, i Pinguini Tattici

Nucleari, Piero Pelù, Mannarino, Izi e molti altri, che si sono presi la briga di fare da apripista. Lo stesso accade a livello internazionale con Billie Eilish, i Coldplay, i Massive Attack. Per dare vita a un movimento globale servono anche uno o più grandi eventi che suonino la carica ai popoli della Terra. In questo senso stanno iniziando a nascere i grandi progetti dei Climate Live.

Se penso a un luogo dove alloggia la musica e si muove la società, penso al locale in cui sono nato e cresciuto: l'Hiroshima Mon Amour. L'Hiro è nato negli anni in cui nell'aula dell'Ucciardone, a Palermo, si celebrava il maxiprocesso alla mafia, in Svezia veniva assassinato Olof Palme e nelle edicole italiane la Sergio Bonelli Editore cominciava a distribuire un nuovo fumetto, *Dylan Dog*. Sono gli anni in cui negli Stati Uniti appaiono i Simpson, nel campo profughi di Jabalya comincia la prima Intifada e la fusione del nocciolo nel reattore numero quattro della centrale di Chernobyl causa il più disastraso incidente nucleare della storia.

Sono quelli gli anni in cui in alcuni giovani torinesi (e non) germina l'idea di un luogo plurale, permeabile alle contaminazioni culturali, dove proporre musica, teatro e ogni altra forma di rivelazione e interpretazione dell'esistente, un luogo cui riservare le energie residue della contestazione politica – che molti di loro hanno vissuto all'interno dei movimenti studenteschi e pacifisti. Pensano di chiamarlo Beirut, perché Beirut in quei giorni si trova nel bel mezzo di una guerra civile nella quale è difficile schierarsi, capire da che parte stia la ragione, e loro, in quei politicamente caotici anni Ottanta, si sentono così, terra di mezzo. Oppure Gagarin, pensano. O forse Metropolidea. Invece scelgono Hiroshima Mon Amour, un nome che contiene tutto: il cinema, la letteratura, la musica, l'antinucleare.

Di qui sono passati in molti. Aldo, Giovanni e Giacomo, Antonio Albanese, Claudio Bisio, Marco Paolini, Sud Sound System, Africa Unite, Mau Mau, Subsonica. Prima in via Belfiore, poi in via Bossoli. Afterhours, Ludovico Einaudi, Ezio Bosso, Tre Allegri

Ragazzi Morti, Modena City Ramblers, Marlene Kuntz, Vinicio Capossela, Salmo, Roy Paci, Max Gazzè, Gué Pequeno, Marracash, Caparezza, Zen Circus, Ex Otago, Brunori Sas, Frankie hi-nrg, Patti Smith, Joan Baez, Lou Reed. Il 28 novembre 1989 venne rifiutata la data di un certo gruppo, allora sconosciuto, chiamato Nirvana. La storia di un luogo – chiamarlo locale sarebbe riduttivo – è fatto di successi e rimpianti. E Hiroshima ne ha tante di storie da raccontare.

Dare opportunità. Offrire chance. Regalare possibilità. Perché gli artisti all'inizio fanno tanta fatica. Tutti. Anche i più bravi. E hanno bisogno sempre di qualcuno che li copra e dia loro un pubblico perché la magia si compia. Hiroshima ha fatto sempre questo. Dato spazio e aperto il sipario. È stato, contrariamente al suo nome, un posto di vita. Sono alcune delle parole scelte da Luciana Littizzetto per descrivere l'Hiro.

Nel suo ultimo tour nei palazzetti Jovanotti ha dedicato una strofa di *Oh Vita* a Hiroshima Mon Amour. E ancora, negli anni scorsi, dentro le sue mura o a Flowers Festival, ma pur sempre organizzati da Hiroshima, ho sentito e lavorato ai concerti di Coez, Gianna Nannini, Lo Stato Sociale, Willie Peyote, Frah Quintale, MadMan, Rancore, Motta, Gazzelle e tanti altri.

Ancora più fenomenali degli artisti che sono andati e venuti sono le persone che animano quel posto unico, come Carlo, Glenda, Ale, Simona, Fabrizio, Maurino, Gary. Ogni persona che passa dall'Hiro lascia un pezzo di cuore e porta via un misto di idee, emozioni e divertimento.

«Ultimo, ma non per importanza, dev'essere divertente. Se non si può ballare, non è una vera rivoluzione. Le comunità degli artisti devono essere dei nostri: è una festa. Faremo vedere ai media che non abbiamo più voglia di starcene lì ad aspettare di morire. Faremo un party, ovviamente»: così Roger Hallam, fondatore di XR.

La musica, il teatro, il cinema, lo spettacolo, l'arte in ogni sua forma sono straordinariamente potenti ed efficaci per spezzare la congiura del silenzio. Quando noi giovani prendiamo posizione, i governanti non hanno scrupoli a ignorarci nel modo più sfacciato e disinvolto. Si limitano a un «bravi!» o a una pacca sulla spalla, che è l'equivalente di un «torna a giocare, ragazzino. Queste cose sono da grandi: ci pensiamo noi».

Ma di molte questioni i "grandi" non si stanno occupando per niente. La politica nega il cambiamento climatico perché così facendo ha un'agevolazione organizzativa. Gioca al gioco del "non è un problema finché non lo vedo". Al potere in pochi si mostrano sensibili al tema, almeno fino a quando l'opinione pubblica non spingerà nella giusta direzione. Quello che possiamo fare è scegliere i nostri rappresentanti politici e far sentire la nostra voce, far capire che noi a questa transizione ci teniamo, far capire che decisioni di questo tipo ci possono tranquillizzare riguardo anche la nostra salute.

Extinction Rebellion "è soltanto un modo di articolare un sentire diffuso in tutto il mondo". XR si considera l'ala di un movimento molto più ampio, forte, saggio, capace di indirizzare profondamente l'opinione pubblica e i bacini elettorali. Parte dell'ecosistema di cui parlava Jamie. Le foreste prosperano con sottili strati di humus spessi pochi centimetri grazie a piccoli elementi, come funghi e licheni, che trasformano la materia morta che cade dall'alto in materia nuovamente al servizio della vita. Il cambiamento non può che arrivare dal basso, e non avverrà se non affronta le ingiustizie del nostro sistema e della nostra economia altamente distruttiva, insostenibile, ad alte emissioni di carbonio. Le foreste ci insegnano che ogni essere vivente, per quanto piccolo e ritenuto dagli altri di poco conto, è utile e positivo. In natura spesso la sopravvivenza si basa su alleanze fra piante e formiche, fra insetti e fiori, tra mondo animale e mondo vegetale. Talvolta con emissioni di veleni, altre di nettari, a seconda dei casi. Non sopravvive soltanto il più forte o il più astuto, ma sovente colui che è più abile a stringere alleanze.

Non aspettare troppo per cantare

È il momento di agire. I movimenti della società civile sono sempre stati una via efficace per dare il la al cambiamento. Più esteso è tale movimento, più ha successo. La scelta ecologica è un problema strutturale, mondiale, sistemico, che non può essere risolto solo tramite singole decisioni individuali legate allo stile di vita. È giusto limitare i propri consumi personali, ma non può finire qui. La rinuncia personale al consumo deve essere affiancata da azioni comuni e impegno politico che spingano verso un cambiamento di sistema. Questo libro non è solo una raccolta di bollettini dal fronte del cambiamento climatico ma una vera e propria chiamata all'azione.

Per questo ora mi rivolgo direttamente a te che stai leggendo. Tu sai che ci troviamo di fronte a una situazione globalmente catastrofica. Ne sai almeno un po' di questa crisi. Sai che per noi tutti è ora di agire. Naturalmente puoi continuare a fare quello che facevi prima, *business as usual*. Stare a guardare come i nostri governi scelgano misure per il clima del tutto insufficienti. Proseguire la tua vita, andare avanti con gli studi, trovare un lavoro in una start-up, fare un corso di ceramica, cambiare i mobili del tuo appartamento, programmare una gita. Tutto quello che farai avrà un effetto sul clima. Anche non fare niente è una decisione: in questo modo deciderai di portarci ancora più nell'abisso.

Anche a me è capitato di pensare che mettere la testa sotto la sabbia sia di gran lunga preferibile alla realtà dei fatti. I dati che abbiamo visto nelle scorse pagine sono disarmanti. Di fronte a essi, sembra che non ci sia altra alternativa che di rimanere immobili e farsi travolgere dalla tempesta.

E invece, proprio come quando sei in acqua nel bel mezzo della mareggiata, bisogna fare ciò che appare controintuitivo. Non pietrificarsi né scappare, sapendo che comunque essa ti travolgerà, ma affrontarla e andare incontro all'onda. Solo così si può avere qualche speranza di superarla. «Non sarò mai abbastanza cinico da smettere di credere che il mondo possa essere migliore di com'è. Ma non sarò neanche tanto stupido da credere che il mondo possa crescere se non parto da me» scrive Brunori Sas in una sua canzone.

Piaccia o meno, il mondo si sta svegliando. L'onda del cambiamento sta arrivando, e tu puoi prenderne parte.

Insieme possiamo salvare vite. Oppure possiamo farci travolgere dall'onda aspettando che il problema si risolva da solo, mettendone in pericolo molte altre. Il tempo su questa Terra è limitato per ciascuno di noi: perché non utilizzarlo per conseguire uno scopo davvero significativo?

«Vale per tutti quelli che vivono in tempi come questi. Possiamo soltanto decidere cosa fare con il tempo che ci viene concesso» dice Galdalf il Bianco del *Signore degli anelli*, tornato «al mutare della marea».

I cittadini dei Paesi industrializzati, specie se bianchi e maschi, sono privilegiati. Dispongono di un potere maggiore e hanno più possibilità di battersi per i diritti e contrastare l'atteggiamento distruttivo delle grandi imprese, rispetto ad esempio a persone che vivono nelle aree del cosiddetto Global South. Non si tratta di un privilegio che riguarda l'identità di chi ne è portatore, ma della percezione diffusa che ne ha il mondo, da cui si possono intuire un potenziale livello di esposizione e il relativo rischio. Fattori su cui riflettere sono l'etnia, il grado di melanina, l'orientamento sessuale e religioso, o altri tipi di simboli e tratti riconoscibili. Secondo uno studio della Naacp (National Association for the Advancement of Colored People), ad esempio, negli Stati Uniti gli afroamericani vengono incarcerati cinque volte più spesso dei bianchi per lo stesso reato. Molte persone hanno ancora paura delle conseguenze, degli ostacoli che incontrerebbero se venissero coinvolte. Ma non agire avrà conseguenze peggiori.

Se sei abbastanza giovane perché il collasso del clima ti colpisca in pieno, sei chiamato a difendere il tuo futuro. Siamo la prima generazione a trattare la crisi climatica come tale e l'ultima che in tempi utili può fare qualcosa per arginarla.

Se sei più anziano, questo è il momento giusto per mettersi in gioco e fare qualcosa per coloro che verranno dopo di te.

C'è poco o niente che ci accomuna. Viviamo in posti diversi, facciamo cose diverse, pensiamo cose diverse. Eppure siamo destinati a subire le stesse conseguenze. E questo destino, non scelto ma subito, ci rende uguali. Il senso di giustizia e di urgenza ci accomuna. Dobbiamo essere urgenti. Dobbiamo cambiare le cose perché nessuno le cambierà per noi.

«Nella vita non bisogna mai aspettare troppo per cantare» è stata una delle ultime cose che ha voluto dirmi mia nonna, grande donna, grande sognatrice, 108 Paesi visitati e 87 anni vissuti, alcuni di guerra, e altri di pace.

Credo volesse dire che non bisogna aspettare e aver paura di fare cose nuove, conoscere persone, buttarsi, mettersi in gioco, percorrere nuovi sentieri, conoscere il diverso. E che comunque non è mai troppo tardi per farlo. Con questa consapevolezza, dobbiamo salpare assieme.

Più gente incontro, più viaggio e faccio esperienze, più mi convinco che la soluzione alla crisi climatica ed ecologica risieda nelle persone. In questo senso acquista peso e valore la frase Power to the People. Di fronte alla più grande sfida della nostra epoca, dobbiamo essere al tempo stesso marea e vento di cambiamento. Forse non siamo ancora quel fatidico 3.5% che serve per vincere, ma possiamo arrivarci. Anche per questo c'è bisogno di te. Funziona così: prima un rivolo, poi un diluvio. Siamo marea, saremo tempesta.

You are welcome and needed. Infrangi il silenzio e scoprirai che non sei solo.

Sali a bordo!

#JoinTheTide

3. Il confine più letale del mondo

Il surriscaldamento globale, come abbiamo visto, non è solo geoingegneria climatica e calcoli astratti. Le sue conseguenze sono numerose, in un mondo già di per sé difficile, pieno di rischi e disuguaglianze. La crisi climatica dilata i divari e le disparità, con profonde conseguenze sociali: la perdita di risorse, le migrazioni, la dislocazione culturale. Gli effetti di variazioni anche piccole degli ecosistemi, delle risorse a disposizione, dell'agricoltura sono immense. Facciamo un esempio, guardando come al solito al passato per capire il presente e farci un'idea sul futuro.

Dall'Irlanda alla Siria

Tra il 1400 e il 1850 si verificò quella che gli storici chiamano la Piccola età glaciale, dovuta a un abbassamento delle temperature di alcuni decimi di grado. Per quanto minima, la variazione ebbe un forte impatto su molte attività umane, tra cui l'agricoltura.

La successiva Grande carestia irlandese, di cui a scuola quasi mai si parla in questi termini, causò dal 1845 la morte di circa un milione di persone e l'emigrazione di altrettante. Il 90% dei decessi è da attribuirsi alle conseguenze dell'attacco di un parassita di varie piante, la peronospora, che in Irlanda distrusse gran parte delle coltivazioni di patate, privando i contadini dell'isola del loro principale se non unico alimento. La fame generò terribili epidemie (tifo, dissenteria, scorbuto) e innescò un imponente flusso migratorio, diretto soprattutto verso il Nord America. Il fenomeno anomalo, il cui culmine può essere collocato nella prima metà del XVII secolo, non cambiò solo la vita degli europei: il calo di temperatura osservabile tra il 1570 e il 1680 ha modificato il percorso delle correnti oceaniche, sconvolto il ciclo delle stagioni, causato un po' in tutto il mondo catastrofi meteorologiche di violenza inaudita. Tale periodo di radicale variabilità mostra come vi sia stata una relazione complessa tra il clima e i cambiamenti sociali, economici, culturali.

Anche la carenza di acqua potabile e le distruzioni dei raccolti dovuti al surriscaldamento sono causa dell'acuirsi dei contrasti sociali. L'acqua, che è di importanza vitale sempre, ma soprattutto se si vive a poca distanza dal deserto, viene a mancare proprio dove per tradizione i viaggiatori hanno sempre diritto a chiederla. Oggi più del 70% dei poveri del mondo vive in aree rurali e dipende direttamente dalla loro biodiversità. Il degrado dei suoli incide, attualmente, sulla vita di oltre un miliardo e mezzo di persone in 170 Paesi. L'acqua non può considerarsi come un problema isolato: se scompare, scompaiono anche piante e animali essenziali per gli ecosistemi e la varietà biologica.

> Tra il 2006 e il 2011, il 60% del territorio siriano ha sofferto il peggior periodo di siccità a lungo termine e di mancati raccolti nella storia del Paese. Da 2 a 3 milioni di persone hanno perso tutto, e molte altre sono state costrette a lasciare il posto in cui vivevano. L'instabilità sociale che ne è risultata ha rafforzato le motivazioni politiche della guerra in Siria, dove la metà di una popolazione di 13 milioni di abitanti è stata costretta all'emigrazione interna o esterna. (G. Mastrojeni, A. Pasini, *cit.*)

Buona parte della pressione migratoria che interessa l'Europa nasce proprio dalla guerra civile siriana, che ha peraltro l'impatto maggiore negli Stati vicini: 6,5 milioni di siriani hanno già lasciato il loro Paese. Tra questi, oltre un milione sono bambini. La grande maggioranza dei rifugiati sono oggi in Libano, Giordania, Turchia, Egitto e Iraq. Solo una piccola parte è arrivata in Italia o in Germania. La crisi siriana ha aperto anche le porte all'avanzata dell'Isis, le cui azioni sono giunte fino al cuore dell'Europa. È nell'instabilità politica ed economica, in una situazione sociale complessa e nella compressione dei diritti che prosperano i germi del fanatismo e del terrorismo. Il cambiamento climatico e il suo impatto, assieme a un regime corrotto e in una situazione generale per nulla semplice, sono stati la goccia che ha fatto traboccare il vaso.

Africa

In molte parti del Pianeta possiamo già vedere conseguenze tangibili del mutamento climatico in atto: modifiche in frequenza e intensità delle piogge, accentuazione dei fenomeni di siccità. In Africa ci sono problemi endemici, che rischiano di peggiorare ulteriormente. Secondo l'Organizzazione delle Nazioni Unite per l'alimentazione e l'agricoltura (Fao), entro il 2050 la crisi climatica potrebbe ridurre anche del 30% la produzione agricola dei Paesi africani. In molte aree del continente le trasformazioni climatiche, economiche, tecnologiche, sociali, religiose e linguistiche, in parte prodotte dalla presenza degli europei, hanno alterato tanto le fondamenta degli equilibri secolari delle comunità di villaggio quanto gli universi culturali che ne erano espressione.

Dall'inizio di questo secolo, in alcune parti del continente africano la temperatura ha già superato l'aumento di 1,5 °C. Mentre gli europei, che vivendo prevalentemente in città hanno dimenticato il loro debito verso la natura, cominciano a vedere i primi segnali della catastrofe, in Africa si sta già sperimentando un'epoca di clima cambiato. Le ondate di calore raggiungono i 50 °C e uccidono uomini e animali. In questo contesto di povertà e potenziali conflitti, anche la più piccola sorgente d'acqua può diventare oggetto di tensione tra agricoltori, allevatori, pescatori. Si inizia a lottare per l'acqua o per le terre fertili, e trovare un'arma non è difficile.

Il 50% dei ghiacciai in Uganda si sta ritirando. Negli anni Settanta, il Lago Ciad si estendeva per 25 000 chilometri quadrati tra il Paese omonimo, Camerun, Nigeria e Niger. Era grande circa quanto tutto il Ruanda. Oggi la sua superficie, cuore e anima del Sahel, è di circa 2500 chilometri quadrati. In cinquant'anni abbiamo perso il 90% di una risorsa essenziale alla sopravvivenza di una delle regioni più povere del mondo. Entro il 2040, 250 milioni di abitanti del Mediterraneo saranno vittime di scarsità idrica. Nelle zone del Sahara già oggi si produce sempre meno; la desertificazione avanza a nord e a sud.

La mancanza di cibo e i conflitti costringono alla fuga, perlopiù all'interno del proprio Paese di origine, perché molti, contrariamente a quanto si pensa, non sono in grado di affrontare lunghi spostamenti. È il fenomeno dei cosiddetti "ingabbiati".

Migrare è qualcosa di difficilissimo. Solo una piccola parte di coloro che proprio non possono più rimanere nella loro terra riesce ad attraversare i confini internazionali. Con l'acutizzarsi della crisi climatica, sempre più gente cercherà una nuova casa. Nel Mediterraneo stiamo vedendo solo un'anteprima del destino che incombe su migliaia, milioni di persone.

Se migrare non è una scelta

Le cause delle migrazioni sono complesse; le persone sono perlopiù spinte a fuggire da fattori tra loro collegati e interconnessi. Quello che dobbiamo capire è che uomini e donne lasciano la loro patria solo quando non hanno altre possibilità, e uno dei motivi che li spingono a partire è proprio il cambiamento delle condizioni climatiche e ambientali.

Secondo un rapporto del Centro di monitoraggio degli sfollati interni (Internal Displacement Monitoring Centre), in tutto il globo, solo nella prima metà del 2019, circa sette milioni di persone sono fuggite da una regione all'altra del proprio Paese a causa di alluvioni (per esempio in Filippine, Etiopia, Bolivia) o cicloni (il Fani nel golfo del Bengala, sulla costa orientale indiana, e l'Idai, che ha colpito l'Africa orientale). Scappano di fronte alle catastrofi naturali perché sul posto la vita è diventata impossibile. Nella maggior parte dei casi devono abbandonare una zona estremamente a rischio nel più breve tempo possibile, dunque non vanno troppo lontano e appena possono — se cioè riescono a procurarsi soldi e materiale sufficienti — tornano per ricostruire le loro case.

Anche in questo caso vale il solito discorso: tifoni e uragani devastanti sono sempre esistiti, ma è scientificamente provato che gli eventi estremi sono più frequenti e violenti a causa degli stravolgimenti climatici. In prospettiva ci sarà un numero crescente di persone costrette a fuggire per questo motivo, e che di fatto subiranno uno sradicamento. Negli anni a venire sempre più uomini e donne dovranno abbandonare il loro Paese a causa della progressiva distruzione dell'ambiente, i loro campi verranno impoveriti ed erosi dall'agricoltura industrializzata. A ciò si aggiungeranno gli effetti dei cambiamenti climatici come la salinizzazione dei terreni agricoli, l'assenza di precipitazioni e il conseguente incremento della siccità o, al contrario, le alluvioni causate nelle regioni costiere dall'innalzamento del livello del mare, a sua volta generato dalla fusione dei ghiacciai continentali e dall'estendersi di masse d'acqua più calde. Quando gli abitanti di queste regioni sono costretti a fuggire, possiamo parlare di emigrazione forzata.

Molti vivono ancora di un'economia di sussistenza, pertanto l'inquinamento o la desertificazione delle terre diventano un problema immediato che può trasformarsi in catastrofe. Quando ciò che riescono a procurarsi non è più sufficiente per vivere, migrare è l'unica via. Uomini e donne cercano lavoro in altre regioni del loro Paese e si trasferiscono negli slum delle grandi città: sono i cosiddetti sfollati interni. Solo una minoranza si sposta nei Paesi limitrofi, e ancora meno persone attraversano ulteriori frontiere.

La relazione fra temperature e migrazioni non è lineare ma, oltre una certa soglia di aumento, le migrazioni si intensificano, e di pari passo i raccolti diminuiscono drasticamente, con distruzioni e carestie.

Un anello di congiunzione fra clima alterato e instabilità socio-politica particolarmente nefasto, e facile da comprendere, si profila sul piano del cibo per i più poveri: si parla tecnicamente di insicurezza alimentare. Negli ultimi dieci anni, i disastri naturali hanno colpito 1,7 miliardi di persone e ne hanno uccise 700 000. Dal 2008, in media 26,4 milioni di persone l'anno sono state spinte a migrare da calamità naturali. Circa l'80% di esse è collegato al clima: in questo arco di tempo i disastri climatici hanno causato in media più di 100 miliardi di dollari di perdite economiche l'anno, una cifra che si prevede raddoppierà entro il 2030.

Il problema è aggravato dal fatto che tali disastri incidono particolarmente sui molti che, in tutto il mondo, già faticano a garantire una dieta adeguata a *sé* e alle loro famiglie. Quattro su cinque delle persone direttamente colpite vivono in Paesi a basso reddito. La loro vita è resa più difficile da inondazioni, siccità, tempeste che distruggono beni, terreni, bestiame, le colture e le riserve di cibo, rendono più difficile raggiungere i mercati, danneggiano le reti sociali. Qui i rischi climatici si combinano con il conflitto, le disuguaglianze di genere, altre forme di degrado ambientale, le difficoltà di accesso ai servizi igienico-sanitari e all'istruzione, la crescita incontrollata della popolazione, la debolezza dei mercati: tutti fattori che sospingono la fame e la malnutrizione. I più poveri sono più esposti ai rischi climatici rispetto alla media della popolazione mondiale, e perdono molto più degli altri, quando sono colpiti dai cambiamenti climatici, almeno in proporzione ai loro mezzi (si veda G. Mastrojeni, A. Pasini, *cit.*).

> Il diritto di uscire dal proprio Stato, di cercare altrove luoghi più confacenti alla propria visione della vita – dunque non solo per sfuggire alle persecuzioni e alla povertà – è ormai riconosciuto come inviolabile da numerosi documenti di diritto internazionale, a iniziare dalla Dichiarazione Universale dell'Onu: nessuno "appartiene" alla comunità in cui è nato o al territorio dove vive; ognuno è libero di andarsene, non può essere costretto a stare dove non vuole. È una novità molto importante, rispetto alle concezioni del rapporto di cittadinanza come "appartenenza" a uno Stato: appartenenza in senso stretto, come si dice di qualcosa o di qualcuno che appartiene a qualcun altro, cioè è una sua proprietà.
> Tuttavia, al diritto di uscire da un territorio dovrebbe corrispondere un dovere di accoglienza nel territorio di un altro Stato. È ovvio: che senso ha uscire senza poter andare da nessuna parte, perché nessuno ti vuole? Una volta, quando la terra non era ancora tutta occupata e divisa tra Stati, uscire poteva essere possibile per andare in luoghi "vuoti": il West nel Nord America, le terre australi. Oggi non è più così. Tutti gli spazi

sono "pieni", sicché accade – è sotto i nostri occhi – che imponenti migrazioni restino come sospese nel vuoto, in "non luoghi": campi di concentramento, tendopoli senza legge dove regnano il degrado, la violenza, l'oblio dei popoli "civili". Oppure finiscano sotto il mare perché mancano punti d'approdo sicuri. Il tragico paradosso è che al diritto di uscire da un territorio corrisponda il diritto degli Stati di limitare l'accesso nel proprio, secondo la propria disciplina dell'asilo e le proprie politiche di difesa dei confini nazionali. C'è dunque un'incongruenza, una contraddizione alla base delle ben note controversie circa le politiche di respingimento dei governi, tra cui il nostro: controversie che si pagano crudelmente in termini di morti affogati in mari percorsi su mezzi di fortuna che non trovano approdi di accoglienza legale.
Come comportarsi, in concreto? Le norme giuridiche in materia non sono risolutive, anzi si prestano ad alimentare le contrapposizioni, derivanti dall'adesione a due diversi punti di vista politici e morali: il valore assoluto della vita delle persone, da proteggere al di là di ogni discussione, e il potere sovrano degli Stati di difendere i loro "sacri confini", espressione tuttora in uso, ripresa dal linguaggio nazionalistico.
Questi sono i termini del problema, che non si risolverà durevolmente con gli strumenti giuridici ma con una presa di posizione morale: "tu non ucciderai" e non lascerai morire il tuo fratello quando potresti salvarlo, perché se non ne impedisci la morte sei anche tu un suo assassino.

Gustavo Zagrebelsky
Giurista, docente universitario, presidente emerito della Corte Costituzionale

Si stima che nei prossimi trent'anni 135 milioni di abitanti del Pianeta saranno costretti a lasciare la propria terra a causa del degrado delle terre e della siccità. Dal punto di vista dei diritti umani l'Accordo di Parigi è già oggi insufficiente, le persone sono già colpite dalla crisi in atto. Gran parte dei migranti attualmente diretti in Europa proviene da zone aride, come la Siria e il Sahel. Sebbene il problema abbia valenza globale, le implicazioni più evidenti e più pressanti riguardano l'Africa. Il mancato adattamento ai cambiamenti climatici e al degrado del suolo sta incrementando l'instabilità sociale, politica ed economica in più regioni. Tra il 40 e il 60% degli scontri armati interni degli ultimi sessant'anni sono riconducibili alle risorse naturali, che hanno contribuito direttamente a scatenare conflitti in almeno 14 Stati fragili. Con 15 milioni di persone sfollate nel 2015, l'Africa è il continente con il più alto numero di migranti forzati del mondo. Due terzi delle terre sono già degradate, e le conseguenze gravano sulla vita di 485 milioni di africani.

«Sono convinta che la possibilità di avere accesso alla terra, di renderla fertile e mantenerla produttiva sia la soluzione per più di un miliardo di persone povere, esposte – in prima linea – agli effetti dei cambiamenti climatici. Spesso la terra è il loro unico bene tangibile. Restituirle produttività dà alle persone nuove opportunità e prospettive per il futuro» ha detto Monique Barbut, ex vicesegretario generale delle Nazioni Unite.

Già dagli ultimi decenni risulta chiaro che la crisi climatica ha influito fortemente sulle migrazioni forzate. Una delle zone più colpite è il Sahel: non è sorprendente scoprire che si tratta della regione da cui provengono i più consistenti flussi di migranti che giungono in Italia. Secondo uno studio di Antonello Pasini e Stefano Amendola (*Linear and non linear influences of climatic changes on migration flows: case study for the Mediterranea bridge*, 2019 *Environ. Ris. Commun.*, 1, gennaio 2019 https://iopscience.iop.org/article/10.1088/2515-7620/ab0464) i fattori meteoclimatici e le loro conseguenze riescono a spiegare circa l'80% dei flussi migratori annuali dal Sahel al nostro Paese. L'origine dell'ondata migratoria che riguarda l'Italia è infatti essenzialmente subsahariana, anche perché molti siriani sono trattenuti in Turchia. I dati divulgati dall'agenzia europea Frontex rilevano che il 93% degli sbarcati in Italia nel 2016 proveniva dall'Africa, in particolare dal Sahel, principalmente da Nigeria, Eritrea e Guinea. Si insinuano in questo «9 africani su 10» in nona posizione, gli arrivi in Italia dal Bangladesh, uno dei Paesi più colpiti in assoluto dai mutamenti climatici.

È difficile dire se singoli eventi, come l'origine di una disputa, l'arrivo di un barcone o un attentato terroristico siano strettamente legati al cambiamento climatico. Ma certo esso riveste un ruolo consistente nel provocare l'insieme di conflitti, violenze, barbarie, fanatismi in cui tutti questi fenomeni hanno radici. Se guardiamo le aree da dove partono le migrazioni, ci accorgiamo che hanno tutte qualcosa in comune: il clima che continua a mutare ne mette a dura prova le realtà vulnerabili. Come osserva Hindou Oumarou Ibrahim, geografa ambientale e attivista, «nessuno dovrebbe essere obbligato ad abbandonare la propria casa e a rischiare la propria vita solo perché non ha futuro nel Paese in cui è nato. Nessuno è felice di abbandonare la propria famiglia, le proprie radici, la propria identità. Non dobbiamo mai dimenticare che nessuno è nato migrante».

L'accavallamento tra cause climatiche e pressioni antropiche esterne, responsabile del fatto che molti terreni si stiano degradando e desertificando, innesca un circolo vizioso in cui da una parte il suolo non fornisce più le risorse, per garantire la vita e una convivenza pacifica, e dall'altra gli assorbitori di CO_2 vengono meno, amplificando ulteriormente il primo effetto. Saranno sempre più frequenti guerre come quelle per i terreni agricoli al confine tra Mauritania e Senegal dopo un periodo di siccità, o conflitti come quello tra Egitto, Sudan ed Etiopia sul fiume Nilo. Il primo tumulto della primavera araba è stato preceduto da una carenza di cibo: olio, zucchero, farina erano diventati più costosi. Nell'Africa settentrionale il cambiamento climatico, l'inflazione alimentare e la crescita demografica si sono sommate a mancanza di infrastrutture, autoritarismo, iniquità distributiva e corruzione, sfociando in proteste e ribellioni.

L'inferno libico

Molti di quanti si mettono in viaggio per l'Europa devono affrontare la traversata del deserto e della Libia prima di ammassarsi sulle precarie imbarcazioni che solcano il Mediterraneo. Nel settembre 2020 una squadra di soccorso dell'Organizzazione internazionale per le migrazioni (Oim) ha salvato 83 persone che da giorni camminavano senza cibo né acqua nel Sahara. I migranti erano saliti a bordo di alcuni pick-up guidati da trafficanti per raggiungere la Libia. A nord di Dirkou, i trafficanti avvistarono dei veicoli militari e, temendo controlli, decisero di disfarsi di loro dopo averli spogliati di tutto. Non è raro che gruppi di migranti provenienti dall'Africa subsahariana vengano abbandonati da chi aveva promesso di portarli in Libia.

Centinaia di persone sono tragicamente morte in questo modo negli ultimi anni. Esattamente come nel caso del deserto blu, il Mediterraneo, difficile dire quante. Più di 100 000 provenienti dall'Africa occidentale attraversano ogni anno regioni come Agadez, più vasta di Germania e Italia messe assieme, per raggiungere l'Europa alla ricerca di una vita migliore. Quando partono si lasciano alle spalle aree abbandonate e terre degradate, che spesso diventano instabili e ingovernabili, a vantaggio di gruppi criminali e terroristici come Boko Haram. L'Oim, agenzia collegata alle Nazioni Unite, tramite le sue missioni di ricerca e soccorso dal 2016 ha salvato oltre 2000 vite in questa zona. Quando ha trovato il gruppo, molte delle persone erano disidratate, affamate, ferite. Alcune necessitavano di urgenti cure mediche; tra loro c'erano anche due bambine di quattro anni.

Nell'ultimo tratto del viaggio, in Libia, dove si sta combattendo una guerra civile, la maggior parte dei migranti affronta le esperienze peggiori. I migranti forzati dell'Africa premono sempre più verso il Mediterraneo. La situazione contribuisce ad alimentare la catena di instabilità e la pressione umana che converge sul nostro mare e tende a riversarsi sull'Italia. Nei centri di detenzione libici, gli uomini sono torturati, le donne stuprate, i bambini schiavizzati. Secondo i referti medici, le torture subite in quei luoghi includono colpi di baionetta e plastica fusa versata addosso. L'unica possibilità di uscire da questo inferno, è che la tua famiglia, o qualcuno per essa, paghi. Se però i trafficanti ti riprendono, o tentando il mare sei catturato dalla guardia costiera libica, vieni ributtato negli inferi. A quel punto ricominciano il circolo vizioso e la macchina di profitto dei trafficanti, o fai arrivare altro denaro o stai dentro. È per questo che quando i migranti vengono soccorsi da un qualunque tipo di imbarcazione nel Mediterraneo, alcuni chiedono di essere lasciati in mare piuttosto che riconsegnati ai libici.

Nei casi fortuiti in cui vengono soccorsi, molti hanno cicatrici sulla testa, che tutti possono vedere, e cicatrici nell'anima, invisibili, inferte con percosse, torture, schiavitù, e – tutte le donne – lo stupro e la prostituzione forzata, spesso ottenuti con ricatti o minacce verso un figlio o un familiare. Sentendo parlare persone come Cecilia Strada, Nello Scavo e Francesca Mannocchi, ho conosciuto le storie di coetanei venduti ai trafficanti e riportati indietro per più di tre volte dalla guardia costiera libica, di uomini utilizzati come giocattoli da cani da guardia dei campi di detenzione, di donne che cercano di attraversare il mare portando con sé bambini nati nei lager o figli degli stupri.

In Libia i migranti non hanno accesso a cure mediche. È facile che le donne in gravidanza non abbiano mai visto un dottore. Spesso sono costrette a partorire di nascosto, perché la legge prevede l'arresto immediato per le donne che hanno figli senza marito. L'articolo 6 di un'altra legge libica (19/2010) punisce il solo reato di immigrazione clandestina con i lavori forzati. Alla prigionia, il più delle volte sinonimo di schiavitù, si aggiungono la fame e le conseguenti malattie. Anche chi è riuscito a scappare non se la passa tanto bene. Soprattutto i bambini. Soffrono di calo della vista, problemi cardiaci e di una serie di patologie causate dallo stato di denutrizione in cui versano. Un telegramma dell'ambasciata tedesca in Niger parla di «condizioni da campo di concentramento» e di «violazioni sistematiche e gravissime dei diritti umani».

Nel luglio 2020 a Khums, a est di Tripoli, durante le operazioni di sbarco, alcuni migranti intercettati in mare e riportati a terra hanno cercato di fuggire. Gli uomini della guardia costiera hanno aperto il fuoco, uccidendo tre persone e ferendone altre. Meno di un mese prima, a Mezdah, nell'entroterra, 30 migranti perlopiù originari del Bangladesh erano stati uccisi in un centro di detenzione illegale.

Negli ultimi mesi, in più occasioni, alcune realtà hanno denunciato gli orrori perpetrati ai loro danni da parte della cosiddetta guardia costiera, di esponenti istituzionali, miliziani e trafficanti di uomini. Lo scorso marzo Medici per i diritti umani – Medu, partner dell'Alto commissariato Onu per i rifugiati – ha pubblicato un rapporto sulle gravi violazioni dei diritti dei migranti e dei rifugiati in Libia, tra il 2014 e il 2020. Il documento *Libia, la fabbrica della tortura* è basato su oltre 3000 testimonianze di sopravvissuti ai lager libici arrivati al Cara, il grande centro profughi di Mineo

(Catania) e su prove raccolte in loco. Da quel rapporto emerge che in Libia la tortura è istituzionalizzata, finalizzata a ottenere denaro e a sottomettere i migranti.

> M. ha 17 anni, è bloccato in Libia da quando ne aveva 14 e per ben cinque volte si è imbarcato nel tentativo di raggiungere l'Europa. Purtroppo le autorità o le milizie libiche lo hanno sempre intercettato in mare e riportato indietro, verso l'inferno.
> Durante l'ultimo di questi tentativi, lo scorso gennaio, il gommone su cui viaggiava è stato speronato da una motovedetta libica e alcune persone, tra cui lui, sono cadute in acqua. M. è riuscito a tenersi a galla perché sa nuotare, ma attorno a sé ha visto corpi annaspare e dibattersi prima di scomparire tra i flutti. Nel frattempo i guardacoste erano intenti a sottrarre il motore dallo scafo e le taniche di benzina che erano a bordo, senza fretta. Solo in un secondo momento si sono dedicati al "salvataggio" dei naufraghi, anche se per qualcuno, ormai, era già troppo tardi.
> M. mi ha raccontato di aver subito così tante violenze e deprivazioni che, nonostante la giovane età, il suo corpo è stanco come quello di un anziano. Ha visto morire molti amici di stenti, o annegati in mare, e mi ha confidato che più di una volta ha desiderato per sé la loro stessa sorte.
> Secondo l'Oim nei primi tre mesi del 2021 sono quasi 6000 gli esseri umani catturati in mare dalla Guardia costiera libica. Queste persone vengono condotte in centri di detenzione, spesso veri e propri lager, dove subiscono atroci torture fin quando non pagano per essere liberate.
> Sono dati sconcertanti, che ci restituiscono l'immensità della tragedia che si consuma in Libia, ma allo stesso tempo rischiano di appiattire i flussi migratori all'interno della logica spersonalizzante dei numeri, facendo perdere di vista la dimensione umana del fenomeno e aprendo la strada alla narrativa dell'in-

vasione. Dietro ogni singolo numero, invece, si cela una storia fatta di abusi e diritti violati, sogni infranti e profonda disperazione, che meriterebbe spazio per essere conosciuta, come quella di M.

Francesca Napoli
Ricercatrice in studi politici e operatrice legale in materia di diritto di asilo

Una squadra di 15 esperti ha riscontrato che l'85% dei migranti e rifugiati giunti da lì in Italia ha subito torture e trattamenti inumani e degradanti. Il 79% di loro è stato detenuto o sequestrato in luoghi sovraffollati e in pessime condizioni igienico-sanitarie, mentre il 75% ha subito costanti deprivazioni di cibo, acqua, cure mediche, e il 65% gravi e ripetute percosse. Stupri e abusi sessuali, ustioni provocate con gli strumenti più disparati, percosse alle piante dei piedi, scariche elettriche e torture da sospensione e posizioni stressanti (ammanettati, in piedi per un tempo prolungato o sospesi a testa in giù) sono all'ordine del giorno. «Le sofferenze patite dai migranti in Libia sono intollerabili, l'utilizzo della violenza eccessiva ha causato ancora una volta morti senza senso in un posto dove non ci sono segnali di cambiare un sistema che non garantisce forme di protezione» ha detto Federico Soda, capo missione Oim in Libia. A nessuno importa se in questo viaggio vivi o muori. Secondo un report dell'Unhcr, l'alto Commissariato dell'Onu per i rifugiati, nel biennio 2018-2019 sono stati 72 al mese i decessi nei centri di detenzione in questione.

Sentendo questi racconti, dire che tutto ciò è esasperante è riduttivo. Scriverne stando seduto davanti al computer è facile, non ho e spero mai avrò idea di cosa significhi provarlo sulla propria pelle. Quello che è ancora più assurdo è che l'Italia supporta e finanzia l'operato delle milizie in Libia, che a loro volta si stano saldando – nei traffici, nel finanziamento illecito e nell'ideologia – con i fanatismi africani.

E l'Italia resta a guardare?

Per mettere un tappo ai flussi migratori e continuare a mantenere influenza e interessi al di là del mare, nel 2017 il governo Gentiloni ha firmato un memorandum Italia-Libia i cui scopi sono il sostegno economico, l'equipaggiamento e l'addestramento della guardia costiera libica, al suo interno fortemente divisa e intricata.

La Libia è l'unico Paese al mondo ad avere importanti responsabilità di coordinamento del salvataggio di migranti, senza essere mai stato preso in considerazione come porto sicuro, nemmeno dalle Nazioni Unite. Contro l'Accordo italo-libico, innesco del cortocircuito, l'Istituto di studi politici di Parigi ha preparato un lungo rapporto consegnato alla Corte penale internazionale. Naufraghi recuperati in mare aperto, torturati, ricondotti nei centri di detenzione e poi nuovamente rimessi in acqua dalle stesse milizie libiche, per raggiungere l'Europa dopo aver pagato un riscatto. La richiesta è di un'indagine per crimini contro l'umanità.

Nel 2019, in tre mesi, tre uffici giudiziari hanno messo in crisi le scelte delle autorità politiche italiane. Tribunale amministrativo del Lazio: «Si ravvisa una violazione delle norme di diritto internazionale del mare in materia di soccorso». Ufficio del giudice per le indagini preliminari del Tribunale di Trapani: «Il diritto a non essere espulsi, estradati o respinti verso Paesi a rischio tortura è assoluto e inderogabile». Procura della Repubblica di Agrigento: «L'obbligo di salvataggio delle vite in mare costituisce un dovere degli Stati e prevale sulle norme e sugli accordi bilaterali».

Il 16 luglio 2020, come se niente fosse, la Camera dei deputati ha dato il via libera al rifinanziamento delle missioni militari italiane all'estero e ai fondi per l'appoggio alla Guardia costiera libica, organo militare pensato per intercettare le imbarcazioni di migranti sulla rotta del Mediterraneo centrale e riportarle indietro, in un Paese che non riconosce la Convenzione di Ginevra del 1951, e in cui sono state documentate sistematiche violazioni dei diritti umani. Tranne 23 esponenti di Liberi e Uguali e pochi dissidenti del Partito Democratico, tutti i deputati hanno votato a favore del rifinanziamento, approvato con una larghissima maggioranza. Il provvedimento riguarda anche la proroga della partecipazione del contingente della Guardia di finanza e dell'Arma dei carabinieri alla missione bilaterale in Libia, il sostegno alla missione europea Eunavfor Med Irini nel Mediterraneo centrale e alla missione Nato SeaGuardian. Come riportato da Oxfam, federazione internazionale di enti non profit, per Libia e questioni annesse dal 2017 l'Italia ha stanziato fondi per 784,3 milioni di euro. Viene da chiedersi quante vite umane si sarebbero potute salvare, con la stessa somma, tramite corridoi umanitari e vie d'accesso legali e controllate. Tante cose in questi anni sono cambiate nelle stanze del potere in Italia ma poche per le persone che soffrono.

Nel febbraio 2019, il quotidiano *Avvenire* ha coraggiosamente pubblicato per la prima volta le foto di al-Bija, trafficante libico di uomini, forse anche di armi e petrolio, in visita a Roma, accolto in sedi del governo, seduto al tavolo con funzionari italiani. Rais del porto di Zawiyah, in Tripolitania, è direttamente coinvolto con la milizia al-Nasr nella gestione del più grande centro di detenzione della Libia. Parlare delle truppe libiche, a cui è stata messa addosso una divisa per negoziare, e in alcuni casi anche per venire in Italia, ha creato scompiglio nei piani alti della politica.

Nel solo 2020, la guardia costiera libica ha catturato in mare e riportato indietro 11 891 persone, almeno per quanto ne sappiamo. La paura maggiore di coloro che vengono soccorsi è proprio quella di essere rispediti in Libia, dov'erano imprigionati al momento della partenza. Ci sono notizie di interventi durante i quali la gente si è buttata in mare ed è affogata, terrorizzata all'idea che i libici potessero costringerli a tornare di nuovo nei campi.

Me mire nje fund i tmerrshem se sa nje tmerr pa fund, meglio una fine terribile che un terrore senza fine. È una frase albanese. Una sua rielaborazione è riportata su un lastrone nel cimitero dove sono sepolti alcuni dei morti nel canale di Otranto il 28 marzo 1997, dopo il naufragio della motovedetta albanse Katër i Radës, primo esito delle politiche di respingimento e dell'isteria istituzionale che le ha prodotte.

In Libia si parla attualmente di una ventina di centri di detenzione ufficiali, formalmente controllati dalle autorità, mentre negli ultimi anni su tutto il territorio ne sono stati censiti quasi 70, tra cui la famigerata Ossama Prison, dal nome del capo torturatore, anch'egli membro della milizia al-Nasr, cugino del comandante al-Bija.

Il 20 novembre 2020 l'inviato pro-tempore delle Nazioni Unite ha ricordato che riportare nei centri di detenzione le persone che tentano di fuggire non è ammesso dagli accordi internazionali. In un appello rivolto al governo italiano, Judith Sunderland, direttrice della divisione Europa e Asia Centrale di Human Rights Watch, ha messo nero su bianco che «la retorica umanitaria non giustifica il continuo sostegno alla guardia costiera libica, dal momento che l'Italia sa che le persone intercettate in mare torneranno a essere detenute arbitrariamente e a subire abusi». I campi di detenzione, anche quelli ufficiali da noi finanziati, sono campi di tortura quotidiana, di violenza costante. Queste violenze non possiamo più far finta di non vederle.

Ci sono state varie sentenze di tribunali italiani, tra le altre quelle pronunciate dalle Corte d'Assise di Milano e di Messina. Quest'ultima, nel maggio 2020, ha condannato per la prima volta dei trafficanti per le torture commesse in Libia. Tre degli uomini di al-Bija erano stati fermati all'hotspot della città siciliana e riconosciuti da alcuni migranti salvati dalla nave Alex dell'Ong Mediterranea. Mohamed Condè, 22 anni, Hameda Ahmed, 26, e Mahmoud Ashuia, 24, accusati di associazione a delinquere, tratta, violenza sessuale, omicidio e tortura, sono stati condannati a vent'anni di reclusione. Questa sentenza è importante. Non potremo più domandarci se fosse vero quello che si diceva sulla Libia. Le nostre autorità sanno che cosa sono i campi libici. Ci sono state altre condanne. Alcuni migranti hanno avuto la forza, una volta individuato un aguzzino che si nascondeva tra loro, di denunciarlo, testimoniare e portare avanti una fondamentale battaglia legale.

È stato condannato, chiaramente per circostanze del tutto diverse, anche l'equipaggio di un peschereccio che nella tragedia del 3 ottobre 2013 si rifiutò di intervenire. Salvare in mare è un dovere giuridico, non solo un dovere morale. E proprio sul piano giuridico, oltre che morale, dobbiamo riflettere a proposito della nostra complicità con le milizie che operano in Libia. Ora più che mai è tempo che l'Europa si interessi in modo appropriato della situazione, stanzi fondi per progetti seri sul posto (il tanto sbandierato "aiutare a casa loro" mai realizzato) e smetta di finanziare la cosiddetta Guardia costiera e i trafficanti con cui essa si relaziona.

Il memorandum con la Libia andrebbe stracciato. Se la linea dei ministri dell'Interno che si succedono continua a essere quella di rinegoziarlo, almeno tre sono le condizioni non trattabili, senza le quali il rispetto di più elementari diritti umani verrebbe meno: la chiusura immediata di centri di detenzione, luoghi di tortura, vessazione e sopraffazione presenti in Libia; l'istituzione di un piano di evacuazione europeo per le persone ancora presenti in territorio libico; il ripristino immediato di un piano nel Mediterraneo che salvi i naufraghi e la civiltà giuridica dell'Italia e dell'Europa.

Nel 2019 la guerra lanciata dal generale dissidente Khalifa Haftar ha peggiorato le cose. Il fatto che la Libia e le milizie che vi gravitano attorno non siano sicure e affidabili non vale solo per i migranti, vale anche per gli italiani. Il 3 settembre 2020, a fianco della Mare Jonio di Mediterranea è rientrato nel porto di Pozzallo il peschereccio Natalino, finito nel mirino delle motovedette della Libian National Army, l'insieme di gruppi obbedienti al generale Haftar. Qualche giorno prima l'equipaggio dei motopesca Antartide e Medinea, entrambi iscritti al Compartimento marittimo di Mazara del Vallo, era stato arrestato a circa 35 miglia a nord di Bengasi in acque internazionali, dove i due natanti operano per la cattura degli abbondanti gamberi rossi, ma in quel tratto di mare all'interno della cosiddetta Zona economica esclusiva che la Libia ha istituito unilateralmente nel 2005 e che si estende per 62 miglia oltre le 12 convenzionali delle acque territoriali nazionali. A detta di alcuni, si trattava semplicemente dell'ennesimo capitolo di una lunga storia di conflitti tra Libia e Italia per il controllo delle aree più pescose, mentre altri hanno sostenuto che il nodo della questione fosse una forma di ritorsione delle truppe libiche dissidenti nei confronti del governo italiano per il rinnovato appoggio alle autorità di Tripoli, ribadito dal ministro degli Esteri Di Maio in occasione della visita del presidente al-Sarraj. In ogni caso, come al solito, a pagare il prezzo dei giochi di potere politico-diplomatici sono stati i più deboli e indifesi; in questo caso i pescatori siciliani, trattenuti per 108 lunghi giorni nelle carceri libiche.

Anche in questa vicenda, nel Mediterraneo il diritto internazionale è stato ridotto a carta straccia. È prevalsa la legge del più forte, con buona pace di chi continua a sostenere che le acque su cui intervengono le milizie e la terraferma libica sarebbero "sicure" per chiunque, si tratti di profughi e migranti o di marinai e pescatori.

La ragione per cui quelli non sono posti – e porti – sicuri sta anche nel fatto che l'Europa ha un ruolo tutt'altro che insignificante nella guerra civile, sempre per ragioni economiche: la Libia dispone dei maggiori giacimenti petroliferi di tutto il continente africano, oltre che di ampie riserve di gas naturale. Tutto ciò smuove grandi interessi, per i quali la perdita di vite umane è solo un prezzo da pagare. La popolazione libica, così come gli abitanti di altri Paesi, è nel fuoco incrociato di anni di combattimenti. In Libia si consuma una guerra civile e la sua situazione è molto intricata a causa delle diverse fazioni, dei continui cambi di alleanze e degli obiettivi oscuri degli attori in gioco. Ciononostante è evidente che Francia, Italia e altri Paesi dell'Europa occidentale stanno interferendo nello scontro, perché imprese europee del settore petrolifero come il colosso italiano Eni, la francese Total e la tedesca Wintershall estraggono lì materie prime. La situazione è estremamente complessa perché le truppe di Haftar controllano le riserve petrolifere di gran parte del Paese, mentre il governo di Fayez al-Sarraj, riconosciuto dalla comunità internazionale, tiene sotto pressione l'Unione europea offrendo un accordo sul contenimento delle migrazioni, in un certo senso simile a quello stipulato con la Turchia: un accordo a condizioni disumane. Se al-Sarraj, sul quale l'Italia conta per salvaguardare gli interessi di alcune aziende e provare a frenare i flussi migratori, è sostenuto dagli Stati Uniti, Khalifa Haftar, ex generale di Gheddafi e capo dell'ala militare del Parlamento di Tobruk, è appoggiato da Francia, Emirati Arabi Uniti, Egitto, Turchia e Qatar.

In mezzo ai due operano decine di gruppi armati che controllano parti del territorio, combinano traffici illeciti di armi e migranti, compiono azioni di guerriglia. Sono ormai dieci anni – dalla caduta di Gheddafi – che la Libia è piombata nell'incubo della totale instabilità e della guerra civile, inevitabilmente sinonimo di crisi umanitaria. A gennaio 2021, nel vertice mondiale di Berlino sulla Libia, si sono incontrati la cancelliera Merkel, il generale Haftar, il premier libico al-Sarraj, Erdoğan, Putin, il segretario di Stato Usa Pompeo, Macron, Johnson, il nostro Conte, la presidente della Commissione europea Von der Leyen, il segretario Onu Guterres, i rappresentanti di Algeria, Cina, Egitto, Emirati Arabi, Lega Araba, Unione Africana.

Dal 15 marzo 2021 Abdul Hamid Mohammed Dbeibeh guida un governo di unità nazionale che dovrebbe portare il Paese al voto nel dicembre successivo.

In fuga dal clima

Tornando al nostro protagonista, sono 79 i conflitti per i quali il Centro Studi La Runa (Adelphi) ha individuato cause climatiche. Più in generale, numerose ricerche evidenziano che il cambiamento climatico aumenta il rischio di scontri nel continente africano. In una ricerca pubblicata su *Science* si può leggere che l'aumento delle temperature nell'Africa subsahariana dal 1980 a oggi ha incrementato il rischio di guerre del 29%. Qualora i trend dell'aumento delle temperature restino invariati nel prossimo futuro, si stima un aumento del 54% nel rischio di scontri armati, e 393 000 morti in conflitto, entro il 2030.

Già nel 2009 l'allora segretario delle Nazioni unite Ban Ki-moon aveva descritto la guerra del Darfur, in Sudan, come uno dei primi conflitti mondiali legati al cambiamento climatico, dovuto in parte alla scarsità delle risorse di acqua e alle lotte conseguenti. La crisi climatica aggiunge povertà alla povertà, e può generare minacce alla sicurezza, tensioni, scontri, migrazioni. Negli scenari previsti, i paesi nordafricani e mediorientali avrebbero ogni interesse a favorire le già massicce migrazioni verso l'Europa, come valvola di sfogo della tensione interna; tuttavia, potrebbero barattare il controllo sui flussi migratori in cambio di un'acquiescenza occidentale a metodi di governo repressivi. È quello che a grandi linee già accade in paesi come Libia e Turchia. È facile che gli eventi spingano in questa direzione, offrendo un altro esempio di come un problema ambientale possa stimolare la violazione dei diritti umani.

Al momento possiamo dire che i fenomeni climatici eccezionali in molte aree del mondo stanno già provocando instabilità che sfocia in conflitti visibili solo di fronte a contesti già estremamente fragili, dove l'organizzazione umana è vicina alla catastrofe. Abbiamo visto che il cambiamento climatico di origine antropica ha un ruolo sulla precarietà di tante regioni del globo, che esso contribuisce all'insorgere di conflitti e al verificarsi di fenomeni migratori, e che molte persone obbligate a fuggire muoiono nel letale deserto che sono costrette ad attraversare o nei centri di detenzione in cui vengono rinchiuse: muoiono di insolazione, di fame, di sete, di torture, di stenti. Alcune vengono uccise dagli stessi trafficanti, veri e propri avvoltoi umani.

Viene naturale chiedersi: perché queste persone partono sapendo forse di morire? Partono per quel forse. È nostro compito raccontare le storie di chi rischia di non arrivare dall'altra parte della sponda, che sia del mare o del deserto.

Negli ultimi anni, la tranquillità delle nostre spiagge e il mare in cui è immersa la nostra Penisola sono diventate una fossa comune. A guardare da terra l'orizzonte non ci si crederebbe, eppure a poche miglia dalle nostre coste donne, uomini e bambini muoiono abbandonati a loro stessi. Il Mediterraneo è tornato a essere quello che in *Oceano Mare* Alessandro Baricco definisce «l'appestato e putrido mare, ricettacolo di orrori, e antropofago mostro abissale – antico e pagano – da sempre temuto».

Il Mediterraneo è a tutti gli effetti un mare sotto assedio, oggetto di un'imponente urbanizzazione e di impatti antropici di vario genere (inquinamento, sfruttamento eccessivo delle risorse ittiche, distruzione di habitat e introduzione di specie aliene). Come abbiamo visto, esso è anche un possibile punto di convergenza di molte conseguenze della crisi climatica. L'Italia comincia a condividere un nuovo tipo di clima con i Paesi della sponda sud del Mediterraneo.

Il Mare Nostrum è, nel bene e nel male, protagonista indiscusso di questo racconto e di molte delle questioni del nostro tempo. È in questo mare che si sperimenta tutto, che si mette alla prova la tenuta della nostra civiltà giuridica, imperfetta, certo, ma basata almeno formalmente sui principi di una Costituzione nata dall'insostenibilità di un mondo troppo ingiusto.

Quando sono in Sicilia, penso spesso alle persone che tentano di attraversare con mezzi di fortuna questo deserto blu, così minuscolo in confronto ad altri bacini d'acqua e, al tempo stesso, immensamente grande per un piccolo individuo che vi galleggia sopra a malapena. Il mare è forte. Il mare è padrone. Il mare va rispettato. A volte può essere pericoloso, anche per chi dentro e davanti al mare ci è nato e cresciuto. Figuratevi per chi non sa nuotare, per chi il mare non l'aveva mai visto. Perché è così: l'Africa e l'Asia sono grandi. È facile che una persona prima di mettersi in viaggio non abbia mai toccato il mare.

> «Poiché non l'aveva mai visto, il mare viaggiava, nella sua mente, come un clandestino a bordo di un veliero fermo in porto, a vele ammainate: inoffensivo e superfluo». (Alessandro Baricco, *cit.*)

Il deserto blu

Fortunatamente, invece, Yusra Mardini sapeva nuotare, eccome. Aveva imparato da piccola. I suoi genitori erano convinti che una bambina, in Siria, avesse due strade per provare a garantirsi un futuro, lo sport e lo studio, e così la indirizzarono su entrambe. Aveva diciassette anni quando, dopo aver pagato trafficanti e scafisti nel tentativo di fuggire dalla guerra, si imbarcò su un gommone per raggiungere l'isola greca di Lesbo. Quando il motore si ruppe – certo non un episodio isolato in questi casi – Yusra, la sorella Sarah e altri quattro uomini che sapevano nuotare, diventarono motori umani e spinsero l'imbarcazione fino a terra, salvando gli altri migranti. In quella notte d'estate del 2015, Yusra non aveva idea che quel tuffo in acqua le avrebbe salvato la vita. Giunta a Berlino, la città dove tutti possono essere qualcuno, è tornata in vasca. Ha rappresentato la squadra dei rifugiati alle olimpiadi di Rio.

Posso solo immaginare quello che queste persone hanno provato e ancora provano: l'abbandono delle proprie radici, la partenza verso l'ignoto, il viaggio all'avventura attraverso il deserto, la fame, le assurde condizioni, le false promesse, le torture, e poi la traversata della grande distesa azzurra. Per chi ce la fa a volte il viaggio continua ancora.

Il Mediterraneo è molto più pericoloso di quanto la maggior parte dei turisti – e degli stessi migranti – tenda a pensare. Le condizioni meteorologiche possono mutare rapidamente e un gommone con quattro camere d'aria non offre molta protezione: è sufficiente che una sola si sgonfi perché un'imbarcazione così sovraccarica affondi. Solitamente i trafficanti le fanno partire di notte. Spesso segnalano luci vicine come l'Italia, indicando la direzione da seguire. Poche ore dopo a bordo si scatena il panico, quando ci si accorge che le luci non sono né l'Italia né Malta ma una o più piattaforme petrolifere.

I barconi su cui i migranti sono costretti a imbarcarsi la maggior parte delle volte non sono dotati di sufficienti giubbotti di salvataggio, razioni d'acqua e attrezzature nautiche. Ma a queste persone non viene data alternativa. Non c'è davvero alternativa all'infilarsi in quelle scatole di sardine in mare aperto, per salvarsi da una guerra senza capo né coda, sfidando le leggi della fisica e del galleggiamento dei corpi, e sperando in un approdo poche miglia più a nord, sinonimo di salvezza e futuro.

Però le correnti marine e il vento portano fuori rotta. Di norma, nessuno sulla barca ha una bussola: navigano un po' orientandosi con la posizione delle costellazioni, un po' usando il gps del telefono, se ne hanno uno che funziona. Le taniche di benzina di cui dispongono a volte non hanno il tappo o perdono, e quando il gommone si rovescia la benzina si riversa nello specchio di mare attorno alle persone. Basta un sorso di questa miscela per svenire e annegare.

Naufragar non è affatto dolce in questo mare.

Confrontando diversi dati, tra cui quelli dell'Unhcr e dell'Oim, possiamo affermare che dal 2014 a oggi oltre 20 000 persone abbiano perso la vita nel Mediterraneo. Chiaramente sono stime al ribasso: non ci sono prove sufficienti per confermare alcune delle informazioni ricevute sui cosiddetti naufragi fantasma, tragedie delle quali non è possibile accertare il numero preciso di vittime. Il numero di morti e dispersi potrebbe essere addirittura il doppio. Nessuno sa quante tragedie siano effettivamente avvenute negli ultimi anni in questo mare. Nel 2018 una persona su 14 dirette in Europa lungo la rotta libica ha perso la vita in mare, con una media di 6 persone al giorno.

Secondo l'Organizzazione internazionale per le migrazioni, il confine segnato dal Mediterraneo è divenuto il più pericoloso al mondo per migranti e rifugiati. Dal lato sicuro del confine, invece di prestare aiuto, sembra sia meglio discutere su quali siano i motivi da considerarsi sufficientemente validi per costringere qualcuno a lasciare la propria patria, come se noi, nazioni industrializzate, non avessimo alcuna responsabilità, o sulla legittimità dei salvataggi in mare, che non si occupano dell'identità di chi ha bisogno di aiuto, ma di soccorrere persone che rischiano di annegare.

«Stipando a volte per anni migliaia di persone in un posto sovraffollato gli Stati Ue fanno deterrenza per scoraggiare nuove partenze sulla pelle degli esseri umani» denuncia Francesco Rocca, presidente di Croce rossa e mezzaluna rossa internazionale. A Lesbo, una delle più belle isole greche, portatrice di storia e di leggenda, abbiamo costruito una capitale del dolore che ospita tutti i flagelli del mondo. Lì, nel campo di Moria pensato per "ospitare" 3000 persone, fino a 20 000 dimenticati si dibattono senza intimità tra diarrea, difterite, malattie rare e sconosciute. La pandemia non ha certo migliorato la situazione.

Gli esseri umani vengono uccisi con armi da fuoco, come alla frontiera bulgara. Pestati a sangue, come in Bosnia o in Croazia. Maltrattati, come a Calais, dove la polizia spruzza spray al peperoncino sul loro cibo e di notte squarcia le loro tende. Dimenticati, a Chios, Lesbos Samos, nel bel mezzo del Mediterraneo e in molti altri luoghi.

Un passato ancora presente

Una domanda a cui serve trovare risposta è: perché queste persone hanno deciso di salire su imbarcazioni di fortuna per raggiungere l'Europa, dove purtroppo è evidente che i diritti non valgono ancora per tutti? Visto che il consenso politico sembra andare in quella direzione, i governanti tendono ad affermare che bisogna contrastare le cause delle migrazioni. Ma andare oltre questa frase fatta significa realizzare che per farlo c'è bisogno di cambiare un sistema da cui alcuni hanno tratto e traggono profitto. Un sistema le cui strutture di potere si perpetuano dall'epoca coloniale.

L'avidità economica e il costante desiderio di crescita hanno da tempo spinto le nazioni industrializzate a sfruttare i Paesi e le persone delle aree più povere del mondo. Durante l'epoca coloniale, queste sono state spogliate della loro indipendenza politica, economica e culturale. Le demarcazioni arbitrarie dei confini e le residue strutture di quel periodo causano ancora oggi conflitti. L'egemonia economica prosegue: i mercati sono inondati di prodotti agricoli e di manufatti a basso costo provenienti dalle nazioni industrializzate, le monoculture impoveriscono il terreno e sottraggono terre necessarie alla coltivazione di generi alimentari primari per le popolazioni locali, pesticidi e fertilizzanti favoriscono la desertificazione e minacciano la biodiversità, la vendita delle concessioni delle zone di pesca devasta le attività ittiche, le discariche dei Paesi del Global South sono il luogo di arrivo della nostra spazzatura.

L'Europa e altri Paesi industrializzati sono in buona parte responsabili delle guerre civili e delle difficoltà economiche, dello sfruttamento e dei maltrattamenti e, ciò che è più grave, ci lucrano sopra. Noi cittadini europei siamo tra i pochi a poter beneficiare di questo mondo globalizzato. I nostri vestiti sono lavorati in Paesi dove il salario degli operai è bassissimo, come il Bangladesh, le materie prime essenziali per costruire i nostri dispositivi, come coltan e cobalto, arrivano principalmente dal Congo, che è forse il luogo con la discrepanza maggiore tra ricchezza del terreno e povertà di chi lo abita, e ancora i nostri rifiuti elettronici vengono esportati via nave in Ghana. Il neocolonialismo crea dipendenze, distrugge autonomie, assoggetta, impone modalità economiche e sociali dall'esterno, cancellando la connessione tra l'uomo e l'ambiente. Se isolassimo l'Africa dal mondo, all'istante non avremmo più cacao, parquet, trivelle, coltan. Niente di tutto questo. Eppure, quando scacciati da guerre e miserie, cittadini africani – persone, non materie – provano a venire in Europa, il Mediterraneo invece che punto d'incontro diventa fossa comune – la più grande del mondo.

È assurdo e paradossale che in molti casi le persone che vivono in paesi del Global South non solo non possano beneficiare delle risorse presenti nella terra su cui vivono, ma siano spesso addirittura costrette a lavorare in condizioni vicine alla schiavitù per grandi multinazionali e corporazioni, che poi queste risorse le esportano. Eni ha scoperto una delle più grandi riserve di gas del mondo in Mozambico, dove le persone non hanno nemmeno il gas per cucinare. Incredibile.

Le scelte di pochi Paesi e gli stili di vita di poche persone influiscono sul destino di molti, tendendo a incentivare tipi di lavoro privi di previdenza sociale, oltre che ad aumentare inquinamento, malattie, povertà collettiva e ad aggiungere nuove ragioni per migrare.

Fino a quando questo sistema economico continuerà a produrre una disuguaglianza sociale così evidente e profonda, e la natura sarà sfruttata pressoché in ogni angolo del Pianeta, le persone affideranno le loro vite a barche sulle quali nessuno sceglierebbe mai liberamente di viaggiare. Non ci troviamo di fronte a una crisi migratoria. Ci troviamo di fronte a una crisi di giustizia globale.

> Il clima sta cambiando dappertutto e le sue conseguenze sulla pace, la stabilità e la sicurezza riguardano l'intero Pianeta: certi scenari non promettono nulla di buono in Asia o in America Latina. Tuttavia le crisi aperte e più chiaramente crescenti nel breve termine convergono per cerchi concentrici sul Mediterraneo e, nel bel mezzo del nostro mare, trovano un punto focale in un'Italia che si distende come un ponte fra la sua sponda meridionale e l'Europa. Non siamo

i soli a dover fronteggiare il problema: la coesione europea ha vacillato con l'arrivo di circa un milione e mezzo di migranti, sia sulla rotta mediterranea che su quella balcanica. Ma proiezioni inquietanti – discutibili perché nessuno ha la sfera di cristallo, però di fonti autorevoli come le Nazioni Unite – considerano possibile per le sole cause ambientali l'esodo di 200 milioni di persone entro il 2050. In tutto questo, l'Italia è in prima linea: lo sanno bene a Lampedusa. Dobbiamo prepararci e integrare il rischio climatico non solo nella gestione del territorio italiano, ma anche nelle nostre scelte geopolitiche (G. Mastrojeni, A. Pasini, *cit.*).

Oggi i migranti provano a raggiungere l'Europa, isola di benessere, e c'è chi li etichetta come nemici e li utilizza come numeri, gridando all'invasione, per alimentare la macchina dell'odio e guadagnare consenso. Eppure è doveroso dire che stiamo assistendo solo all'inizio di migrazioni, che saranno molto più estese e diffuse. Le emissioni e le temperature continuano ad aumentare, la produttività dei raccolti e la disponibilità di acqua a diminuire.

Una moltitudine in viaggio

Con l'acutizzarsi della crisi climatica si prevedono rapidi spostamenti delle risorse disponibili, a partire da quelle più basilari come appunto l'acqua, i terreni coltivabili, il cibo, soprattutto a danno di coloro che sono già più poveri. È facile che sempre più persone si mettano in viaggio, si potrebbero verificare ondate migratorie di portata inedita. Nel Mediterraneo stiamo assistendo a un'anteprima di ciò che incombe su milioni di persone.

Una delle previsioni più citate e allarmanti sulle conseguenze del riscaldamento globale sulla Terra è quella che riguarda i cosiddetti migranti climatici, cioè le persone che saranno costrette a lasciare la propria casa per circostanze ambientali. Spesso si dice che entro il 2050 potrebbero essere addirittura 200 milioni, un numero esorbitante che supererebbe addirittura quello attuale di persone sfollate sul Pianeta.

Infatti nel 2021 possiamo ormai parlare di questa nuova categoria di invisibili, etichettata all'interno del macrogruppo "migranti economici", ovvero persone che sono obbligate ad abbandonare la propria terra di origine a causa di siccità, innalzamento dei mari, invasioni di cavallette, disastri ambientali, fenomeni atmosferici estremi, e altre conseguenze della crisi climatica ed ecologica.

Succede già oggi. Secondo il rapporto *New displacements by conflicts and disasters in 2017*, dei 30 milioni di sfollati di quell'anno, 18 milioni risalgono a cause ambientali (alluvioni, 47%; cicloni, uragani e tifoni, 41%; siccità, 7%). Si calcola che 143 milioni di persone siano destinate a diventare migranti climatici, almeno secondo le stime della Banca Mondiale. Nonostante il consenso scientifico sui potenziali effetti del cambiamento climatico sulla Terra, fare previsioni corrette è complicatissimo. Impossibile, secondo alcuni. È quanto emerge dalla discrepanza tra la stima dei 200 milioni, proposta da Norman Myers, professore di Oxford, e successivamente accettata e citata dall'Ipcc, e la previsione del 2019 della Banca Mondiale. Essa è dovuta al fatto che le migrazioni, in quanto fenomeno umano, sono influenzate e condizionate da una serie di fattori antropici talvolta più complicati da prevedere di quelli naturali, già di per sé incerti e approssimati. «La quantità di persone che lascerà il proprio luogo di origine per circostanze ambientali, infatti, sarà determinata da una lunga serie di fattori aggiuntivi, prima fra tutte la risposta dei governi locali all'emergenza, ma anche dalla facilità con cui sarà possibile spostarsi per questo genere di fenomeni, dal punto di vista legale» si legge su *Il Post*.

Ammesso che è appunto molto difficile se non impossibile dare per certi alcuni numeri e stime, e tenendo sempre a mente che la crisi climatica è un fenomeno tanto articolato quanto grave, proprio perché nella storia dell'umanità non ci siamo mai trovati di fronte a una situazione del genere, provate a pensare a 143 milioni di persone che si muovono. Non per forza tutte verso un altro Paese o vicino a noi, ma che comunque dovranno spostarsi.

Pensate all'Italia intera in fuga. Anzi molto di più. Le stime dell'Oim, Unhcr e della Banca Mondiale fanno paura. Fanno ancora più paura a fronte dell'assolutamente insufficiente disponibilità di molti Paesi, a cominciare da quelli europei, ad accogliere chi scappa da luoghi dove non sono rispettati i diritti umani.

Le migrazioni trasformeranno e già trasformano la geopolitica e le relazioni tra le nazioni. Un milione di rifugiati dalla Siria ha sconvolto gli equilibri politici europei, portando al successo i partiti sovranisti. La tenuta delle infrastrutture politiche sarà messa alla prova da eventi sociali e catastrofi naturali come forse non è ma accaduto prima.

È e sarà difficile dire quante persone si muovono, è più facile dire da dove si muovono.

Le aree geografiche più esposte (Mapa – Most affected people and areas) alle migrazioni climatiche sono i Paesi del cosiddetto Global South, nonostante essi siano nella maggior parte dei casi tra quelli che contribuiscono meno alle emissioni pro capite di gas serra. Il Sud e l'Est dell'Asia sono tra le zone più a rischio, principalmente per l'innalzamento del livello dell'oceano, visto che sei delle dieci principali metropoli asiatiche sono costruite sul mare, così come lo sono l'area del delta del Nilo, la costa occidentale e la fascia subsahariana dell'Africa.

Quando intraprendono la strada per l'Europa, in quanto "migranti economici", molte delle persone in questione hanno poche possibilità di essere accolte. Secondo la Convenzione di Ginevra del 1951 possono essere riconosciuti richiedenti asilo solo coloro che nel loro Paese di origine sono perseguitati per motivi etnici o religiosi, per l'appartenenza a determinati gruppi sociali o per le loro convinzioni politiche. I principali documenti che regolano le leggi internazionali sulle migrazioni, come la Convenzione di Ginevra stessa e il Protocollo relativo allo status di rifugiato del 1967, infatti non contemplano questioni ambientali. Se però guardiamo quando sono state firmate queste e buona parte delle altre convenzioni internazionali – cioè tra la fine della Seconda guerra mondiale e gli anni Ottanta – è facile intuire che comprensibilmente allora nessuno o pochi potessero avere la lungimiranza di considerare i fattori ambientali come causa di migrazioni forzate. I migranti climatici a oggi, non esistono per legge, ma esistono di fatto. La legislazione è parte della storia e come tale va aggiornata: dobbiamo introdurre questo parametro e ci sono già spinte e possibili soluzioni per poterlo fare, come inserire tali migrazioni nella convenzione quadro dell'Onu o istituire un "passaporto climatico". La risoluzione approvata nel dicembre del 2018 dall'Assemblea dell'Onu con il voto contrario, tra gli altri, degli Stati Uniti, chiede esplicitamente che i governi facciano dei piani per prevenire le migrazioni climatiche e per aiutare le persone che saranno costrette a spostarsi per questi motivi. Anche parecchi altri documenti e risoluzioni delle Nazioni Unite prendono in considerazione la matrice ambientale di molte migrazioni forzate.

Nel 2019, a seguito della pronuncia Onu, è stato proposto un ricorso davanti al Tribunale di Ancona da parte di un rifugiato proveniente dalla zona del delta del Niger, che come noto è caratterizzata da una grave situazione di dissesto ambientale, in buona parte dovuta allo sfruttamento indiscriminato dell'area da parte di alcune compagnie petrolifere.

La Corte di Cassazione, investita dell'impugnazione del decreto di rigetto, con la sentenza n. 5022 del 24 febbraio 2021 ha affermato, contrariamente alla Corte territoriale, la sussistenza delle condizioni per il riconoscimento della protezione sussidiaria ai sensi del D. Lgs. n. 251 del 2007, sulla base della considerazione che il livello di violenza generalizzata fosse tale da integrare una situazione equivalente a un conflitto armato.

Per ridimensionare un po' la percezione, è importante dire che quella che arriva a noi, all'Ue, corrisponde al 2% circa della migrazione mondiale. Per esempio, pochi sanno che in Africa buona parte della migrazione è verso il sud, non verso il nord.

Ad accogliere il maggior numero di profughi a livello mondiale sono Paesi come l'Uganda, il Sudan, il Pakistan, il Libano, la Turchia, il cui Presidente continua a utilizzarli come carne da cannone e arma di ricatto.

Il primo Paese europeo di questa classifica è la Germania, con poco più 1,1 milioni di profughi. In Italia nel 2015 e 2016 si sono superati i 150 000 arrivi all'anno via mare, ma l'onda mediatica ci dà tutt'altra percezione. Secondo l'Ispi e i dati del ministero dell'Interno nel 2016, 2017, 2018, 2019 e 2020 sono sbarcati in Italia rispettivamente 181 436, 119 247, 23 370, 11 462 e 34 133 persone. Ma bisogna fare attenzione a guardare questi dati in termini assoluti. Per gli stessi anni, corrispondono a 4581, 2834, 1314, 1262 e 575 le stime dei morti e dei dispersi in mare.

Se dal 2017 al 2018, ad esempio, gli sbarchi sono diminuiti dell'80%, la mortalità, mettendo in relazione le partenze con gli arrivi, è raddoppiata. In proporzione, da qualche anno a questa parte in mare si muore il doppio di prima per il semplice fatto che non c'è quasi più nessuno a prestare soccorso. Nel mese di settembre del 2018, quasi il 20% di chi è partito risulta morto o disperso: significa più di 8 morti al giorno.

Un buco nell'acqua

Leggendo questi dati, è difficile immaginare e tradurre i numeri in persone – perché non stiamo parlando di numeri vuoti, ma di persone in carne e ossa. In Italia gli "stranieri" corrispondono all'8% della popolazione. Tra questi però ci sono anche i rumeni, i francesi, gli albanesi, i tedeschi, i russi, i peruviani, tutti quanti. Gli irregolari, quelli su cui si basa la propaganda sovranista, sono circa 600 000, in un Paese di oltre 60 milioni di persone. Viene da chiedersi dove sia l'invasione di cui tanti politici parlano. Spesso gli stessi politici che hanno fatto il tifo per la narrativa dei porti chiusi sono riusciti ad approvare direttive, provvedimenti, decreti, leggi volte a ostacolare la fuga dei migranti dai Paesi di origine o a facilitare i respingimenti alle frontiere.

Tuttavia, negli ultimi anni abbiamo avuto modo di vedere che la soluzione di muri, barriere, porti chiusi non solo non funziona, ma è anche costosa. Essa rischia di tagliarci fuori da vantaggiosi mercati e flussi economici, indebolire i rapporti con diversi Stati, pagare conti salati nel lungo periodo per pseudobenefici – fuori c'è il caos, mi trincero nella mia apparente sicurezza – dell'immediato, specialmente in un mondo globalizzato e interconnesso come il nostro, in cui i confini sono completamente ridisegnati e mobili rispetto al profitto. Penso a Google a Dublino, Netflix in Olanda, Amazon in Lussemburgo e così via.

«Perché le persone non dovrebbero poter vivere e lavorare ovunque esse vogliono?» è la domanda che si pone Bryan Caplan, economista e professore alla George Mason University, con cui condivido ben poco, se non la vena polemica che sta alla base del suo saggio-fumetto realizzato assieme a Zach Weinersmith. *Open Borders. The science and ethics of immigration* (Macmillan, 2019), inserito dall'*Economist* tra i migliori libri del 2019, non si limita a difendere la libertà di movimento della quale godiamo noi europei, ma cerca di spiegare perché niente e nessuno dovrebbe frapporsi tra una persona e l'ambizione di avere un lavoro qualificato in un luogo diverso da quello in cui è nata. Anche Micheal Clemens, come Caplan, evidenzia che i guadagni dall'eliminare le barriere al libero movimento sarebbero enormi. Anche se, come avrete capito, non mi piace parlare di Pil e indicatori analoghi, Caplan sostiene che se chiunque potesse accettare un lavoro in qualsiasi luogo ci si potrebbe attendere un aumento tra il 50% e il 150% del prodotto mondiale lordo. Nel caso peggiore, una politica di frontiere aperte darebbe all'umanità mezzo pianeta di ricchezza in più l'anno, mentre quello più ottimistico produrrebbe un pianeta e mezzo di ricchezza in più l'anno. Per spiegarlo, parte da un esempio molto intuitivo e abbordabile: immaginate che ci siano un milione di contadini in Antartide, che passano tutto il loro tempo a zappare la terra nella speranza che germogli qualcosa. Se un Paese più fertile li accogliesse, essi si procurerebbero di che vivere con maggiore facilità. Chiaramente non sarebbero gli unici beneficiari del loro stesso spostamento. In Antartide, il loro contributo all'economia mondiale è pressoché nullo, e il poco che riescono a far crescere finisce in autoconsumo. In terreni con caratteristiche diverse, le stesse persone riuscirebbero a produrre molto di più e a vendere le eccedenze, accrescendo l'offerta di cibo a beneficio di tutti. Dal punto di vista della produttività della terra, la gran parte del mondo è come l'Antartide. Cattive regole e pessima gestione locale ostacolano la creazione di ricchezza e benessere quanto le più inospitali condizioni climatiche. Circa il 60% delle differenze salariali dipendono da chi sei, non da dove sei. Ci sono diversi modi per stabilire e comprendere la ricchezza o la sicurezza democratica di un Paese. Un parametro alternativo può essere il costo di un kalashnikov – minore è il valore, maggiore è l'insicurezza – o il prezzo di un Big

Mac: tendenzialmente più è elevato, più il Paese è ricco. «Rispetto al salario di un lavoratore non specializzato, vi sono divari, tra gli Stati Uniti e Paesi quali Haiti, la Nigeria e l'Egitto, che superano il mille per cento» ha scritto Alberto Mingardi su *La Stampa*.

È qui che può avvenire la "magia dell'immigrazione": se è corretto, in linea di principio, che il libero movimento delle persone equivale al libero movimento dei beni, il primo oggi è più ostacolato di quanto non sia il secondo, e maggiori benefici sono auspicabili a fronte di una maggiore apertura. La scelta del muro, che fa di tutta l'erba un fascio, ci priva del beneficio economico che le migrazioni portano. Anche se questo ragionamento, che tende a evidenziare il guadagno che le persone possono portare, facendo passare i diritti e le persone stesse in secondo piano, mi sembra abbastanza gretto, c'è da dire che i migranti forzati hanno inizialmente un costo di gestione ma, in una visione di più ampio respiro, aiutano a sostenere il sistema pensionistico, riattivano settori economici, fanno spesso lavori che gli abitanti "autoctoni" non sono più disposti a fare. Molti di loro inviano denaro ai luoghi di origine e trasmettono a quelle stesse regioni di provenienza saperi economici appresi all'estero. Oltre ad "aiutare a casa nostra", contribuiscono a risolvere alcune delle cause che hanno portato alla loro stessa migrazione. Ciò non significa che la portata dei flussi migratori diminuirà all'istante, anche perché parte del guadagno degli immigrati è destinato a permettere i ricongiungimenti, ma che questo potrebbe accadere in un secondo momento.

Abbiamo capito che chi decide di affrontare viaggi di questo tipo non sa esattamente a cosa va incontro, ma sa che restare, per diversi motivi, non gli è più possibile. Allo stesso modo, chi si trova a fronteggiare problemi che minacciano la sua esistenza non si lascia fermare da nulla. Non da recinzioni con tanto di filo spinato e nemmeno da un mare intero. La migrazione è paragonabile a una botte con tanti buchi. Le persone, come l'acqua della botte, scorrono, e sono difficili da fermare. I fori sono le rotte. Quando cerchi di diminuire o arrestarne una, l'acqua cerca una nuova strada. E se non ce ne sono si apre un altro bucherello, prima piccolo e poi sempre più grande. È quello che a grandi linee sta accadendo con le rotte che interessano il Sud dell'Europa: di fronte al tentativo di bloccarle, se ne aprono di nuove, come quella delle Canarie, ancora più complessa e pericolosa. Chi scappa per salvare la sua vita non si ferma davanti alla paura di morire. Ogni tanto in America, quando si dibatte sulle politiche migratorie, ci si chiede cosa potrà mai fare un muro, per quanto alto, largo e robusto possa essere, quando in Europa non basta un intero mare a fermare chi fugge in cerca di una vita che possa essere definita tale. A proposito di muro, secondo il *New York Times* Trump ha più volte chiesto alla sua amministrazione se fosse possibile sparare alle gambe delle persone che tentano di attraversarlo, o in alternativa scavare a ridosso di questo un fossato con serpenti e coccodrilli, che farebbe forse passare il titolo del più noto libro dell'amico Fabio Geda da metafora a realtà.

Se sono le persone in fuga ad aprire nuovi varchi, non sono i rifugiati a generare una crisi, bensì quelli che li vogliono ostacolare. L'immigrazione non è un problema, è stata fatta diventare un problema. Se ci fossero vie di fuga sicure o anche la possibilità, già nei Paesi di origine, di richiedere un permesso di soggiorno o fare domanda di asilo, non ci sarebbero morti nel Mediterraneo o nel Sahara, e neppure trafficanti che fanno affari approfittando delle difficoltà dei migranti e dell'ingerenza delle istituzioni europee.

Continuando la metafora della pentola della pasta, i muri fungono da coperchio. Al di là o sotto di essi, il fuoco continua a scaldare, finché l'acqua non esce o la pentola non esplode, facendo fare una brutta fine a quello che sembrava un impenetrabile e solido coperchio.

La soluzione non è dotarsi di un coperchio più alto e resistente ma spegnere il fornello.

Coloro che non capiscono questa realtà, o preferiscono non capirla, alimentando al contrario una becera propaganda incentrata sull'individuazione di un nemico e attuando politiche disumane, sono in parte responsabili del fatto che i viaggi di chi fugge talvolta finiscano con la morte.

Dobbiamo chiederci che cosa sono davvero le migrazioni e perché accadono. E farlo partendo dal presupposto che buona parte delle persone che fugge vorrebbe rimanere a casa propria, e lo farebbe se le condizioni fossero migliori. Nessun africano verrebbe in Europa, se non avesse enormi motivi per inserirsi in questa gigantesca roulette, dal deserto del Sahara al deserto del Mediterraneo.

Per affrontare questa crisi, sociale, politica, climatica, globale, c'è bisogno di definire la migrazione in un modo inedito, considerarla cioè come una componente della vita umana, un nuovo impulso per le società, un diritto umano e un dato di fatto in un mondo in continua trasformazione. Anche su questo va cambiata narrativa: si devono sottolineare i vantaggi portati dalle migrazioni, innanzitutto dallo scambio di idee, oltre alle cifre di denaro inviate dai migranti nei Paesi di origine, che superano gli aiuti allo sviluppo e raggiungono le persone che maggiormente ne necessitano. Il diritto a spostarsi, a migrare, non solo va riconosciuto, ma deve anche essere applicato correttamente. E dobbiamo riconoscere la nostra responsabilità per le condizioni che spingono molte di queste persone alla fuga: si parla di contrastare, limitare o rimuovere le cause che danno origine alle migrazioni, senza affrontare il collasso del nostro (eco)sistema e la crisi climatica, alimentata dai grandi inquinatori.

«Vi è un chiaro legame tra la protezione della natura e l'edificazione di un ordine sociale giusto ed equo. Non vi può essere un rinnovamento del nostro rapporto con la natura senza un rinnovamento dell'umanità stessa» ha detto papa Francesco in occasione dell'incontro con le autorità del Kenya.

È impossibile recuperare l'ambiente se non si aiutano le regioni più povere e fragili del Pianeta a progredire autonomamente e a prendere in mano responsabilmente i loro destini.

Interessi nascosti

Al momento però, invece di investire risorse e denaro in programmi internazionali di aiuto, progetti di accoglienza più ampi, corridoi umanitari sicuri, l'Unione europea equipaggia e addestra una guardia costiera che è mosaico e riflesso della composizione delle milizie armate libiche e che riporta indietro i migranti in un Paese in piena guerra civile, dove si verificano sistematiche violazioni dei diritti fondamentali. Mare Nostrum, Frontex, Frontex plus, Triton, Themis si sono rivelati confusi tentativi di risposta all'emergenza, scivolati lentamente nell'irrilevanza. In concomitanza con il ritiro delle navi di Eunavfor Med (European union naval force Mediterranean), nota anche come operazione Sophia, l'agenzia Frontex ha perfezionato un programma di monitoraggio del Mediterraneo. Con oltre 100 milioni di euro investiti in satelliti e droni, il nostro mare è diventato una delle frontiere più letali nonché l'area marittima più controllata al mondo. Il "fossato" della fortezza Europa diventa in questo modo uno spazio in cui testare nuove tecnologie per la difesa contro l'immigrazione a spese dei rifugiati. Tutto ciò serve a trincerarsi, non a salvare vite. Il tasso di mortalità tra i migranti che hanno il coraggio di attraversare il Mediterraneo, come abbiamo visto, è aumentato in modo significativo nell'ultimo periodo.

Molto si cela dietro l'accanimento verso le persone che tentano di attraversare il mare e l'ossessione di voler controllare senza però salvare. L'Ufficio della Commissione europea per il contrasto alle dipendenze evidenzia, nero su bianco, una fissazione nei confronti della questione migratoria e un'eccessiva disattenzione al tema della legalità e della sicurezza relativamente al ruolo delle Mafie in Europa e ai corridoi di accesso di traffici non controllati.

Ci sono diversi casi di sequestro di carichi di cocaina in arrivo dal Brasile verso la Libia, dove ad attenderli c'erano gli stessi miliziani che gestiscono la tratta di esseri umani e di petrolio, in accordo con i clan siciliani, un gruppo balcanico, la 'ndrangheta calabrese e i faccendieri di Malta, alcuni dei quali coinvolti nell'inchiesta sull'uccisione di Daphne Caruana Galizia.

> Il 30 maggio 2020 la polizia doganale brasiliana riceve una soffiata. Nel porto di Itajaí, mille chilometri a sud di Rio de Janeiro, vengono perquisiti due container carichi di mais. Per la terza volta nel 2020 gli agenti scovano cocaina: 128,4 chili. In totale 1,17 tonnellate sequestrate in cinque mesi, per un valore nelle piazze di spaccio europee di almeno 100 milioni di euro. Tutti i carichi erano destinati alla Libia.
> Narcos sudamericani, milizie libiche, mafiosi maltesi in accordo con Cosa nostra siciliana, 'ndrangheta calabrese e i boss dei Balcani. Dopo avere sperimentato con successo il contrabbando internazionale di idrocarburi, l'internazionale politico-mafiosa ha varato le nuove rotte del traffico internazionale di stupefacenti, che passano per l'Africa e vengono instradate in Europa attraverso gli scali libici.
> Mentre i mercantili girano alla larga dal golfo della Sirte per non finire invischiati in operazioni di soccorso, una flotta di motonavi attraversa indisturbata quel tratto di mare.
> A questo punto entra in scena la rete di trafficanti di petro-

lio, che coinvolge nella logistica esponenti dei clan siciliani, banditi maltesi e i pezzi grossi della 'ndrangheta, l'unica organizzazione criminale al mondo in grado di far attraversare gli oceani a container infarciti di coca.
In altri termini, mentre Roma, La Valletta e Bruxelles erano impegnate a negoziare con le milizie libiche pur di ottenere la riduzione delle partenze di migranti verso il Canale di Sicilia, gli stessi capimandamento libici capitalizzavano la paura e le divisioni nell'Ue per rafforzare le alleanze criminali intercontinentali. Sicuri che la politica dei "porti chiusi" sia stato un buon investimento? Intanto, le mafie di almeno tre continenti ringraziano.

Nello Scavo
Inviato speciale di *Avvenire*, sotto protezione dal 2019

Grazie al racconto di persone come Nello Scavo si può intuire quanto intricata e complessa sia la rotta del Mediterraneo centrale, che chiaramente va al di là della tratta dei migranti, proprio da lui definita «una colossale arma di distrazione di massa che è servita a lanciare e rafforzare carriere politiche da una parte, e dall'altra ha concesso a governanti e investigatori italiani di farsi ricattare e chiudere un occhio».

C'è ancora molto da raccontare. A partire dalle tante storie delle persone che partono e, forse, arrivano. Il business dei migranti è sempre più transnazionale, orientato sull'asse Sud America-Libia-Malta-Sicilia-Calabria. Se vuoi capire il mondo, segui il percorso del mercato delle droghe, delle armi, del petrolio, si dice spesso. Dopo vengono coltan e diamanti.

È significativa la denuncia dell'ufficio europeo antidroga, secondo cui l'essersi concentrati troppo su alcuni tipi di traffici ha permesso ad altri di prosperare nell'ombra, con particolare riferimento a quello di droga che arriva dal Sud America, passa per la Libia e penetra in Europa utilizzando l'hub maltese. Aver puntato i riflettori sull'obiettivo sbagliato, che in questo caso è evidentemente la presenza dei barconi nel Mediterraneo, ha fatto fruttare carriere politiche, a destra così come a sinistra, ha rafforzato il controllo delle mafie italiane, ha legittimato la criminalità organizzata libica, a cui è stata messa una divisa ora come guardia costiera ora da polizia petrolifera, ha cambiato il traffico internazionale di stupefacenti e di armi, e ha stabilito che gli essere umani sono una potentissima arma di ricatto.

La cosiddetta Hurd Bank è un'altura sottomarina poco fuori dalle acque territoriali di Malta che per la sua conformazione viene utilizzata quando il mare è in tempesta, di modo che le navi possano gettare ancora e "trovare riparo". Anche se si tratta di alto mare, lì due o più navi molto vicine non danno nell'occhio. È con questo pretesto che proprio in quel luogo sembra che avvengano imponenti traffici illeciti internazionali. Finché i politici e gli Stati che rappresentano continueranno a porsi domande, incapaci di ampliare lo sguardo, e a darsi risposte rimanendo nei soliti schemi e nel sistema economico attuale, quelle domande e risposte saranno sbagliate. Perché è proprio il sistema in cui viviamo ad averci portato agli immensi problemi che ci troviamo ad affrontare. Nel suo libro Hind Swaraj, Ghandi scrive «La natura [aggressiva] di questa civiltà è tale che per vederla autodistruggersi basterà portare pazienza». Il problema è che, insieme a se stessa, questa civiltà sta distruggendo anche il Pianeta e la nostra vita. Sta distruggendo il nostro futuro.

Dai tempi di Roosevelt, la crescita economica è considerata una misura del successo da ogni governo. Ma la crescita comporta sempre e comunque lo sfruttamento di risorse e di lavoro, quindi un danno ambientale e umanitario. Differentemente da ciò che molti pensano, le stragi in mare sono anche sulle spalle di coloro che, al posto di rifiutare la diatriba "porti aperti-porti chiusi" e pensare a una diversa gestione delle cose, continuano a favorire questa narrazione comoda a chi spoglia e spolpa il continente africano giorno dopo giorno, impossibilitando intere generazioni a essere padrone del proprio destino. Questo problema non si risolve nei Paesi di origine, o almeno non completamente, perché non è lì che è nato.

«Nel corso della mia vita mi sono dedicato alla lotta del popolo africano. Ho combattuto contro la dominazione bianca e ho combattuto contro la dominazione nera. Ho amato l'ideale di una società democratica e libera in cui tutte le persone potranno vivere insieme in armonia e con pari opportunità. È un ideale che spero di vivere. Ma, mio signore, se necessario, è un ideale per cui sono disposto a morire» ha detto Nelson Rolihlahla Mandela nell'aprile del 1964.

Come il cambiamento climatico, anche il viaggio di queste persone che noi vediamo solo ora e di cui percepiamo unicamente l'arrivo, spesso è in realtà un viaggio che inizia molto lontano, secoli fa, con i viaggi di esplorazione e le conquiste coloniali. Quei barconi possono essere visti come gli iperoggetti di cui parla il protagonista del libro di Amitav Ghosh, in viaggio sin dal Cinquecento, al tempo della Compagnia delle Indie orientali, e poi tra Settecento e Ottocento con la tratta degli schiavi, e che ora tornano a noi, sospinti anche, ma non solo, dal vento del cambiamento climatico.

Ancora oggi è in atto una colonizzazione culturale e materiale continua. Il primo passo per contrastarla è rendersi conto delle sue caratteristiche, come l'indebitamento del continente più ricco in favore di oligarchie corrotte e l'idea che la salvezza possa essere raggiunta solo rischiando la vita in mare, dove nessun essere umano dovrebbe mai avventurarsi in quelle condizioni. Tutto è orientato a non far cadere un sistema per cui nei Paesi industrializzati le persone continuano a consumare e l'economia a crescere. In una prospettiva di questo tipo, ogni crisi, inclusa quella pandemica, è anche una crisi economica.

Questi meccanismi di crescita, uniti all'inefficienza della politica, ci hanno condotto all'attuale crisi caratterizzata dallo sfruttamento delle persone e dell'ambiente. Le domande e le risposte continuano a essere errate. Molte aziende puntano al profitto e contrappongono, sovrappongono o antepongono le aspettative di reddito alle questioni sociali ed ecologiche. La pubblicità e il marketing alimentano la spirale della crescita e dei consumi.

È ancora più assurdo che la crescita nei Paesi industrializzati non solo aumenta il divario e la precarietà in quelli più poveri, ma non rende felici nemmeno le persone che in quelle stesse nazioni privilegiate abitano. Un altro punto, persino più grave, è la distribuzione ineguale della ricchezza e del reddito. Come abbiamo visto nel primo capitolo, il gap è enorme. Anche se il Pil aumenta, l'1% della popolazione globale continua a detenere fino al 50% della ricchezza, mentre il 50% più povero ne possiede solo l'1%. Una distribuzione (più) equa non sarebbe solo giusta, ma anche vantaggiosa: tutti gli studi evidenziano che le persone che vivono all'interno di una società con meno divari sono più felici e in salute.

Una democrazia partecipata

Sono un ottimista, ormai lo sapete, e rimango convinto del fatto che sia possibile dare una svolta a questa situazione, se davvero lo vogliamo. Dobbiamo renderci conto che le cose possono migliorare, se le cambiamo. Che il sistema economico in cui siamo immersi è nocivo in ogni caso, produce ricchezza per pochi e povertà per molti. Che possiamo farlo insieme. E che trarremo tutti beneficio da una realtà che include tutti e tutte. È la stessa logica di quando si parla della possibilità di estendere i diritti: concederne non significa privarsene, ma difendere anche i propri.

Einstein era dell'opinione che non è possibile risolvere problemi con lo stesso modo di pensare di chi quei problemi li ha fatti nascere. «Non dobbiamo pensare fuori dagli schemi» ha detto Kumi Naidoo, attivista sudafricano per l'ambiente e i diritti umani, segretario generale di Amnesty International. «Dobbiamo prendere gli schemi e gettarli molto, molto lontano».

Se non si riesce a pensare fuori dagli schemi e a gettarli via, non vi è alcuna possibilità di lavorare in un mondo meno incentrato sulla competizione e più sul significato che ogni persona può trovare nella vita. Bisogna smettere di contrapporre lavoro e salute, vantaggi economici e transizione ecologica. E capire che la crescita non è più importante della salvaguardia del Pianeta e delle persone che lo abitano, perché una crescita infinita non può che danneggiare un mondo finito.

Abbiamo bisogno di una vera democrazia, politica e sociale, che non si fondi esclusivamente sulle leggi del mercato, bensì sul bene di tutti, sulla protezione e sul supporto dell'ambiente dimenticando tutto ciò che va contro tali obiettivi. Solo due strade si possono percorrere: o distruggiamo l'equilibrio degli ecosistemi sulla Terra – e questa semplicemente non è una soluzione! – oppure inneschiamo una trasformazione globale, un radicale cambiamento sistemico per cui la società apparirà molto diversa da come è ora. È una sfida senza precedenti per la quale abbiamo bisogno dell'impegno di tutte le persone disposte a costruire assieme una democrazia vivente. Perché il problema non è la democrazia in sé ma il fatto che attualmente essa non agisce per il benessere collettivo né per quello delle generazioni future, bensì solo per il benessere dell'economia, *business as usual*. I parlamenti sono spesso paralizzati e i politici in ritardo rispetto alla vita reale. Si occupano molto delle aziende, che investono fiumi di denaro per influenzare l'opinione dei leader. Molte delle decisioni politiche prese negli ultimi decenni sono state chiaramente dettate dalle loro attività di lobbying. Secondo l'associazione indipendente LobbyControl, circa 25 000 lobbisti influenzano le politiche dell'Unione europea a Bruxelles con un budget annuale di 1,5 miliardi di euro.

Troppe persone sono riluttanti a votare perché credono che la loro voce non possa cambiare nulla. Accade perché siamo arrivati a un punto di frizione tra le azioni della classe politica e le esigenze e volontà dei suoi datori di lavoro, noi. Nelle democrazie siamo noi a votare chi ci rappresenta. E ogni voto vale uno. Nonostante tutti i soldi, gli interessi, l'influenza e la capacità di lobbying delle grandi aziende, su questo siamo e saremo sempre avvantaggiati. E anche se non siamo stati noi a votare un determinato governante, dobbiamo interessarci delle sue azioni, perché pagheremo le conseguenze delle sue decisioni tanto quando chi l'ha votato.

Il voto è decisivo. Possiamo prendere tutto come un voto. Chi vogliamo alla guida del nostro Pianeta?

Possiamo diventare un voto. Lo siamo già quando compriamo un libro, scegliamo con che mezzo spostarci, prendiamo un prodotto dallo scaffale del supermercato. Il voto è cosa vogliamo comprare domani su quello scaffale.

Infatti, in una democrazia che possa essere definita tale, il potere viene dal popolo, ma a questo scopo il popolo deve partecipare. Perché funzioni, la democrazia deve essere vissuta. La politica è complessa, c'è bisogno di un'ampia partecipazione e di un cambiamento sociale.

Si può guardare un po' più lontano rispetto ai sistemi democratici del passato. È in questo senso che movimenti come Extinction Rebellion o associazioni come Mehr Demokratie si battono per una democrazia deliberativa e indicono assemblee cittadine ed eventi di massa. In Paesi come Francia e Irlanda, incontri di questo tipo hanno già portato a risultati notevoli, tra cui modifiche e abrogazioni di alcune leggi, dimostrando che momenti del genere sono un ottimo esempio di politica dal basso e portano a decisioni sensate.

Il modo in cui parliamo delle cose e gli strumenti che utilizziamo per farlo sono importanti: autorevoli economisti come William Nordhaus, Joseph Stiglitz, Amartya Sen e Jean-Paul Fitoussi ci hanno messi in guardia sui limiti di una versione economica che misura tutto in termini di Pil. Un'altra alternativa rispetto a quelle già citate può essere il Gpi (Genuine progress indicator, Indicatore di progresso reale), un indicatore economico che stabilisce se all'aumento della produzione di beni consegua un maggiore benessere. Tornando ai *framing* ambientali, dobbiamo immaginare e raccontare un futuro bello e vivibile, un futuro che inneschi in molte persone il desiderio di mettersi assieme per aiutare a costruirlo.

Come si può fare? Bisogna contrastare forme di organizzazione sociale e di mercato, che consentono a pochi di disporre della vita di molti, decidere un limite invalicabile al consumo totale di risorse, impedire a qualsiasi ente di trarre profitto dalla devastazione della natura, senza la quale, come abbiamo capito, non si può andare da nessuna parte. Passo dopo passo, le grandi conferenze internazionali, intenzionate a mettere un freno alla crisi climatica, devono tenere fuori dai trattati i grandi inquinatori, spostare la prospettiva dalla "crescita verde" alla riduzione di risorse, focalizzarsi su un miglioramento generale della qualità della vita.

Il Nord del Pianeta deve ridurre rapidamente il suo consumo di energia per consentire agli abitanti del Sud del mondo di emanciparsi dalla subalternità coloniale. È ora di applicare il concetto di giustizia climatica: a pagare i costi maggiori della transizione energetica, della svolta ecologica e delle conseguenze del cambiamento climatico devono essere coloro che più di tutti hanno inquinato e contribuito a favorire l'avanzata della crisi climatica stessa sulla pelle dei più indifesi.

Non è detto che si scampi al collasso, ma si può scampare alla tossicità della *forma mentis* che ci ha condotto fin qui.

4. Non annegare

Mio nonno è nato a Modica, in Sicilia.

Era un bambino quando, nell'estate del 1943, gli americani entrarono in città con i carri armati. Dai loro mezzi lanciavano viveri, frutta, verdura, ma anche snack e chewing gum. Il nonno non aveva mai visto niente del genere prima. Ignaro, ne ingerì una decina e dovettero fargli una lavanda gastrica. Erano altri tempi.

Fu il primo della famiglia a trasferirsi al Nord, all'epoca del massimo sviluppo della Fiat e della grande richiesta di manodopera. Sottoposto al classicissimo «Non si affitta ai meridionali» riuscì a trovare casa grazie all'intermediazione del parroco, che garantì per lui. Qualche tempo dopo la prematura morte della moglie, di cui mia madre e mio zio rimasero orfani, si innamorò di una ragazza veneta. Naturalmente i genitori di lei non volevano assolutamente che la figlia frequentasse un terrone. Leggenda vuole che il nonno li conquistasse con la sua cucina. I due per mesi vennero dal Veneto a Torino per mangiare la domenica a pranzo le leccornie di Ignazio.

Buona parte della mia famiglia materna vive tuttora a Modica. Zie e prozii, una trentina di cugini. È lì che di solito trascorro l'estate. Più precisamente a Marina di Modica, un paesino di poche centinaia di anime che nei mesi di punta rifiorisce. È uno degli ultimi lembi protesi sul mare, là dove finisce l'Italia e inizia qualcos'altro. L'estate sicula è fatta di mare, spiaggia, campagna, carrubi, muretti a secco, passeggiate, partite a pinnacola e tresette, visite ai parenti, molto cibo e altrettanto caldo.

I miei cugini hanno una piccola barca a motore, con cui navighiamo da Punta Ciriga al Covo dei Contrabbandieri, passando per l'isola dei Porri e Porto Ulisse, fino a Portopalo, Marzamemi, oltre l'isola delle Correnti, dove due mari si incontrano. Da quando vado con loro, nei momenti in cui nuotiamo e controlliamo che tutto sia a posto, ho sempre avuto timore, oltre che delle molto presenti medusone violacee, di trovare qualche corpo in mare. Per quanto relativamente improbabile, è un rischio concreto. Il porto di Pozzallo, le acque che battiamo, le spiagge che frequentiamo, sono le stesse di cui sentiamo parlare in tv, specie quando si verificano casi di barconi che arrivano autonomamente o – peggio – non arrivano.

Negli ultimi vent'anni la progressiva chiusura delle frontiere ha trasformato il Mediterraneo centrale in un cimitero a cielo aperto, che non restituisce al mondo i nomi dei suoi morti. Proprio a Portopalo di Capo Passero, già nel 1996, avvenne una tragedia il giorno di Natale, una delle tante. Non molto lontano dalla costa affondò un'imbarcazione con 283 persone a bordo. Sono morte a poche miglia dalla costa che avrebbe potuto accoglierli e renderli felici.

Open Arms

Ero a Marina di Modica anche il 9 agosto 2019. Sotto la veranda, in una pausa dallo studio, vidi un post su Instagram dell'Ong spagnola Open Arms. Avevano ricevuto una direttiva *ad navem*: la loro imbarcazione era bloccata da otto giorni a 12 miglia nautiche da Lampedusa, fuori dalle acque territoriali italiane, in attesa di un porto sicuro. Mi sembrava tutto così paradossale. Io potevo andare dove volevo, fare un bagno o un giro in bicicletta, prendermi una cremolata al pistacchio, un cornetto alla ricotta o una scaccia pomodoro e melanzane, raggiungere il porto e uscire in barca, più semplicemente sonnecchiare all'ombra di un ventilatore.

L'equipaggio di Open Arms era invece bloccato sotto il sole cocente e il freddo notturno, in balia delle onde, per il semplice fatto di aver salvato vite umane da un destino crudele. Per questo i suoi componenti dovevano essere elogiati, invece le autorità temporeggiavano, a volte non rispondendo nemmeno al telefono. Erano così vicini ma anche incredibilmente lontani.

Decisi di adoperarmi per quanto potevo: usare il piccolo bacino mediatico a disposizione per dare una mano a scuotere l'opinione pubblica. Registrai e diffusi un video di un minuto circa. Una delle prime a rilanciarlo fu Michela Murgia. Si formò una rete la cui onda cavalcò gli algoritmi. La vicenda della nave dell'Ong spagnola arrivò su tutte le testate europee.

La Open Arms era sorvolata da aerei, i pescherecci le giravano intorno, gli yacht lasciavano il porto. Non fossero stati in quella situazione terribile, probabilmente i naviganti avrebbero fatto il bagno. A bordo 121 persone, tra cui 32 minori e due bambine di appena 9 mesi e un urgente bisogno di cure mediche. Erano lì, bloccati. C'erano casi critici: alcuni passeggeri erano già ammalati e la loro situazione peggiorava. Non potevano essere curati sulla nave e la guardia costiera italiana li aveva prelevati. A causa del mal di mare, tanti di loro erano disidratati, e questo ne aggravava le condizioni.

La Guardia costiera, sostenendo che non si trattava di casi di emergenza, si limitava a prelevare i passeggeri più gravi per traportarli a terra, ma conosceva bene la serietà della situazione: in precedenza era stato questo corpo della Marina militare a occuparsi dei salvataggi al largo della costa libica. A ogni emergenza medica, le persone rimaste a bordo si domandavano se dovessero arrivare in fin di vita per poter lasciare la nave. Da una questione di diritto marittimo si passò a un'assurda discussione sullo stato di salute di coloro che Open Arms aveva salvato e che, anche se fossero stati in perfette condizioni, avrebbero avuto diritto a un porto sicuro.

Se gli occupanti della nave fossero arrivati dalla Svezia, dalla Germania o anche dall'Italia, sarebbero stati a terra già da tempo. Ma ovviamente i passeggeri di Open Arms non avevano il giusto colore della pelle, erano nati dalla parte sbagliata di quel grande lago che è il Mediterraneo. A loro si chiedeva, anzi si imponeva di resistere stipati sul ponte di una nave sotto il sole. Perché non avevano il passaporto di un Paese alla nostra latitudine. Ma la sicurezza dell'approdo non dipende dal passaporto o dal luogo di origine di chi fugge. La legge del mare prescrive che chiunque si trovi in difficoltà sia soccorso e portato nel minor tempo possibile al più vicino Pos (Place of safety). Valgono sostanzialmente le stesse regole in vigore sulla terraferma: se, per esempio, un automobilista vede in strada «una persona ferita o altrimenti in pericolo» è obbligato a fermarsi e a prestare assistenza, o a chiedere aiuto: altrimenti è omissione di soccorso, un reato punito dal Codice penale. E se a me capitasse di avere un incidente sotto casa a Torino, mi aspetterei di essere portato al più vicino, o più rapidamente raggiungibile, degli ospedali in grado di somministrarmi cure adeguate: non certo in una struttura fuori dal Piemonte.

Rispetto alle traversie della Open Arms, occorre ricordare che Libia e Tunisia, Paesi interessati dai tentativi di traversata sulla rotta del Mediterraneo centrale, non dispongono di porti sicuri. Capire il perché non è difficile. Il primo è un Paese in guerra, dove esistono campi di detenzione in cui le donne vengono stuprate, gli uomini torturati, i bambini schiavizzati, e dove sono costantemente calpestati i diritti umani fondamentali. Riportare i migranti in Libia sarebbe teoricamente vietato: rappresenta una violazione del diritto internazionale ricondurre qualcuno in uno Stato in crisi, nel quale rischia di subire torture e morte. Neanche in Tunisia gli esseri umani sono sufficientemente tutelati. Là non esiste un diritto di asilo che garantisca sicurezza a quelli che nel loro Paese sono perseguitati per le convinzioni politiche o l'orientamento sessuale. La Tunisia non ha una legislazione completa in materia d'immigrazione, e ha più volte rispedito profughi nell'inferno libico.

Sulla questione della vicinanza, invece, decide la geografia. Ci piaccia o no, i porti sicuri più vicini sono quasi sempre italiani, oppure maltesi, greci o spagnoli. La scelta ovviamente dipende dal punto in cui avviene il soccorso e su quale rotta ci si trova.

A livello di principio, quello appena esposto è il nodo centrale della questione, anche se notevolmente semplificato. Dal punto di vista applicativo però c'è una serie di zone grigie: il mare è diviso in zone territoriali, zone economiche, acque internazionali, ognuna con una sua giurisdizione.

Le zone Sar (ricerca e soccorso), pensate in base a un principio diverso, sono aree in cui le operazioni di monitoraggio, ricerca e soccorso sono di competenza di un Paese specifico. A volte sembrano essere state disegnate a mano da un tizio con gli occhi bendati, e non sempre corrispondono a confini marini intuitivi. Per esempio, Lampedusa, Lampione, Linosa sono isole immerse nella zona di competenza maltese: in questo tratto di mare si crea una sorta di sovrapposizione tra le zone Sar di Italia e Malta. Qui la giurisdizione inizia a traballare e le nazioni si rimpallano le responsabilità, finendo spesso per disinteressarsi o dare direttive e prestare soccorso troppo tardi.

Il fatto che alcuni Paesi giochino a palla avvelenata, la relativa chiusura degli unici porti sicuri e i tempi di attesa che ne conseguono costano certamente molte vite. «I documenti dei valori su cui si fonda la comunità degli Stati europei – dai trattati internazionali sui diritti umani alla Carta dei diritti fondamentali dell'Unione europea – non valgono la carta su cui sono stampati» scrive Carola Rackete, attivista di Extinction Rebellion, nel suo libro *Il mondo che vogliamo* (Garzanti, Milano 2019). «Come qualunque capitano (non capitana, capitano è il termine corretto per questo lavoro), ho il dovere di prestare soccorso. Non importa se a essere in pericolo è un marinaio o un rifugiato, non importa da dove viene o dove vuole andare». Il principio di cui parla Carola è stato messo nero su bianco nella convenzione di Montego Bay del 1982 (articolo 98), ma esiste da sempre. Nessuno che sa di che cosa si sta parlando lo metterebbe in dubbio.

La Pietà del Mediterraneo

È una cosa che ho metabolizzato in pieno solo a Caprera, nelle settimane dei corsi di vela: l'aiutare le persone e le barche in difficoltà è, per chiunque vada per mare, non solo un dovere primario ma un'espressione della propria umanità.

A tale proposito, mi viene in mente l'immagine, successivamente battezzata Pietà del Mediterraneo, in cui Alì, marinaio siriano, porta in braccio, scendendo trenta gradini di metallo e tre rampe di scale, Borhan, diciassettenne etiope privo di forze e con un piede spezzato, soccorso dal mercantile Talia, battente bandiera libanese, in acque di competenza maltese.

Borhan Loukasi era arrivato fino alle porte dell'Europa, ma non riusciva a varcarla con le proprie gambe. Al momento del soccorso pesava 35 chili. «Gli hanno spezzato la gamba in Libia, quando l'hanno torturato» dicono gli uomini che hanno fatto la traversata con lui. La Pietà del Mediterraneo è il corpo scheletrico e martoriato di un etiope, ma anche il marinaio siriano, con tuta blu e mascherina. «Ho pensato che Borhan poteva essere mio fratello. Anzi, in un certo senso lo è: chiunque abbia bisogno di aiuto è mio fratello». Per proteggerli dal maltempo, l'equipaggio ha sistemato i naufraghi nell'unico spazio libero e riparato: la stiva lercia dove è tenuto il bestiame da trasportare. Il capitano, Mohammed Shaaban, è mortificato. «Non sapevo dove metterli, l'imbarcazione è piccola» spiega. «Almeno là sotto possiamo tenerli distanziati. Però nessun uomo dovrebbe essere costretto a stare laggiù...». Il governo di Malta rifiuta di autorizzare lo sbarco. E così la Pietà rimane in mezzo al mare. Come la personificazione del reato umanitario, che l'Europa finge di non vedere.

«Non sapevo che la foto stesse facendo il giro del web. E, a dir la verità, non credevo fare qualcosa di così speciale» ha detto Alì, ripensando all'accaduto, con una frase tanto semplice quanto potente. Stava facendo qualcosa che dovrebbe essere naturale, e che invece i potenti Stati europei rifiutano di fare, riponendo fiducia in navi di vario genere e nei capitani che ne sono al comando.

La nave dell'Ong spagnola, così come era capitato nella missione di Sea-Watch 3, sulla quale Carola era capitano, attendeva in mare da settimane e il modo in cui era trattata contraddiceva tutti i valori di cui l'Unione europea si dichiara portatrice.

La solidarietà fra le nazioni europee falliva. Il terzo trattato di Dublino, che costringe le persone in stato di necessità a chiedere asilo al primo Paese di approdo o arrivo, fa ricadere il peso più voluminoso delle migrazioni sull'Europa meridionale. La Grecia, la Spagna, Malta, l'Italia sono state a lungo lasciate sole dall'Unione europea nella gestione dei flussi migratori. La Repubblica di Malta e la nostra hanno dovuto attendere settimane, mentre gli Stati che accettavano di prendersi carico dei richiedenti asilo impiegavano mesi prima di effettuare il trasferimento.

Questa volta però era diverso: nei giorni di attesa di Open Arms fuori dalle acque territoriali, avevano già confermato la disponibilità a dare asilo ai migranti Germania, Francia, Portogallo, Romania, Lussemburgo e Spagna, nonostante quest'ultima avesse già accolto quasi la metà di quelli sbarcati in tutta Europa dall'inizio dell'anno, più di 17 000 su 38 000, contro i 4000 dell'Italia. In più, il Tribunale dei minori di Palermo aveva ricordato ai Ministeri competenti che per legge gli under 18 non possono in alcun caso essere respinti, e per la prima volta la stessa Guardia costiera si era dissociata dal Viminale, specificando che «non vi sono impedimenti di sorta per l'attracco senza indugio a Lampedusa» e chiedendo una risposta urgente al Ministero, che continuava a fare orecchie da mercante.

Nonostante la situazione a bordo potesse degenerare da un momento all'altro, da Roma ci si ostinava a portare cocciutamente avanti la linea dei porti chiusi, che non condusse a niente se non a processare per sequestro di persona, violenza privata e abuso di ufficio chi quella linea continuava a dettare.

Mare Nostrum

Nel 2013, poco dopo l'ennesima tragedia in cui persero la vita 368 persone, perlopiù provenienti dall'Eritrea e dalla Somalia, l'Italia avviò una propria missione di salvataggio, Mare Nostrum. All'epoca imbarcazioni di ogni tipo salvavano i naufraghi e li consegnavano alle navi della Guardia costiera italiana o a Frontex, l'agenzia europea che coordina i servizi di controllo e gestione delle frontiere esterne allo Spazio Schengen.

Mare Nostrum costava 9 milioni di euro al mese, ma gli altri Stati europei lasciarono l'Italia sola a sobbarcarsene l'onere e, in nome del Regolamento di Dublino – sistema che di fatto trattiene i migranti nel primo Paese europeo di arrivo –, non si fecero carico della gestione logistica dei salvati. Come potrete immaginare, nel 2014 il servizio di salvataggio fu ridotto e infine sospeso. Con la fine di Mare Nostrum, nel 2015, dal momento che la gente continuava a partire e a morire, giunsero nel Mediterraneo centrale, in assenza di quelle governative, le prime navi della società civile.

Nel libro, più per casualità che per volere di autoreferenzialità, ho citato molte persone che portano il mio stesso nome: George Lakoff, George Lucas, George Monbiot, George Orwell, Giorgio Dell'Arti, Giorgio Morana, Giorgio Napolitano, Giorgio Vacchiano, Giorgos Kallis. Purtroppo anche George Floyd. Giorgia Ivan, Giorgio De Girolamo e Giorgio Annone sono tre attivisti a cui sono molto affezionato. Giorgio significa "colui/colei che è legato, o legata, alla Terra" (da cui le *Georgiche* di Virgilio). Già nel nome emerge il legame con la natura, con la Terra e i suoi popoli. Giorgia Linardi, però, è sicuramente l'omonima a cui guardo con maggiore ammirazione e che stimo di più in assoluto. Mi ha fatto sorridere quando, in un'intervista, ha raccontato la chiamata ricevuta dalla nonna siciliana: «Ammore, Giuritta mia... Ma è vero che sei collusa con gli scafisti?».

> Era il settembre 2015, all'alba, quando vidi per la prima volta un gommone stracarico di gente nel Mediterraneo. I naufraghi a bordo bevevano l'acqua di mare. Non riuscivo a credere che potessero stare a galla, sospese sull'acqua da pochi millimetri di gomma. «Che gesto assurdo il soccorso in mare» pensai: tendendo un braccio e afferrando una mano, con quel semplice spostamento di peso da quel guscio precario a un'imbarcazione più sicura si trae in salvo la vita di qualcuno.
> Imparai presto che non va sempre così. È un gesto tanto semplice quanto delicatissimo quello del soccorso, dove ogni variabile può determinare la vita o la morte di una persona.
> Nel maggio 2016 feci una missione con Carola, la sua prima da capitana di Sea-Watch. Soccorremmo centinaia di persone con il supporto delle autorità italiane ed europee, che ora

ci ignorano e fanno di tutto per evitare la presenza civile in mare. Un giorno sopraggiungemmo mentre si consumava un naufragio. Intravidi qualcosa a pelo d'acqua con il binocolo e nell'avvicinarci mi resi conto che erano corpi. Ne scorgevo sempre di più e mi trovai a dire a Carola di fare attenzione a scansarli. La nostra squadra di soccorso salvò molte persone ma trascorse la gran parte della giornata a raccogliere decine di corpi con la nave Vega della marina italiana, che ci chiese di restare lì anche a soccorso terminato, quasi a non voler restare sola in mezzo a quell'assurdo cimitero. Marcavamo i corpi con giubbetti salvagente. «Che tilt – pensai –, questi cosi servono per soccorrere normalmente».
Alla vista dei volontari di Sea-Watch che consegnavano ai militari italiani il corpo senza vita di un neonato, dondolandolo tra le braccia come se non potessero accettare che non fosse più vivo, mentre in mano stringevo la fotografia bagnata di una donna bellissima trovata tra gli oggetti di nessuno recuperati in mare prima di esserne inghiottiti, mi resi conto che la mia vita non poteva avere altro senso se non quello di essere lì a sottrarre anche solo una fotografia all'oblio, a testimoniare una tragedia a cui ci siamo assuefatti, a imparare da chi, sopravvissuto al mare, a bordo di Sea-Watch ringraziava di essere in vita, cosa che io non ho mai nemmeno pensato di fare.

Giorgia Linardi
Giurista, portavoce e consulente legale di Sea-Watch Italia

Il caso Open Arms ha fortemente contribuito alla creazione di un bacino variegato di persone che da terra guardavano il mare chiedendo a gran voce che si facessero sbarcare equipaggio a bordo e migranti soccorsi. Ha cambiato qualcosa in me. Mi è venuto in mente che già che ero lì sarebbe stato bello andare a vedere con i miei occhi le imbarcazioni bersaglio di tutto quel rigurgito di odio e, dall'altra parte, le persone che caparbiamente le animano. A volte, quando parlo con amici e conoscenti, in modo velato percepisco l'impressione che quello che ho fatto in questi anni sia qualcosa che pochi singoli, magari con i contatti ereditati e le conoscenze giuste, avrebbero potuto fare. In realtà non è così: i miei genitori e gli amici di famiglia avevano anch'essi fatto politica dal basso quando avevano più o meno la mia età, ma nella vita hanno preso strade diverse e non mi hanno passato alcun contatto – per essere onesto fatta eccezione per artisti e lavoratori del mondo della musica – delle persone che sento nella quotidianità di attivista o che mi hanno permesso di vivere le esperienze relativamente fuori dal comune che ho vissuto. La chiave del mio successo, inteso come costruzione di rapporti e incontri con persone straordinarie che mi hanno cambiato, è sempre stata la tranquillità e il non aver paura di buttarmi, a costo di cadere.

Anche con Mediterranea la prima volta è andata così; ho scritto alla loro pagina Instagram uno dei miei soliti lunghi messaggi. Mi hanno subito risposto «Ciao Giorgio! Passiamo parola a chi è a Licata e ti facciamo sapere, ma stiamo mantenendo un profilo basso al porto». Dopo questa risposta non mi aspettavo che mi avrebbero ricontattato. E invece, due giorni dopo: «Fino a mercoledì puoi venire a trovarci». Non me lo sono fatto dire due volte, una quarantina di ore dopo ero già là.

Il porto di Licata è grazioso, come la stessa cittadina, soprattutto se paragonato ad altre aree portuali che mi è capitato di vedere. Per salire a bordo della Mare Jonio bisognava prima passare per forza di cose dalla Sea-Watch 3 ormeggiata alla banchina, che io non mi aspettavo di vedere lì. Non era passato molto tempo da quando un'enorme bufera politica e mediatica si era abbattuta sulla nave in questione e il suo capitano. La prima cosa che ho notato fu l'aria internazionale che si respirava su Sea-Watch 3: nave olandese, organizzazione con sede in Germania, a bordo anche persone che parlavano italiano, inglese, francese, arabo. Lingue necessarie per la mediazione culturale, queste ultime soprattutto. Dopo appena due chiacchiere in tedesco con i membri dell'equipaggio – tutti rigorosamente vegani – mi accorsi che avevo interrotto il loro lavoro e che era opportuno togliersi dai piedi.

Il passaggio da Sea-Watch 3 a Mare Jonio è stato in discesa, dal punto di vista fisico e linguistico. Mare Jonio è un po' più piccola e bassa, e a bordo ho trovato un'atmosfera meno internazionale ma più casalinga, nella miglior accezione del termine. Però anche sotto questo profilo, tra il dialetto "stretto stretto" del personale siculo e le varie parlantine dei tanti volontari da tutta Italia, Mediterranea non ha nulla da invidiare. Una signora, che si è presentata come Cecilia, mi ha fatto fare il giro della nave, ha risposto alle mie domande e spiegato un sacco di cose. Ha tenuto a specificare un punto semplice ma essenziale: contrariamente a quello che la maggior parte delle persone pensa, le Ong, stanche dell'inazione europea di fronte a tante vite spezzate, non erano arrivate nel Mediterraneo per soccorrere direttamente; all'inizio non erano nemmeno attrezzate per farlo. La loro missione, ancor prima di eventuali salvataggi, consisteva nel voler essere testimoni là dove nessuno è rimasto a testimoniare. Monitorare, individuare, segnalare, fare pressione e incentivare interventi tempestivi delle autorità nazionali, che dovrebbero avere il dovere e la forza di gestire agevolmente situazioni critiche di questo tipo. A questo scopo operano Alarm Phone, gli aerei civili di Sea-Watch e barche a vela come la Alex di Mediterranea e la Astral di Open Arms: nessuno di essi è pensato per prestare soccorso, semmai per avvistare barconi alla deriva, con il motore guasto o in balia delle onde nel vasto deserto blu, e per segnalare con forza posizione e dettagli alle autorità cui spetterebbe occuparsene, che invece solitamente adottano addirittura la linea di non rispondere al telefono in merito a comunicazioni urgenti e rifiutano di commentare le proprie (in)azioni.

Gli occhi del mare

Quando si tratta di comunicare con le autorità dal mare, in casi come questo, la battaglia navale dei governi contro le navi della società civile diventa una vera e propria partita a scacchi. Non comunicare, in questo mare, significa anche contribuire a uccidere.

Solo in un secondo momento le organizzazioni non governative sono passate da essere occhi, testimoni oculari, a dover essere braccia, team di primo approccio e soccorso. A tale proposito voglio proporvi un passaggio del già citato *Oceano Mare* che in passato mi ha fatto sorridere.

> Sul davanzale della finestra di Bartleboom, questa volta se ne stavano seduti in due. Il solito bambino. E Bartleboom. Le gambe a penzoloni, nel vuoto. Lo sguardo a penzoloni, sul mare.
> – Senti, Dood...
> Dood, si chiamava, il bambino.
> – Visto che te ne stai sempre qui...
> – Mmmmh.
> – Tu magari lo sai.
> – Cosa?
> – Dove ce li ha, gli occhi, il mare?
> – ...
> – Perché ce l'ha, vero?
> – Sì.
> – E dove cavolo sono?
> – Le navi.

– Le navi cosa?
– Le navi sono gli occhi del mare.
Rimane di stucco, Bartleboom. Questa non gli era proprio venuta in mente.
– Ma ce n'è a centinaia di navi...
– Ha centinaia di occhi, lui. Non vorrete mica che se la sbrighi con due. Effettivamente. Con tutto il lavoro che ha. E grande com'è. C'è del buon senso, in tutto quello.
– Sì, ma allora, scusa...
– Mmmmh.
– E i naufragi? Le tempeste, i tifoni, tutte quelle cose lì... Perché mai dovrebbe ingoiarsi quelle navi, se sono i suoi occhi?
Ha l'aria perfino un po' spazientita, Dood, quando si gira verso Bartleboom e dice
– Ma voi... voi non li chiudete mai gli occhi?
Cristo. Ha una risposta per tutto, quel bambino. Pensa, Bartleboom. Pensa e rimugina e riflette e ragiona. Poi di scatto salta giù dal davanzale. Dalla parte della camera, s'intende. Bisognerebbe avere le ali per saltare giù dall'altra.

In fondo, è questo che sono diventate le navi umanitarie – gli occhi del mare. Gli occhi sul mare. I salvataggi si basano su informazioni ottenute dalla ricognizione aerea, dal momento che le barche dei migranti sono piccole e si possono riconoscere solo quando sono a distanza minima. La zona costiera, da cui salpa la maggior parte di loro, è molto estesa. I droni e gli aeroplani dell'aviazione militare e di Frontex sorvolano regolarmente queste aree, ma tendono a comunicare quasi esclusivamente con la Guardia costiera libica, che ormai conosciamo fin troppo bene.

Ora quelle stesse autorità che disattendono i loro stessi obblighi di soccorso cercano in ogni modo di far sì che quegli occhi si chiudano, strumentalizzando in modo sistematico le legittime procedure marittime. Da quando il silenzio ha ammutolito le radio di bordo e le Guardie costiere sono diventate quasi sorde alle richieste di aiuto, a testimoniare ciò che accade tra le coste libiche e quelle europee sono rimasti soprattutto gli occhi che volano. Gli aerei civili impegnati in missioni di monitoraggio sono due: Seabird e Moonbird, di Sea-Watch e Hpi. Quest'ultima è un'organizzazione nata in Svizzera nel 2015 che si occupa di reclutare piloti, fare manutenzione dei velivoli e mettere a punto gli aspetti tecnici delle missioni aeree sul Mediterraneo. Oltre a questa iniziativa porta avanti il progetto Luftraum, che in tedesco sta per "sogno aereo" e permette di volare a bambini e adulti affetti da malattie o disabilità.

Moonbird e Seabird «da lassù vedono barche traballanti e persone in difficoltà. Quando va bene, salvataggi. Quando va male, cadaveri abbandonati o respingimenti in Libia. Speranze e tragedie sono disegnate sulla grande tavolozza blu del mar Mediterraneo. Lo battono alla ricerca di naufraghi e soluzioni che salvino loro la vita» ha scritto Giansandro Merli su *Il Manifesto* in un articolo che ben intitolava "Le ali sul Mediterraneo". Nel settembre 2020, tuttavia, anche Moonbird è diventato bersaglio di chi sedeva nelle stanze del potere e preferiva si sapesse il meno possibile di quanto accade tutti i giorni in mare – l'ennesimo atto ostile teso a colpire la solidarietà e portato avanti dal governo italiano in complicità con gli altri governi europei. «La tenuta democratica è caratterizzata dalla visibilità» diceva Norberto Bobbio. Il nostro sta diventando un Paese le cui autorità cercano di chiudere gli occhi e tappare la bocca a coloro che si permettono di evidenziare la disumanità e la mancata responsabilità delle stesse. Su richiesta del ministero dell'Interno italiano l'Enac, massima autorità per l'aviazione civile, ha vietato il decollo di Moonbird da qualsiasi aeroporto siciliano. Lo stesso era accaduto qualche tempo prima a Colibrì, un Mcr4s dell'organizzazione francese Pilotes volontaires.

Mentre la mia immaginazione vagava nei cieli sopra il Mediterraneo, i miei piedi erano ancora su Mare Jonio, e Cecilia in un battito di ali aveva già smontato un'altra bufala, quella dei migranti portatori di malattie. Non si è mai verificata una diffusione significativa di contagi dovuta allo sbarco, in modo autonomo o meno, di persone sul territorio italiano. Due anni dopo, durante la pandemia, in molti hanno sostenuto che fossero proprio loro il principale veicolo di diffusione del virus. Falso, ancora una volta. Stando ai dati dell'Ispi, tra chi è arrivato regolarmente e quanti sono sbarcati autonomamente la percentuale dei positivi è rimasta attorno all'1,5%. È vero invece che i cosiddetti migranti hanno sempre mantenuto il record di sottogruppo più controllato. Ogni persona sbarcata in Italia è stata sottoposta a tampone e messa in isolamento se negativa e in quarantena se positiva. «L'ultimo problema nel controllo della pandemia di Covid-19 sono i barconi di disperati che arrivano sulle coste italiane» ha detto Pier Luigi Lopalco, epidemiologo. Tutti sono stati sottoposti a test sierologico prima di essere trasferiti e divisi nelle regioni, così come anche all'arrivo a destinazione, e tenuti in isolamento fino al risultato. Anche in questo caso è tuttavia rivedibile la gestione italiana degli arrivi in relazione all'emergenza sanitaria, tra il disastro delle navi in quarantena e l'interdizione a poter sbarcare nel porto sicuro assegnato alle persone positive.

La malattia dei migranti

La pandemia ha modificato drasticamente la nostra visione e il nostro approccio rispetto a una malattia e a coloro che involontariamente ne sono stati portatori, a partire dal vocabolario. Abbiamo sentito per la prima volta, o quasi, l'importanza del contatto fisico e del dialogo *face to face* in un periodo, in cui questi erano già stati rivoluzionati dall'avanzata tecnologica. Non è difficile capire che, in un momento in cui si chiedeva di aumentare le distanze, a sentire più di altri questa paura erano e sono coloro che per antonomasia hanno meno spazio personale e trascorrono le proprie giornate a distanze ravvicinate, come i detenuti nelle carceri e i migranti nei centri accoglienza. Ecco che questa è divenuta in molti casi la scintilla sfociata in violenza e tentativi di fuga.

«C'è però una malattia dei migranti». Al centro dell'imbarcazione, nella parte più bassa e teoricamente più sicura, dove vengono posizionate donne, bambini, minori non accompagnati, col passare delle ore, all'acqua salata che entra si aggiungono le sistematiche perdite di carburante, e le urine e feci delle persone, non sempre in grado di fare i propri bisogni al di fuori di essa. Cotto al sole, questo intruglio si trasforma in una miscela corrosiva. È per questo motivo che alcune persone, quando vengono soccorse, hanno le gambe, o parti di esse, bruciate, lacerate, scorticate fino alle ginocchia. È atroce.

Prima di quella volta a bordo della Mare Jonio pensavo che le persone soccorse venissero fatte passare dal pericolante gommone su cui si trovano all'imbarcazione accorsa in aiuto. In realtà non è così, anche solo perché i barconi navigano a pelo d'acqua mentre le navi che si possano definire tali sono più alte e capaci di resistere, fino a un certo punto, alle condizioni di vento e mare che possono incontrare. A tale scopo, con una specie di gru, vengono calati in acqua i Rhib (Rigid hull inflatable boat, da qui in avanti rhib), guidati dalla squadra di salvataggio. I rhib si avvicinano al barcone, il primo approccio è del mediatore culturale o di un soccorritore esperto. Si segue la procedura Last: Locate, localizza il pericolo, access and assess, vai vicino e valuta la situazione, stabilize, metti in sicurezza più persone che puoi, transport, trasbordale. La prima cosa da fare è distribuire i salvagenti e assicurarsi che tutti ne abbiano almeno uno. È una fase delicatissima e molto pericolosa: vedendo arrivare il rhib, spesso i profughi tendono a protendersi verso di esso, rischiando di cadere in acqua, il che per una persona che potrebbe non aver mai visto il mare, o non saper nuotare, potrebbe essere fatale. Se le persone sul barcone non sono calme, il rhib può allontanarsi per poi riavvicinarsi. Le peripezie non finiscono una volta che il trasbordo è completato, anzi iniziano proprio in quel momento in un certo senso. I migranti soccorsi trovano medici e infermieri, e si tranquillizzano solo quando capiscono che l'intenzione non è quella di riportarli in Libia, preferirebbero affogare pur di tornarci.

Queste persone hanno alle spalle viaggi di mesi, a volte di molti anni, sono esauste. Quando c'è di mezzo la vita, non si guarda in faccia nessuno. Magari individui diversi, che parlano lingue diverse, possono contendersi un posto meno rischioso sul barcone o meno assolato sulla nave. I contrasti possono nascere sul cibo o per la fila verso i bagni: quando sei stanco e nervoso ci vuole un attimo perché si inizi a discutere – capita a me dopo una lunga giornata, è comprensibile che capiti a chi ne ha viste di cotte e di crude e non ne può davvero più – e ancor meno perché la situazione sfugga di mano. I volontari devono essere molto bravi a calmare le acque, in tutti i sensi. Una condizione critica, con persone che si buttavano in mare per cercare inutilmente di raggiungere la costa e con presunte possibilità di suicidio, è stata la causa primaria che ha portato Carola Rackete alla scelta di forzare il blocco e al caso che ben conosciamo. Una situazione analoga si è verificata a bordo di Open Arms in quell'agosto 2019: decine di giorni in mare, un'altalena di paura, speranza e delusione per persone come Amid, Karel, Kiki, Saoul, scappati dal Sudan, dalla Guinea o dal Mali, al terzo o al quarto viaggio che le volte precedenti, erano stati riportati indietro dalla Guardia costiera libica, rinchiusi nuovamente nei centri di detenzione, costretti a subire dolori indicibili e a ripagare per uscire.

Persone come Benjamin, 25 anni, che non riusciva a reggersi in piedi perché le guardie lo avevano preso a colpi di mitraglietta durante un tentativo di fuga. O Rabiya, scappata dall'Etiopia, con due gemelline di appena nove mesi nate in Libia. Mi ha particolarmente colpito la storia di un'altra bambina che è arrivata gattonando su uno degli assetti della società civile e ha fatto i suoi primi passi a bordo. Avrà un equilibrio pazzesco. E ancora Adel, 16 anni, originario del Sudan. Al personale di Medici senza frontiere ha raccontato di aver lasciato il Sudan dopo che il padre era stato ucciso davanti ai suoi occhi durante un attacco al villaggio, che sua madre e i suoi fratelli vivevano in un campo di rifugiati e che aveva un fratello più grande andato in Libia prima di lui, di cui non aveva più notizia. Aveva impiegato sette giorni per attraversare il Sahara, con un pezzo di pane solo due volte e un litro di acqua da dividere tra 33 persone. Aveva visto uccidere un uomo che viaggiava con lui senza motivo. Era stato arrestato e costretto a pagare più volte per la sua liberazione. Aveva tentato di attraversare il mare due volte ma era sempre stato riportato indietro e la seconda volta chiuso in un centro di detenzione a Tajoura. Era lì quando era finito sotto le bombe. Era riuscito a scappare tra i morti, aveva corso a piedi nudi tra le fiamme e ancora mostrava le cicatrici sui piedi. Desiderava arrivare in un Paese dove poter trovare un lavoro e mantenere lui e la sua famiglia.

A farsi garanti della trasparenza e raccontare le loro storie senza essere invasivi sono i giornalisti e le giornaliste che hanno accompagnato Mare Jonio e le altre navi umanitarie in tutte le missioni, possibilmente uno di una testata cartacea e uno di una televisione, tra gli altri Nello Scavo e Angela Caponnetto.

Mentre Cecilia parlava con me e il mio babbo, gli altri marinai e i membri dell'equipaggio andavano su e giù per la nave come api laboriose per ultimare al più presto i preparativi. Quelli delle navi sono spesso spazi angusti, mi ricordo che in alcuni punti faticavamo a parlare in tre senza stare appiccicati. Ho pensato a quanto doveva essere difficile quando a bordo della stessa nave ci fossero magari anche un centinaio di persone in più, costrette a rimanere sul ponte per giorni dall'inerzia politica italiana ed europea.

Solo alla fine della mattinata ho realizzato che la persona con cui stavo parlando era Cecilia Strada, di cui avevo sentito parlare ma che non avevo mai visto in foto. Mi hanno molto colpito la sua gentilezza, la sua chiarezza e compostezza. Mi ha regalato una delle sue maglie di Mediterranea Saving Humans, abbiamo registrato un breve video che è stato condiviso da comitati, movimenti, collettivi, associazioni e realtà in tutta la Penisola.

Mi fa tuttora sorridere pensare al fatto che a mettere "in crisi" coloro che siedono nelle stanze del potere a Roma e l'inefficiente sistema europeo di accoglienza siano una quindicina di persone coraggiose, cittadini comuni che hanno deciso di dedicare il loro tempo, ricevendo attacchi che potevano risparmiarsi, per portare umanità laddove umanità non c'è più. Questi sono i volontari di Mediterranea, di ResQ, di Sea-Watch, Open Arms, Sos Méditerranée, Sea-Eye, Médecins Sans Frontières, Emergency. Portatori di umanità, di aiuto, di speranza. Non pirati, non criminali, non trafficanti. Sono gli occhi e la voce della rotta più letale del mondo.

«Proprio perché non sappiamo esattamente cosa accade nel Mediterraneo centrale è fondamentale che ci siano sempre più barche in mare. Dovrebbero esserci le navi della capitaneria di porto, le navi militari, ma queste navi non ci sono. Allora andiamoci noi» ho sentito dire una volta a Maso Notarianni, giornalista che da sempre condivide la battaglia delle Ong. La società civile si occupa di colmare i vuoti istituzionali, a terra, in mare e perfino in cielo. Quando il sistema fallisce sono i singoli a prendere iniziativa e a provare a cambiare le cose. Oggi, di fatto, non ci sarebbe un reale soccorso marittimo nel Mediterraneo. Le navi umanitarie spezzano la catena del traffico di essere umani, non la alimentano. Guadagnando cosa? Guadagnando niente, faticando tanto e prendendosi insulti. Nel 2016-2017 c'erano fino a 12 navi della società civile nel Mediterraneo. Erano coordinate da uno dei migliori corpi di soccorso in mare del mondo, la Guardia costiera italiana. Ora in mare si è soli, senza direttive, senza informazioni.

In occasione del caso Open Arms dell'agosto 2019, un verdetto senza precedenti del Tar del Lazio ha disintegrato l'unità di facciata esibita dal governo giallo-verde nei precedenti casi di divieti e dato una forte spallata ai decreti sicurezza: «eccesso di potere per travisamento dei fatti e violazione delle norme di diritto internazionale del mare in materia di soccorso». Il provvedimento contesta il principio per cui una nave che soccorre un'imbarcazione a rischio possa essere considerata offensiva per la sicurezza del Paese. Negli stessi giorni si era pronunciato anche il tribunale dei minori di Palermo, che aveva definito «un respingimento vietato dalla legge il loro trattenimento a bordo della nave al limite delle acque territoriali italiane».

Nel frattempo la campagna on line *Fateli scendere!*, lanciata dagli avvocati di Mga, il sindacato nazionale forense, aveva raggiunto migliaia di sostenitori. Il 20 agosto 2019, dopo 19 lunghissimi giorni di attesa al di fuori delle acque territoriali e a seguito di un incontro tra il procuratore capo di Agrigento, lo staff di medici saliti a bordo e i vertici della Capitaneria, in cui tutti gli attori si sono resi conto dell'insostenibilità della situazione, le persone soccorse da Open Arms raggiunsero la terraferma. Ad attenderle, come spesso era accaduto, c'era anche il don di Lampedusa.

Diverse frasi di Carmelo La Magra, parroco sull'sola, mi hanno stupito negli anni «Non è lo straniero che ci fa paura, ma il povero» è una di esse: uno svizzero non è visto come un extracomunitario. O ancora «Andare al molo ci evita di sprofondare nel precipizio, di non fare parte di una società chiusa, quello è il posto dove dovremmo essere. Quel posto mi salva, ancora prima di salvare gli altri».

Fratelli tutti

Leggendo i racconti sullo straordinario operato di personaggi come don Carmelo La Magra, don Roberto Malgesini, don Luciano Allais, don Joshtrom Kureethadam, don Luca Cappiello o come il mio amico don Mattia Ferrari, che passano la vita ad aiutare gli ultimi o che nella quotidianità si prodigano per il prossimo, penso all'importanza della Chiesa nell'ambito del soccorso in mare e della solidarietà più in generale. È per questo motivo che Mediterranea sin dalle prime operazioni con la nave Mare Jonio aveva chiesto di avere un cappellano, richiesta sostenuta, tra i molti, dagli arcivescovi Corrado Lorefice ed Erio Castellucci e dal cardinale Matteo Zuppi. Certo, lo stesso non si può dire per i cardinali Raymond Burke, Walter Brandmüller e compagnia bella.

Il discorso chiaramente non si limita al cattolicesimo e nemmeno al cristianesimo: la Chiesa luterana tedesca è tra i maggiori sostenitori e finanziatori di Sea-Watch. A dicembre 2020 l'Unione buddhista italiana ha deciso di donare 100 000 euro a ResQ in occasione di una maratona di nove ore pensata per raccogliere fondi e rendere operativa una nuova nave umanitaria. A Torino, ad esempio, le moschee sono parte integrante e fondamentale per la distribuzione ai più bisognosi del cibo recuperato da Solidarietà alimentare. E ancora il Gruppo Abele fondato da don Luigi Ciotti, la Caritas, ospedali come il Cottolengo o il Martini, le attività dei missionari, gli oratori, il Sermig, che è tra i posti che preferisco in assoluto della mia città.

L'apporto della Chiesa cattolica, e delle comunità religiose più in generale, è fenomenale. E non solo in ambito cittadino o nel soccorso in mare. L'enciclica *Laudato si'*, firmata il 24 maggio 2015 – giorno che come Fridays curiosamente avremmo poi scelto per il nostro secondo sciopero globale – e pubblicata il 18 giugno, data di inizio del Ramadan, per dare un segnale di apertura e fratellanza, analizza concetti fondamentali come l'ecologia integrale e segna il cammino verso un futuro di giustizia climatica e sociale. Questa visione ha portato al susseguirsi di eventi importantissimi, il Sinodo panamazzonico, e iniziative inedite, come ad esempio Casacomune, associazione nata proprio per dare espressione ai valori espressi nell'enciclica. A quasi due anni di distanza mi ha sinceramente colpito rileggere l'intervista rilasciata dal papa a Domenico Agasso su *La Stampa*. Dopo aver parlato di Overshoot Day, il giornalista chiese a Bergoglio: «Santità, che cosa teme più di tutto per il nostro Pianeta?» «La scomparsa della biodiversità. Nuove malattie letali. Una deriva e una devastazione della natura che potranno portare alla morte dell'umanità». C'è un'intima relazione tra i poveri e la fragilità del pianeta. Rispondendo alla domanda successiva, il papa si dichiarò stupito da un cartello visto nelle piazze di Fridays for Future: *Il futuro siamo noi!*

Eravamo seduti su un muretto della Certosa di Avigliana, quando Luigi Ciotti, che col tempo è divenuto un amico e una guida, mi parlò della sua visita a Roma dopo l'ultima fumata bianca. Mi raccontò che la prima volta che il papa l'aveva chiamato al telefono aveva esordito dicendo: «Scusa se ti disturbo Luigi, so che la tua agenda è molto piena...». Prima di andare a incontrarlo di persona, Ciotti aveva pensato di andare a comprare qualche confezione di caffè in un negozietto in centro a Torino. Diversi mesi dopo, tornando in quel negozietto, il personale gli si avvicinò con foga – che non è mai una grandissima idea quando c'è di mezzo una persona costantemente sotto scorta. «Mi fecero vedere la foto di una lettera che era arrivata in negozio. C'era scritto qualcosa come «Il buon Luigi Ciotti mi ha portato un poco di caffè. Me lo sono fatto, molto buono grazie». Firmato: papa Francesco. Credo che da quel momento in poi quel piccolo negozio del centro sia diventato uno dei fornitori ufficiali di caffè del Vaticano, o qualcosa del genere. Sono i piccoli ma straordinari gesti di questo papa e delle persone che gli stanno vicino. Anche Max Casacci un giorno mi ha raccontato che dopo aver parlato un po' del suo progetto *Earthphonia*, Carlo Petrini gli aveva detto «Questo lo facciamo sentire a Francesco, credo gli piacerà molto!». «Francesco chi?» aveva domandato Max. «Il papa» aveva specificato Petrini, come se nulla fosse.

Papa Francesco sceglie di stare dalla parte dei deboli, contro i poteri forti – anche se questi si dichiarano cristiani. Fratelli Tutti, la sua terza enciclica, è un atto di coraggio sempre rimandato al pensiero teologico e mai declinato nella pratica prima d'ora. Qualcuno dice che è il programma laburista politico più importante realizzato negli ultimi vent'anni. Di sicuro, il messaggio che emerge è che o ci si salva tutti, o non si salva nessuno.

Non è un caso che al successore di Pietro stia molto a cuore la questione delle migrazioni attraverso il mare: tutta la sua famiglia ha origini piemontesi. I suoi nonni e suo papà nel 1928 decisero di mettersi in viaggio per l'Argentina, dove i fratelli avevano avviato una fiorente attività di pavimentazione. Da Torino avevano prenotato una nave in partenza da Genova, che però non riuscirono a prendere perché non avevano ancora venduto tutto ciò che possedevano. Quella nave, la famosa Principessa Mafalda, colò a picco con centinaia di italiani a bordo al largo delle coste del Brasile. Si imbarcarono sulla Giulio Cesare il 1 febbraio del 1929. Ed è grazie a questa fortunata coincidenza che oggi abbiamo papa Francesco. A Buenos Aires vennero accolti all'Hotel de migrantes, un centro di accoglienza non molto diverso da quelli che vediamo oggi nel Sud Italia. Questa è una storia comune a quella di molte famiglie italiane – anche noi in casa abbiamo una vecchia foto incorniciata di parenti partiti per l'Argentina – che ci ricorda di quando siamo stati migranti e della situazione che rimanda subito alla mente quella odierna.

Nei primi giorni del 2019 Bergoglio si è speso per i migranti a bordo di Sea-Watch e Sea-Eye, che si trovavano in mare aperto da giorni senza un porto sicuro. Nell'Angelus aveva rivolto «un accorato appello ai leader europei, perché dimostrino concreta solidarietà nei confronti di 49 persone che da parecchi giorni sono a bordo di due navi nel Mediterraneo». Il vescovo di Torino Cesare Nosiglia aveva dato la disponibilità ad accogliere alcune delle famiglie che si trovavano a bordo delle navi, così come era accaduto per la Diciotti nel 2018, volendo lanciare un segnale preciso alle autorità istituzionali sul significato dell'accoglienza.

«Non bisogna mai tralasciare il diritto più importante di tutti: quello alla vita. [...] Vanno seguiti dei criteri. Primo: ricevere, che è un compito cristiano, evangelico. Le porte vanno aperte, non chiuse. Secondo: accompagnare. Terzo: promuovere. Quarto: integrare. Allo stesso tempo, i governi devono pensare e agire con prudenza, che è una virtù di governo» aveva aggiunto papa Francesco nell'intervista precedentemente citata.

«I cattolici stanno con chi salva le vite» aveva ribadito padre Bartolomeo Sorge, recentemente scomparso, commentando la condanna del Papa sul bombardamento di un centro di detenzione di migranti in Libia e la richiesta di aprire corridoi umanitari. I soggetti organizzatori, la Federazione delle Chiese evangeliche in Italia, la Tavola valdese e la Comunità di Sant'Egidio, sono gli stessi che da anni evacuano con successo rifugiati siriani dal Libano e hanno, quindi, tutte le carte in regola per gestire accoglienza e ricollocamento di persone nei vari Paesi europei senza gravare sullo Stato italiano.

Sempre nell'agosto 2019, proprio con Luigi Ciotti, Libera e molte altre realtà abbiamo portato avanti il messaggio «La disumanità non può diventare legge» in vista della conversione in legge del decreto Sicurezza bis poi votato dalla maggioranza giallo-verde. Volevamo lanciare un segnale forte e provare a scuotere l'opinione pubblica. Alcune leggi e norme, per esempio quelle che reputano legale inquinare il Pianeta, distruggendo la vita sulla Terra, o ledono i diritti, vanno sfidate. Il decreto Sicurezza bis rientra a tutti gli effetti all'interno di questa considerazione, tanto da essere stato oggetto di un report di una squadra speciale dell'Onu per poi essere giudicato come parzialmente incostituzionale. «Abbiamo il dovere di disobbedire alle leggi ingiuste» diceva Martin Luther King jr. Anche questa è disobbedienza civile, intesa come rifiuto pacifico di un cittadino a obbedire a leggi che ritiene sbagliate. Nella maggior parte dei casi è proprio l'ultima spiaggia, quando nient'altro sembra poter funzionare. In effetti, con i decreti Sicurezza e più in generale con le politiche sociali e ambientali attuali, abbiamo davvero toccato il fondo.

Ad aprile 2020, il Papa, che aveva già compiuto un gesto inatteso facendo appendere all'interno del Palazzo apostolico una croce realizzata con un giubbotto salvagente recuperato in mare dalla barca a vela Alex (poi sequestrata sulla base dei decreti sicurezza e infine riconsegnata), ha direttamente risposto con una lettera a Luca Casarini, capomissione di Mediterranea. «Caro fratello, sono vicino a te a ai tuoi compagni. Grazie per tutto quello che fate. Vorrei dirVi che sono a disposizione per dare una mano sempre. Contate su di me».

Devo dire che, anche se non lo sono mai stato, con questo papa mi sento un po' credente pure io.

(In)sicurezza

Nello stesso giorno in cui è stata approvata la conversione in legge del decreto Sicurezza bis, 150 persone morirono affogate di fronte alle coste libiche. Ho ritrovato parte di un testo che avevo buttato giù quel giorno: «Con loro è affogata anche la nostra umanità, la nostra accoglienza, la nostra indifferenza. Pensate a 150 persone morte. 150. Morte. Non se ne è parlato così tanto. Forse non ha scosso così tanto. Sinceramente a me ha scosso eccome, e spero sia lo stesso per tanti altri. Scrivo il capitolo di oggi con gli occhi lucidi».

Fortunatamente, a poche ore di distanza, un motopeschereccio italiano soccorse 50 migranti in difficoltà. L'equipaggio aveva teso la mano senza esitare, non solo per etica ma per il dovere morale della storica legge del mare e delle Convenzioni internazionali: chiunque necessiti di aiuto in mare va soccorso e portato al porto sicuro più vicino. Punto. «Non è la prima volta, noi soccorriamo con tutto il cuore i migranti in difficoltà, e lo facciamo anche come omaggio alla memoria di mio figlio morto. Navighiamo nello stesso mare, quello dell'umanità» dichiarò Carlo Giarratano, capitano della nave, incarnando lo spirito siciliano accogliente e ospitale.

Anche le Ong, seppur in forma diversa, praticano talvolta la disobbedienza civile. Come nel caso dei decreti Sicurezza, che sicurezza ce l'hanno solo nel nome. Non c'era alternativa al disubbidire, nel marzo 2019, all'ordine consegnato all'alba dalla Finanza a Mediterranea, che imponeva di arrestare i motori prima di fare ingresso nelle acque territoriali italiane. «Non potevo certo fermarmi in mezzo al mare in tempesta. Ma a Roma sanno cosa significa avere 50 naufraghi a bordo?» disse Pietro Marrone, capitano della Mare Jonio. Era necessario mettersi al riparo vicino a Lampedusa. «In quello specchio d'acqua ho perso mio cugino. Con il mare non si scherza».

Pietro quando parla centellina le parole. Non dice nulla di più e nulla di meno di quanto vuole e ritiene saggio. Con i quarant'anni di mare che ha sulle spalle, ne ha viste tante: screzi con tunisini e libici per la pesca. Una volta gli hanno crivellato la barca di colpi. Le imbarcazioni da altura di 40-45 metri, su cui a lungo è stato, possono rimanere in mare per mesi e mesi. I pescatori sono le sentinelle del mare, i suoi custodi primari, i guardiani di chi lo attraversa. Il loro ruolo è essenziale. Pietro Marrone va per mare da quando è piccolo e di persone in difficoltà ne ha aiutate moltissime, avvertendo sempre le autorità. Però adesso il vento è cambiato. Le istituzioni pensano a fare altro. «Credono di giocare, mentre la gente muore in mare. È assurdo».

Incontrai Pietro la mia seconda volta su Mare Jonio. Raggiungere il porto consortile di Augusta, dove la nave era attraccata, è stato sicuramente più arduo che attraversare in pullman la Cambogia da Nord a Sud. Rispetto alla prima volta, quando la partenza della missione era imminente e l'agitazione che porta con sé si faceva sentire, avevo potuto girare la nave da cima a fondo più volte, dalle cuccette dell'equipaggio in fondo fin quasi a toccare la bandiera. Mi fermai sul ponte più alto a leggere, a pensare, alla ricerca della poca aria fresca che una torrida giornata di metà agosto in Sicilia potesse regalare. Giorgio Morana mi ha illustrato ogni singolo strumento presente in sala macchine, uno dei posti più caldi dove sia stato in tutta la vita. Ricevetti un invito per pranzo. L'ospitalità dei siciliani è leggenda. Avevo portato un bel vassoio di paste di mandorla da mangiare insieme, in cambio il capitano mi regalò una delle maglie blu dell'equipaggio, con il logo piccolo di Mediterranea davanti e la scritta *crew* dietro.

Qualche volta ho sentito dire che ci sono tre tipi di uomini: quelli che vivono davanti al mare, quelli che si spingono dentro il mare, e quelli che dal mare riescono a tornare. Forse Pietro Marrone riesce a essere tutti e tre al contempo. Prima di ripartire, mi fermai ancora un attimo a parlare con lui. «Le vedi quelle navi laggiù?». Alzò il braccio e sottopose alla mia attenzione ciò che sia il suo dito che le nuvole sopra di noi, allineate in modo bizzarro, sembravano indicare. Erano fregate della marina militare italiana, lunghe decine, forse centinaia di metri, imponenti castelli grigi sull'acqua. Ne abbiamo contante 8 o 9. «È qualche mese ormai che sono qua» mi disse in dialetto. «Non le ho mai viste uscire dal porto».

«A bordo giustamente c'è sempre del personale che noi Stato e cittadini paghiamo. Perché non ci vanno loro a soccorrere le persone? Cosa le teniamo lì a fare?». Me lo disse in maniera chiara, schietta, diretta, semplice. Altrettanto semplice e scontata era ed è però la risposta. Non c'è l'interesse politico per farlo.

Se la presenza delle navi governative fosse certa e costante, e a maggior ragione se venisse istituita una missione europea di salvataggio, le persone delle Ong tornerebbero a fare quello che stavano facendo prima o andrebbero a fare altro. «Vorrei solo che non ci fosse bisogno di noi e del nostro operato» mi aveva detto Cecilia Strada. Cioè che le persone non muoiano più nel Mediterraneo.

La colpa è dei militari o delle forze dell'ordine? No, buona parte di loro vorrebbe essere in mare ed è avvilita per questo. Negli ultimi anni la Guardia costiera e la Guardia di finanza hanno salvato decine di migliaia di persone. «Ci emoziona salvare tante vite umane» aveva detto Antonio Morana, tenente di vascello.

Come nel caso di Extinction Rebellion, spesso la solidarietà supera le divise e gli stereotipi. Quando una motovedetta si avvicinò alla Alex di Mediterranea per notificare il divieto di ingresso (perché non te lo possono comunicare via radio, c'è anche questa assurdità), un agente e un soccorritore si erano guardati ed emozionati. «Grazie per quello che fate» aveva detto il primo. Quella notte alla Alex si accostò un'imbarcazione delle forze dell'ordine a luci spente portando viveri all'equipaggio e alle altre 60 persone a bordo, ormai stremate. I protagonisti di questo gesto hanno chiesto di rimanere anonimi per paura e precauzione di ritorsioni dall'alto. Perché siamo arrivati a questo punto: chi porta solidarietà e umanità è costretto a temere intimidazioni o ripicche.

Ho sempre pensato che bisognerebbe essere diffidati dal far male a qualcuno. E invece alcuni di noi sono stati diffidati dal salvare vite. Non vali niente se non difendi chi non vale niente agli occhi del mondo. Gli uomini di mare sono uomini di mare e sanno quanto sia importante salvare le persone che si trovano in difficoltà, per un qualsivoglia motivo, e portarle a terra. È l'unica cosa che conta. Non c'è altro da fare. Poi a terra c'è tutto il tempo per discutere ma prima si salva.

È con questo messaggio che lasciai la Mare Jonio.

Perché salvare vite è un dovere

Mentre nei talk show ci si scanna su chi dovrebbe occuparsi dei salvataggi e perché o se sono sufficienti le ragioni che spingono le persone a partire, quelle stesse persone muoiono. Le navi cariche di umanità, delle Ong e non, sono state etichettate come l'origine di tutti i mali, bersaglio preferito della macchina del fango populista. È stato detto che sono finanziate da ricchi ebrei allo scopo di destabilizzare gli equilibri europei, sono state accusate di essere in combutta con miliziani e trafficanti. Quello che è più ridicolo – ripeterlo non fa mai male, forse solo un po' al cuore – è che invece sono proprio i governi europei, a partire da quello italiano, a finanziare, sostenere ed equipaggiare le milizie in questione. Alcuni politici, poi divenuti ministri della nostra Repubblica, hanno perfino definito queste imbarcazioni "taxi del mare" o "crociere". Come se scorrazzassero turisti in giro per il Mediterraneo come le grandi navi, contro cui si batte il movimento con sede a Venezia.

Anche se forse è un pensiero infelice, quando sento certi uomini coniare termini di questo tipo o dire che le imbarcazioni utilizzate da chi tenta la traversata sono perfettamente idonee alla navigazione, penso che dovrebbero andare lì e vedere con i loro stessi occhi. Cosa si prova a stare su un gommone sovraccarico, col mare agitato, mentre le assi di legno precariamente avvitate sfregano contro le camere d'aria fino a quando queste non si rompono? Come vi sentireste su una barca simile, senza un equipaggio competente, senza giubbotti di salvataggio, senza acqua, senza neanche il carburante necessario per il giorno successivo? Come vi sentireste se, su un'imbarcazione del genere, non sapeste nuotare, e il gommone si riempisse di falle e cominciasse ad affondare? E soprattutto, se vi trovaste a pelo d'acqua, in balia delle onde, in quel grande deserto blu sempre più vuoto, non vorreste che qualcuno venisse a salvarvi? Sì o no? La risposta viene da sé. Ed è per questo motivo che, sfidando le avversità, tante organizzazioni hanno deciso di provare a mettere una nave in mare, tra cui ResQ, così bella perché nasce dalla spontaneità.

Il concetto più semplice contiene il messaggio più potente: non si tratta di discutere sulla nostra visione dell'immigrazione, si tratta di salvare persone. Il Mediterraneo dovrebbe essere patrimonio europeo, nel nostro mare non dovrebbe morire nessuno.

«Nasciamo per smettere il prima possibile» ha specificato Luciano Scalettari, presidente di ResQ. Smettere di fare quello che tutti insieme stanno facendo sarebbe positivo, perché sinonimo della presenza di una missione istituzionale di ampio respiro, di rinnovato rispetto dei diritti fondamentali, di morti in mare pari a zero. Nel dibattito pubblico odierno, si parla di salvataggi in mare come se fosse una questione di opinione. Ma questo è profondamente sbagliato. «Le convenzioni internazionali in materia costituiscono un limite alla potestà legislativa e non possono costituire oggetto di deroga da parte dell'autorità politica» ha ribadito il procuratore di Agrigento Luigi Patronaggio a proposito degli obblighi di salvataggio delle vite in mare. Come è emerso nel caso Von Thalassa, la Convenzione di Amburgo non consente il rimpatrio in Libia dei migranti, ma al contrario impone di accompagnarli in un luogo sicuro, ed è uno dei cardini del principio di non respingimento. Non dirigersi verso il primo porto sicuro più sicuro non solo sarebbe eticamente scorretto, ma rappresenterebbe una violazione della Convenzione stessa. Da prendere in considerazione in questo ambito sono l'articolo 2 della nostra Costituzione, la Dichiarazione europea e universale dei diritti dell'uomo, la Convenzione di Montego Bay sul diritto del mare (1982), la Convenzione di Londra per la salvaguardia della vita in mare (1974), la già citata Convenzione Sar di Amburgo del 1979. L'articolo 98 della Convenzione delle

Nazioni unite sul diritto del mare stabilisce che ogni comandante è tenuto a fornire assistenza ai naufraghi, chiunque essi siano, se si trova nella ragionevole condizione di poterlo fare.

Facendo finta che questo principio fondamentale non esista, una certa narrativa prevedeva che si dicesse «Questa nave è olandese, perché non va in Olanda?», «Quest'altra è finanziata dalla Germania, facciamola sbarcare lì!». Come se navi di questo tipo potessero attraversare tutto il Mediterraneo, poi un pezzo di oceano e infine arrivare nel Mare del Nord con decine di persone fisicamente e mentalmente stremate. È buffo il fatto che sia bastato l'arrivo di Mediterranea con la sua Mare Jonio a far realizzare l'assurdità di queste affermazioni: dov'è che deve sbarcare una nave battente bandiera italiana?

Quando i giornalisti dicono a Pietro Marrone che si è assunto una bella responsabilità e che potrebbe dover affrontare un'inchiesta giudiziaria, lui risponde che la sua unica responsabilità in qualità di capitano era quella di proteggere e portare a terra la vita dei naufraghi e quella del suo equipaggio. «Non potevo certo metterli in pericolo con onde alte quasi tre metri». Conosce il mare, sa che è lui che comanda. Al ministro degli Interni, che sostiene che dovrebbero essere tutti arrestati, ha ribattuto dicendo che lui non ha mai avuto la sua stessa responsabilità. «Non salvare le persone è una stupidità, chi lo sostiene lo fa soltanto perché non ha mai guardato negli occhi un uomo che sta per annegare».

Al netto della propaganda da comizio, e di fronte alle convenzioni internazionali, le circolari a firma del ministro dell'Interno forniscono qualche appiglio giuridico al tentativo (mai riuscito) di chiudere i porti, legittimare i controlli libici e la consegna dei migranti alla Guardia costiera libica. Nel caso specifico, una direttiva *ad navem* era giunta dal Viminale a Mare Jonio: tutte le forze militari e di polizia erano chiamate ad agire per impedire a quella nave e al suo equipaggio di reiterare reati già commessi. Reati che però, nessun tribunale, aveva mai definito come tali.

Nei casi in cui, a causa della situazione a bordo non più tollerabile, un'imbarcazione aveva deciso di violare un blocco o entrare in porto anche se non gli era stato concesso, il capomissione e capitano sono stati indagati, accusati e processati per favoreggiamento all'immigrazione clandestina. Eppure, dopo mesi di limitazioni e attese, sono stati sistematicamente assolti. Questa trafila comune è il risultato dello scontro tra i decreti e le leggi italiane e il diritto internazionale. Peccato (per fortuna) che le convenzioni internazionali siano sovraordinate alle nostre leggi. A stabilirlo è anche l'articolo 10 della nostra stessa Costituzione: «L'ordinamento giuridico italiano si conforma alle norme del diritto internazionale generalmente riconosciute. La condizione giuridica dello straniero è regolata dalla legge in conformità delle norme e dei trattati internazionali».

In molti anni, a nessun capitano, capomissione o membro di un equipaggio è stato attribuito alcun reato. Alla fine, la legge internazionale prevale sempre. Sarebbe bello però che la politica arrivasse almeno il più delle volte prima di questa o quella corte.

Nonostante i sequestri, le minacce e i procedimenti giudiziari, sempre conclusisi in un nulla di fatto, fatta eccezione per un singolo rinvio a giudizio, le Ong non si sono fatte scoraggiare. Come società civile, infatti, non possiamo lasciare che la nostra frontiera europea e la definizione dei diritti umani siano in mano a nazionalisti di destra come quelli che occupavano il ministero dell'Interno italiano non molto tempo fa. Il soccorso in mare è un obbligo ai sensi del diritto internazionale e chi lo rispetta non può lasciarsi intimidire.

Se preferiamo non vedere

Le azioni non governative nel Mediterraneo sono partite con l'idea che il tema dell'informazione fosse il vero nodo della questione sin da quando hanno preso il mare: avevano la percezione che l'unica maniera di poter raccontare fosse andare lì dove accadono i fatti. Credo sia lo stesso spirito che muove i giornalisti d'inchiesta. I cronisti e reporter hanno sempre ricoperto un ruolo fondamentale a bordo delle navi del Mediterraneo, ma in molti adesso vorrebbero impedire loro di salire a bordo. «C'è una ragione: quando un cronista o una cronista sale su quelle navi nel Mediterraneo diventa i nostri occhi, diventa le nostre orecchie, fotografa la morte, fotografa il massacro, squarcia il velo dell'ipocrisia. Non è una casualità che il rapporto dell'osservatore del Viminale sui cronisti minacciati ci mandi a dire che nell'ultimo anno sono cresciute del 64% le minacce. E la maggioranza delle minacce via social arrivano contro le donne croniste. Angela Caponnetto, che ha raccontato cosa accade dentro e fuori l'isola di Lampedusa, Smaida Akan, giornalista di origine siriana, Karima Moual, Francesca Mannocchi, Nancy Porsia, Nadeesha Uyangoda. Lo ha raccontato Giuseppe Giulietti, presidente del sindacato dei giornalisti.

Sono le croniste che hanno coraggiosamente raccontato queste storie di fuga, di emarginazione e di morte. Come i membri degli equipaggi delle Ong, vengono aggredite con parole irriferibili. Loro raccontano i fatti, gli altri rispondono con minacce di morte, con parole di guerra. Questo significa che si teme chi mette assieme gli eventi, chi racconta la realtà delle cose rispetto a quella virtuale, chi costruisce i ponti dell'accoglienza rispetto a chi innalza i muri dell'odio. Avanza un potere che si fonda sull'ignoranza, sulla distruzione di ogni forma di competenza e che ha la paura come unico Dio.

Le minacce e gli insulti ai giornalisti sono drasticamente aumentati nel 2020. Oltre il 60% arriva dalla rete. Per aver svelato cosa accade dietro la foschia che appanna e circonda l'isola di Lampedusa, Angela Caponnetto è stata verbalmente assaltata con parole che non mi va di ripetere. Minacce di morte, attacchi aumentati dalla violenza politica. Qui ci sarebbe da ragionare sul fatto che sicuramente l'opinione pubblica è un qualcosa da indagare. È in parte frutto di una produzione, cui si è arrivati tramite la manipolazione della realtà, un racconto diverso e la tecnica di assuefazione all'orrore che piano piano vediamo andare a caduta. Altri reportage risultavano essere "troppo": dava fastidio vedere persone con corpi ustionati, che avevano subito abusi sessuali.

Nello Scavo, giornalista di *Avvenire*, è stato messo sotto scorta perché ha indagato su traffici di ogni natura, che vedono assieme 'ndrangheta, camorra, la vicenda della Libia e di Malta. È stato minacciato da quelli che sarebbero i nostri interlocutori libici e dai faccendieri maltesi. «Siamo diventati scomodi, perché oltre a raccontare un singolo naufragio, abbiamo provato a dare una visione d'insieme dei vari aspetti del fenomeno migratorio».

Grazie all'inchiesta di Andrea Palladino su *Domani*, nell'aprile 2021 è emerso che, pur non essendo iscritti al registro degli indagati, Nancy Porsia, Nello Scavo, Francesca Mannocchi, Sergio Scandura, Claudia Di Pasquale, Antonio Massari, Fausto Biloslavo e altri cronisti sono stati oggetti di intercettazioni trascritte e depositate dalla procura di Trapani, che ha così violato la riservatezza delle loro fonti e il segreto professionale, tutelato dal codice di procedura penale.

Andare lì dove accadono i fatti resta un problema di alcuni personaggi politici. La criminalizzazione del soccorso in mare deriva in buona parte dal motivo che essi vorrebbero togliere di mezzo testimoni importanti di una situazione difficilmente raccontabile. Bloccare le Ong in porto significa tenere imbavagliato chi solitamente è dove accadono le cose. Realizziamo che l'informazione non è una superflua questione tecnica o stilistica ma, al contrario un nodo fondamentale, questione di coraggio e di conflitto al pari della battaglia per i diritti umani. Un'informazione di larghe vedute è un ostacolo all'autoritarismo, motivo per cui giornalisti e giornaliste ogni settimana vengono uccisi in giro per il mondo per quello che raccontano. Giornalisti, cronisti, reporter sono minacciati perché illuminano zone oscurate, svelano menzogne, garantendo così diritto all'informazione e mostrando le paure di chi «ha bisogno della globalizzazione dell'indifferenza per erigere i muri dell'odio e del razzismo», come ha sottolineato papa Francesco.

Essi saranno sempre considerati parte integrante degli equipaggi, oltre che megafono.

Ci sono chiaramente anche delle cose su cui si può migliorare. Sui media mainstream si racconta pochissimo, ad esempio il motivo per cui incontriamo delle persone in mare, cosa le porta ad arrivare fin lì, appese a un filo sottile che oscilla tra la vita e la morte. Ancor meno ci si sforza a riferire che si tratta di persone: solitamente vengono considerate come numeri. Questa è una delle tecniche tipiche della disumanizzazione e delle pratiche di isolamento e annientamento della vita. Sono 100, 200, 500, 1000, ma solo in rari casi si riportano le loro storie.

Su altre cose bisognerebbe essere semplicemente più chiari, dobbiamo combattere la disinformazione. Faccio un esempio: si accusano le Ong di fungere da *pull factor* o *pull effect*. Di spingere queste persone a partire, di favorire gli scafisti, di essere un collettore di sogni che poi naufragano in mare. Sono le stesse accuse rivolte alla Guardia costiera italiana quando si occupava direttamente del discorso marittimo. Secondo questa teoria, in sostanza, le persone hanno iniziato a partire e tuttora sono incentivate a farlo unicamente perché in mare c'è qualcuno ad aspettarle, che sia una nave umanitaria o governativa, un peschereccio, un mercantile o altro. Diversi parlamentari e ministri, indipendentemente dal colore politico, hanno fatto uso di questa narrativa. In un incontro al Viminale, anche la ministra Lamorgese si è detta convinta che le attività di salvataggio delle Ong facciano aumentare le partenze dalla Libia.

È un'ipotesi semplice e interessante, peccato che sia sballata, e i dati lo dimostrano. Tanto per cominciare, non fa mai male ricordare che gli assetti civili sono arrivati nel Mediterraneo perché le persone continuavano a morire e ad affogare, e non il contrario. Numerosi studi sul rapporto tra il numero delle partenze e quello delle navi di soccorso in mare smentiscono l'ipotesi che partono più barche quando ci sono navi di soccorso a monitorare. Anche quando non c'è alcuna nave al largo, i barconi partono comunque.

Stando ai dati dell'Istituto per gli studi di politica internazionale (Ispi), tra il primo gennaio 2019 e il 14 luglio 2020 (un arco di 559 giorni, equivalente a più di un anno e mezzo), il numero di migranti partiti dalla Libia, quando c'erano navi Ong al largo, è indistinguibile da quello di chi lo ha fatto senza alcun assetto navale pronto a soccorrerli. Dopodiché il fatto che un barcone parta quando in mare c'è anche più di una nave umanitaria non significa che esso venga poi effettivamente individuato e soccorso da una di queste. In merito alle partenze, infatti, gli interventi delle Ong sono ancora più marginali rispetto ai grandi numeri. L'Ispi stima che, dei 3073 migranti arrivati in Italia da gennaio a luglio 2019, solo 248 siano stati soccorsi dalle Ong. Gli altri 2825 rientrano nei cosiddetti "sbarchi fantasma". Si tratta di uomini e donne riusciti a scappare alla morte in mare, al tritacarne mediatico, che meriterebbero comunque miglior sorte con una soluzione europea.

Quello di cui siamo certi, invece, è che meno navi di soccorso ci sono, più persone muoiono. Quando a una nave viene impedito o reso difficile fare quello per cui è stata pensata, o quando un giornalista non può raccontare, si allarga lo spazio per le *fake news* e la disinformazione. I giornalisti sono occhi, orecchie, messaggeri, rendono visibili gli invisibili, possono dare identità e dignità.

Far diventare il tema migratorio una diatriba politica è gravissimo, attaccare i giornalisti che semplicemente mostrano come si possano rispettare i diritti umani è ancora più grave. Il doppio diritto, quello del giornalista di scrivere e del cittadino di non rimanere nell'oscurità, va difeso. Non vanno lasciati soli, perché nel momento in cui arrivano l'oscurità e la delegittimazione, sopraggiungono gli attacchi e la criminalità. Le loro inchieste vanno firmate, sostenute, rilanciate.

Alan e Joseph, due nomi in un mare di numeri

Come quando si parla di crisi climatica, anche qui le immagini sono importantissime: possono arrivare al cuore delle persone, far vedere storie di vita e di morte, oltre qualsiasi numero o statistica. La fotografia di Nilüfer Demir, che ritrae su una spiaggia il corpicino senza vita di Alan Kurdi, ha fatto il giro del mondo ed è riuscita a scuotere l'opinione pubblica. La sua storia ripercorre alcune delle questioni che abbiamo affrontato nel libro, e racchiude quelle di molti altri, uomini, donne e bambini (solo di due di loro si conosce l'età, 9 e 11 anni) che quel giorno come Alan persero la vita.

Si presume che Alan sia nato il 3 giugno 2012 a Kobanê, in Siria. La famiglia del bambino, per sfuggire alla guerra civile e all'Isis, provò dapprima a trasferirsi nella parte nord della Siria, poi si stabilì in Turchia. Se vi ricordate, prima di intraprendere un lungo viaggio, le persone che fuggono tendono a non spostarsi di molto nella speranza di poter rientrare prima o poi a casa. Agli inizi del 2015, ritornarono proprio a Kobanê, ma nel giugno dello stesso anno si spostarono di nuovo in Turchia, a seguito di un attacco dello Stato islamico alla loro città natale.

Più di una volta i familiari di Alan Kurdi tentarono il ricongiungimento con i parenti già presenti a Vancouver, in Canada. Per diversi motivi, tra cui il visto di espatrio negato dalla Turchia, le autorità canadesi respinsero le richieste. Come accade spesso, in assenza di vie legali, quando ogni possibile alternativa si rivela una strada cieca e restare non è più un'opzione, si tenta la sorte in altro modo, rischiando la vita per scommettere su un futuro migliore. Nella notte del 2 settembre 2015, il gommone su cui viaggiavano Alan e la sua famiglia, sovraccarico e con pochi giubbotti di salvataggio, si capovolse pochi minuti dopo aver lasciato Bodrum, in Turchia.

L'immagine della fotografa Nilüfer Demir è il simbolo di un periodo buio. Si può dire altrettanto delle foto dei cadaveri recuperati avvolti in sacchi neri e del racconto dei medici, che li hanno dovuti aprire per dare via alle procedure di identificazione. Sono quei fatti che ti fanno scattare qualcosa dentro. Non si può stare fermi a guardare mentre le persone muoiono. Mi sono ritrovato nelle parole di un volontario di Sea-Watch che, alla mia domanda sul perché si fosse unito alla missione, ha semplicemente risposto: «I can't not come out here and try to do something».

Tuttavia, il tentativo di fare qualcosa da parte di coloro che erano e sono cittadini comuni viene ostacolato. Ogni volta che si effettua un salvataggio si assiste a un braccio di ferro sulla vita delle persone. E ogni volta, tornando in mezzo al mare, rischia di ripetersi una dinamica precedentemente vissuta o anche peggiore. Si tratta di questioni articolate, gestirle bene non è facile, ma ciò non toglie che si debba far morire la gente in mare, assumendo un approccio insensato e disumano. Sarebbe forse meglio non esserci, come se nulla esistesse, come se l'Europa non avesse alcuna responsabilità nell'imparare a gestirlo come fenomeno strutturale invece di considerarlo una finta invasione.

La fotografia del corpo di Alan trasportato dalle onde sulla spiaggia ha catturato un'attenzione singolare, ma se vi illudete che Alan Kurdi sia stato l'unico bambino ad andare incontro a questo terribile destino vi sbagliate. Se pensate che gli assetti civili non siano arrivati nel Mediterraneo conseguentemente alla morte di centinaia, migliaia di persone come Alan, vi sbagliate di nuovo.

Wassim, sopravvissuto, racconta: «Tenevo una neonata stretta a me quando qualcuno, già sott'acqua, ha tentato disperatamente di aggrapparsi ai miei pantaloni. Per divincolarmi dalla presa ho mollato la bambina per un'istante. Mi giro e lei era sparita. Annegata». È l'Europa che annega, assieme a quella bambina. Le Ong sono nate per portare soccorso laddove gli Stati nazionali falliscono. Ne è la prova la storia di Open Arms.

Il 2 settembre del 2015, Oscar Camps, bagnino catalano e proprietario di una società che rifornisce le spiagge spagnole di mezzi di soccorso, guardando con sua figlia la televisione vide le immagini del corpo di Alan Kurdi steso sulla sabbia. La figlia gli chiese: «Papà, tu fai questo lavoro, perché non lo hai salvato?». Nel giro di poche settimane Camps radunò attorno a sé una decina di altri soccorritori, raccolse 15 000 euro tra risparmi e donazioni e partì per Lesbo, al centro dell'emergenza. Con i suoi compagni nel tratto di mare tra Turchia e Grecia soccorse le persone, senza particolari strumenti, solo con la forza delle braccia e della propria determinazione. Nacque Open Arms. Corse veloce la notizia di un gruppo di bagnini che salvavano vite umane, e arrivarono le prime grandi donazioni. Comprarono prima dei giubbotti salvagente, poi dei gommoni, finché non venne donato loro un rimorchiatore di acciaio di 37 metri che, trasformato in ambulanza del mare, è diventato la loro nave bandiera.

Da allora non moltissimo è cambiato. Per quanto riguarda la rotta orientale, il dittatore Erdogan continua a utilizzare i migranti come strumento di ricatto, carne da cannone. Centinaia di persone tentano il mare e muoiono nel tentativo di raggiungere la Grecia, l'Italia, Malta, la Spagna. Dal 2016 l'Ong spagnola ha salvato oltre 60 000 esseri umani.

A novembre 2020, Open Arms ha condiviso un video in cui si vede una giovane donna, appena tratta in salvo su uno dei rhib del *rescue team*, che si sporge dal battello e urla disperata «Ho perso il mio bambino. Dov'è il mio bambino?». Intanto, in basso a destra nell'immagine, un bambino ripescato poco prima dal mare, vomita. È tipico di chi ha bevuto molta acqua salata. Viaggiavano in 116 su un gommone stracarico. Mentre arrivavano i soccorsi il fondo dell'imbarcazione si è spaccato e i migranti sono finiti tutti in acqua.

Aja era partita dalla Guinea Conakry. Suo marito era rimasto lì, l'avrebbe raggiunta presto. Si tratta di un racconto già sentito di tante giovanissime donne che affrontano da sole la traversata con bimbi piccolissimi e che spesso portano con sé il dolore e lo shock di una gravidanza frutto di violenza nei lager libici. La donna stringeva tra le braccia il suo piccolo, Joseph ma, quando lei è stata tirata su, il bimbo è scomparso tra le onde. «Priorità immediata, cercare un bambino» venne detto tra le radio. I soccorritori si tuffarono in mare, cosa che non dovrebbe mai accadere: come volontario, ho imparato l'importanza di salvaguardare *in primis* te stesso. Se sei in un determinato spazio e hai un determinato compito è perché ne hai le capacità e perché il tuo contributo può essere vitale. Se non ti proteggi e ti metti in pericolo, non sei in grado di aiutare altre persone. La situazione in cui ci sono naufraghi e soccorritori in acqua è il tipo di situazione più critica del soccorso in mare.

Joseph è stato trovato. Rianimato dal team di Emergency a bordo, doveva essere trasferito subito a terra. Momenti di grande emozione in infermeria: la ragazza passò dalla tragedia del naufragio alla felicità di riavere tra le braccia il figlio. L'incubo sembrava finito. Open Arms alle 16.02 dell'11 novembre 2020 ha chiesto l'evacuazione medica. Alle 20.15 il cuore di Joseph smise di battere. Era stato troppo tempo in acqua dopo giorni di navigazione. Aja non aveva ancora diciotto anni e fu travolta dal più enorme dei dolori. In tutta l'isola di Lampedusa all'inizio non c'era nemmeno una bara per lui, piccola e bianca. Venne fatta arrivare dalla Sicilia. Joseph rimarrà per sempre nel cimitero dei migranti. Ancora una volta ci si chiede cosa sarebbe accaduto se i soccorsi da terra fossero arrivati prima. In tutto ciò, con un tweet che si commenta da solo l'agenzia Frontex si è fatta i complimenti «per aver svolto un ruolo importante nel salvataggio di oltre 100 persone».

«Straziante la morte del piccolo Joseph e l'urlo di dolore di sua madre, vittime della furia immigrazionista. Saviano sa benissimo che sono le persone come lui a incentivare le partenze, a favorire il lavoro degli scafisti, che dicono ai disperati di stare tranquilli perché saranno salvati dalle navi delle Ong». Sono le parole che Giorgia Meloni ha utilizzato per commentare la morte di Joseph e delle altre 5 persone. Alla mia omonima e alla sua barbarie, incapace di fermare la propaganda nemmeno di fronte alla morte di un bambino di sei mesi, rispondo che dalla Guinea, uno dei 15 Paesi più poveri al mondo, si parte perché il 20% dei bambini è soggetto a problemi di malnutrizione, perché il 35% delle persone vive con meno di due dollari al giorno. Non perché si aspettano i post di Saviano o la presenza delle Ong nel Mediterraneo.

È difficile per noi immaginare cosa accada in mare. Per questo Open Arms ha deciso di condividere questo video. «Abbiamo riflettuto se fosse il caso di mostrare il grido del naufragio, il dolore e la disperazione. Abbiamo deciso di rendere pubblico quello che accade in quel tratto di mare perché i nostri occhi non siano i soli a vedere e perché si ponga fine a tutto questo subito». Vedere, ancora una volta, è più che ascoltare. Mostrare è più che raccontare. Si dice in questi casi che le parole sono insufficienti. Le immagini sono sufficienti? Trovo molto interessante e azzeccato l'esperimento di Saviano col suo libro *In mare non esistono taxi* (Contrasto, Milano 2019) in cui sono presenti numerose immagini e interviste ai fotografi che le hanno scattate.

Mentre scrivo la Mare Jonio è a Venezia per risolvere questioni tecniche. È diventata temporaneamente un museo per tutte le persone e realtà che hanno voglia di esplorarla. In una gelida e ventosa mattina di febbraio, dopo che la mia amica Giulia era partita, ho preso un vaporetto a Fondamenta Nove e sono sceso a La Certosa, l'isola dove era ormeggiata la nave. Anche in questa terza visita gli attivisti e le attiviste di Mediterranea a bordo – Monica, Pina, Sandro, Barbara – mi hanno accolto a braccia aperte. A nostra volta abbiamo accolto studenti e insegnati di Ca'Foscari e un gruppo di Padova, che erano venuti a vedere con gli occhi, toccare con mano, sentire le storie.

Due anni prima della morte di Joseph, dallo stesso mare, gli stessi soccorritori avevano ripescato una donna, si chiamava Josefa, terribile ricorrenza dei nomi. Anche allora abbiamo visto i suoi occhi pietrificati con i nostri. Josefa si salvò. La stessa giornata che ha segnato il cammino del piccolo Joseph ha strappato a Bangaly, sei anni, la madre, anche lei non ce l'ha fatta. Il giorno dopo, 64 persone sono annegate davanti a Homs, in Libia. Altre 20 al largo di Sorman.

«Mi fa impressione quando sento di barconi affondati nel Mediterraneo, magari 200 profughi di cui nessuno chiede nulla. Persone che diventano numeri anziché nomi. Come facevano i nazisti» ha detto Liliana Segre tracciando un paragone che deve farci venire i brividi, lei, superstite dell'Olocausto.

Certe immagini e suoni colpiscono il corpo, ci fanno venire la pelle d'oca, ma la strada che porta al cuore e alla testa è lunga. Oltre alla fotografia, anche la street art si è messa al servizio delle operazioni della società civile nel Mediterraneo, a partire da Tvboy e Banksy. Così anche il mondo dello sport: tra gli altri il cestista spagnolo Pau Gasol, i calciatori Claudio Marchisio e Paolo Maldini, il velista Giovanni Soldini. E tanti personaggi dello spettacolo e artisti, come Richard Gere, Coez, Margherita Vicario, Ghali, Lo Stato Sociale, Ariete, Diodato. In questo senso forse anche la musica può giocare un ruolo importante.

Odio e ignoranza eran la malattia

Ero a Roma l'ultimo 3 ottobre, divenuta Giornata nazionale in memoria delle vittime dell'immigrazione, in memoria del tragico naufragio avvenuto di fronte a Lampedusa, in cui persero la vita 366 persone. Pensando ad Alan, a Joseph e a tutte le persone, i bambini in particolare, morte in cerca di una vita migliore, con Enzo abbiamo deciso di cantare una canzone scritta assieme a un suo amico. Vi lascio qui sotto il testo.

Si udivan solo urla di bambini appena nati
C'era da giorni la rivolta per le strade di Bengasi
Da giorni mesi anni, regnava l'Inquisitore
Come un ospite abitava ogni dove
Samir chiese alla madre chi fosse il signore

L'imbarazzo fu tanto da bloccarle la voce
Alla fine non seppe rispondere:
«Figlio è la fame l'Inquisitore»
Presidenti, generali, ascoltate
Mentre voi litigate… la morte fa una sfilata
La vostra arroganza gliel'ha regalata
Mandate una colomba a salvar gli innocenti
Che non meritano questo dolore
Fu nell'indifferenza dei Paesi lontani
Che furon costretti a crescere come animali
E Samir quel giorno con la valigia nella mano
Si imbarcò per scappare e andare lontano
Otto anni e due giorni eran brutti ricordi
La speranza di trovare un po' di pane e fortuna
Era ciò che gli rimaneva in quello spicchio
di vita, scordata da Dio
Nelle notti passate tra le onde del mare
Si stringeva ai fratelli come fosse loro padre
Cercava di finger una lunga vacanza
e che alla fine, si potesse giocare
Alla fine del viaggio soltanto la nebbia
Odio e ignoranza eran la malattia
Un generale con la maschera della polizia
Li lasciò tutti della morte in balia
Ma Samir gli disse voi che parlate
Di libertà, di fratellanza e di pace
Fate un giro sulla mia barca
Poi vedremo alla fine del viaggio
Chi alla morte non tace.

Nella vita ho avuto tante fortune. Una delle più grandi è stata trovarmi nel posto giusto al momento giusto, all'alba del 28 agosto 2019. Sulla Mare Jonio, in mezzo al mare. Il posto giusto e il momento giusto, per una nave di soccorso, fanno la differenza tra la vita e la morte: fossimo arrivati un'ora dopo, li avremmo trovati ancora a galla? Se la nostra rotta fosse sta-

ta leggermente diversa, li avremmo trovati? Ma siamo arrivati nel posto giusto al momento giusto, e li abbiamo trovati: 98 persone, da due notti alla deriva. Erano i superstiti di un viaggio disperato: il mare se ne è portati via 9, prima che li trovassimo. I soccorritori li hanno fatti salire sulla nave, poi le docce per togliersi di dosso la benzina, il cambio di vestiti puliti, acqua per tutti, la dottoressa che inizia a visitarli, qualcosa da mangiare, poi la distribuzione di pannolini, biberon e giocattoli: c'erano tantissimi bambini. I più piccoli, pochi mesi: naufraghi col ciuccio, nati in un lager.
La colonna sonora del Mediterraneo sono grida di aiuto di uomini, donne e bambini in mezzo al mare. Il silenzio pesante delle autorità che, allertate, ritardano i soccorsi; il suono di un telefono che squilla a vuoto. Ma quel giorno sulla Mare Jonio ho sentito il suono della felicità: è l'applauso che parte quando diciamo ai naufraghi «Non vi riporteremo in Libia». È il «Grazie per averci salvato» sussurrato da una donna sfinita. È la risata dei bambini a bordo quando distribuiamo un orsetto, una macchinina, un giocattolo per uno. È il rumore del motore della Mare Jonio mentre porta via queste persone dall'inferno. E avanti tutta, verso un porto sicuro.

Cecilia Strada
Attivista, scrittrice, socia di ResQ

Mohammed è partito dall'Etiopia. Lì faceva parte del Fronte di liberazione degli Oromo. Anche lui messo su un gommone in Libia. Sono partiti in 15, hanno pagato 700 dollari ciascuno. I trafficanti hanno dato loro un gps dicendo: «Andate a Malta». È la prassi: a volte indicano di seguire le luci (si parte di notte). «Quella è l'Italia». Il panico a bordo comincia a diffondersi quando il giorno dopo ci si accorge che quelle luci non indicavano affatto la costa italiana, ma una delle gigantesche piattaforme petrolifere. Nel caso di Mohammed e dei suoi compagni, la benzina finì dopo poche ore di navigazione. Dopo non molto anche l'acqua e il cibo terminarono. Cominciarono a bere acqua di mare per dissetarsi. Fu l'inizio della fine: così comincia la morte in mare. È straziante realizzare di poter morire di sete quando a bloccarti è una gigantesca massa d'acqua che non puoi bere. Immaginateli Mohammed e Ismail, arsi dal sole e dalla sete, ultimi sopravvissuti su quel gommone di 6 metri dal quale sono stati costretti a buttare giù in mare i corpi senza vita degli altri compagni di viaggio.

In tutti quei giorni molte navi e aerei passarono vicino a loro, ma nessuno li vide. O forse qualcuno si girò dall'altra parte. Ismail si lasciò morire. Mohammed Adam Oga, etiope, trentott'anni, ce l'ha fatta. Un aereo vide il piccolo gommone blu e un elicottero delle forze armate maltesi arrivò prima che fosse troppo tardi. Mohammed al *Times of Malta* ha raccontato la sua storia. Una storia da brividi, conosciuta solo perché uno tra i 15 uomini e la donna incinta, partiti dalla spiaggia di Zawia, è sopravvissuto. Fosse morto anche lui non avremmo saputo niente di queste altre 14 persone finite a far compagnia ai pesci. Così si muore nel Mediterraneo centrale, ormai privo di un soccorso italiano o europeo, con gli assetti civili che riescono a individuare e salvare solo una percentuale minima di coloro che decidono di partire.

> Ero la medica a bordo di Mare Jonio durante la sua ottava missione. Avevamo un target, una segnalazione di imbarcazione in distress con migranti a bordo. Navigavamo da tanto, sperando di arrivare in tempo. Il giorno prima, dopo tante ore di navigazione verso un caso che ci era stato segnalato, eravamo arrivati troppo tardi. Mancava meno di un'ora quando la cosiddetta Guardia costiera libica arrivò. Velocissima, con le

motovedette fornite dall'Italia, li aveva raggiunti e riportati in Libia. Al nostro arrivo solo un gommone vuoto.
Avevamo quell'immagine ancora vivida nella mente e il senso di impotenza ancora schiacciante quando abbiamo incontrato il ragazzo.
Lo chiamiamo il ragazzo perché nessuno di noi sa il suo nome e nessuno lo saprà mai. Lo chiamiamo il ragazzo per tentare di ridargli un po' di quella dignità che di fatto non aveva più. Non era altro che un corpo già alterato dagli effetti che l'acqua provoca ai cadaveri. Galleggiava a braccia aperte, come a dire, a urlare, in silenzio in mezzo al mare «sono qui». Lo abbiamo segnalato alle autorità per il recupero, noi non eravamo attrezzati. Nessuno però l'ha mai recuperato. Perché, se sei un migrante in mezzo al mare, che tu viva o che tu muoia non interessa a nessuno. Se nessuno sa della tua morte né di chi è la colpa, è come se non fossi mai morto, anzi mai esistito.
Nel corso della settimana successiva abbiamo assistito ad altri tre pushbacks da parte della cosiddetta Guardia costiera libica. Su una di queste barche c'era un neonato, nato a bordo la sera prima. Quando, anche in quel caso, la cosiddetta Guardia è arrivata prima di noi, abbiamo offerto assistenza medica. La loro risposta sul canale radio pubblico è stata un'intimazione ad andarcene perché, se ci avessero visto, i naufraghi si sarebbero buttati in acqua e saremmo stati responsabili della loro morte.
Per fortuna, durante quella missione siamo arrivati in tempo per 110 sorelle e fratelli, ora in Europa.
Io però penso spesso a quelle persone riportate in Libia. Ricordo il senso di colpa e di impotenza per essere arrivati tardi. Non ha senso, lo so. Se queste persone si trovano in mare e vengono riportate nell'inferno libico, la colpa è di chi finanzia la cosiddetta Guardia costiera libica per i reati e i soprusi che

> commette. Per questo, finché ci sarà anche solo una persona in mare, Mediterranea tornerà a navigare. Finché ci sarà anche solo una persona detenuta illegalmente in Libia, Mediterranea continuerà a lottare.
>
> *Vanessa Guidi*
> Attivista e coordinatrice del team sanitario di Mediterranea

Lo spazio dei diritti

Ormai avrete capito che mi piacciono le immagini e la fotografia. Ho una memoria fotografica.

Mentre scrivevo è tornata a galla nel mare del mio dimenticatoio una foto incredibile. Ha fatto in poco tempo il giro del mondo ed è considerata uno degli scatti iconici del 2019. Ribattezzata da *La Repubblica* "Il trasbordo della vergogna", ritrae Fabrizio Gatti, cinquantasette anni, bresciano, volontario di Mediterranea, che durante un'operazione di soccorso innalza Simba, bimbo ivoriano, al cielo stellato in una notte di fine agosto, e sembra voler urlare all'Europa tutta: ecco chi stiamo respingendo, spiegateglielo voi a questo bimbo di quattro mesi perché non lo volete, perché vi fa paura, perché non c'è posto per lui.

Adesso Fabrizio si trova dalla parte opposta della Penisola, nella sua Brescia, alle prese con un altro mare in tempesta e con un'altra emergenza umanitaria. Con altre uomini e altre donne che affogano. Allora guidava un gommone di salvataggio e il *rescue team*, ora guida un'ambulanza e ha un equipaggio di tre persone. Fabrizio, così come Paola, Leticia, Alba, Giorgio, Isabel, Filippo, Juanfe, Inés e tante e tanti altri, è la risposta a chi dubita che le organizzazioni umanitarie siano impegnate anche nell'emergenza Covid-19. «Intervenire in terra o in mare per noi non cambia, si tratta di aiutare le persone». Ora che, oltre che i migranti, ad aver bisogno sono gli italiani, le Ong sono in prima linea. Giacomo Guidetti è passato da Sea-Watch a Codogno, ma la sua missione – salvare vite – è rimasta la stessa. Ha ribadito di credere molto nella società civile, che colma i buchi dove ce n'è bisogno, e quando gli hanno chiesto di partire per Codogno non ci ha pensato due volte.

Anche nella gestione della pandemia le Ong e i migranti soccorsi sono stati bersagli di misure e decisioni poco sensate. Sin dall'inizio, contrariamente alle imbarcazioni turistiche e commerciali, che sbarcavano tranquillamente, le navi umanitarie sono state obbligate a fare la quarantena. Quando in Italia erano appena scoppiati i primi focolai, gli assetti delle Ong che non toccavano terra in diversi casi da oltre 15 giorni erano forse i luoghi più sicuri. A bordo c'era la difficoltà di spiegare ai migranti che forse si voleva proteggere loro dall'Italia e non l'Italia da loro.

Anche quella delle navi quarantena si è rivelata una scelta infelice. Sulla nave Allegra – e il nome dice tutto – si è consumata l'ennesima tragedia. La storia di Abou Dramane Diakite comincia nel 2017 a Daloa, centro agricolo della Costa d'Avorio. A tredici anni inizia la traversata che migliaia di persone intraprendono verso l'Europa. Il viaggio dura più di un anno. Mali, Algeria, incontra un gruppo di ragazzi ivoriani che come lui parlano il bambara. Poi la Libia, sei o sette mesi nell'incubo dei centri di detenzione. A settembre 2020 si imbarca su un gommone, viene soccorso 48 ore dopo da Open Arms. Finalmente l'Italia. Ma prima dieci giorni a bordo della nave Allegra, dove anche i minorenni trascorrono la quarantena ammassati a centinaia di altri migranti e sulla quale c'è un dottore ogni 600 persone. Abou non parla più, è denutrito, il suo corpo è martoriato da segni di tortura, denutrizione e disidratazione. Il 28 settembre un medico realizza che la situazione è grave. Il giorno dopo viene trasferito d'urgenza in ospedale. Psicologi e mediatori culturali provano a comunicare con lui, ma il ragazzo non risponde. Il giorno dopo entra in coma. Abou muore alle 15,30 del 5 ottobre. Abou aveva quindici anni.

Queste storie interrogano la coscienza sporca dell'Europa, che sa perfettamente che cosa avviene tutti i giorni nel bel mezzo del Mediterraneo, ma non trova un modo per fermare l'ecatombe. Rammenta le migliaia di invisibili cui la sorte non concede neanche la dignità di un nome e di una storia: finiscono in fondo al mare, oppure intercettati dalla Guardia costiera libica e riportati nei centri di detenzione.

L'Europa, come esposto nella denuncia presentata da Juan Branco e Omer Shatz alla Corte penale dell'Aia per crimini contro l'umanità a giugno del 2019, è coscientemente responsabile delle morti per annegamento, dei respingimenti sia in Libia che lungo le rotte balcaniche, dei conseguenti crimini contro le persone respinte. Vediamo la politica italiana esprimere accorate parole di cordoglio per casi particolarmente drammatici, come la morte del piccolo Joseph o l'abbandono dei rifugiati nel campo di Lipa in Bosnia, ma non possiamo fare a meno di notare la sua ignavia, quando si tratta di intervenire con i fatti.

In questi anni, col passare del tempo, deve esserci sembrato normale il rischio che qualcuno morisse sotto la soglia di casa nostra. Che le persone affogassero mentre credevano che da queste parti comandasse l'umanità e non il consenso spicciolo, il voto imminente. È una cosa che più ci penso e più mi vengono i brividi. Abbiamo trasformato le persone in numeri, e ci siamo fatti entrare le loro storie da un orecchio e uscire dall'altro.

Io dalla finestra di casa non vedo il mare, ma penso spesso al Mediterraneo e alla gente che lo attraversa; donne, uomini, bambini e anziani, persone che provano a raggiungere l'Italia per sfuggire dalla miseria, dalla guerra o da un clima ostile; e devo dire che mi conforta sapere che c'è qualcuno che porta in salvo queste persone, qualcuno che, nel mio piccolo, posso aiutare. Così, anche uno scenario di città acquista valore, respira umanità. La società civile si occupa di colmare i vuoti di chi dovrebbe essere funzionale e funzionante, a terra con moltissime realtà, e anche in mare.

L'Europa è lo spazio dei diritti. E se l'Europa è lo spazio dei diritti, l'Europa è stata difesa dalle organizzazioni non governative molto più che dai governi che le hanno criminalizzate: i governi con i loro disvalori, le azioni non governative con i loro valori.

La battaglia per la solidarietà europea non si fa sulla pelle delle persone bloccandole fuori dalle acque territoriali. È anche un modo vigliacco oltre che incostituzionale, perché viola i diritti fondamentali. Questa battaglia si fa sui tavoli dove sono state approvate le leggi sbagliate, che hanno prodotto le storture che oggi vediamo. Si fa dicendo che c'è bisogno di aprire corridoi umanitari sicuri e controllati, di mandare navi di soccorso statali, di costruire una missione europea sulle rotte. Non facendo la guerra alle Ong che hanno sopperito a quello che prima faceva Mare Nostrum.

Torniamo al discorso sulle domande.

Ci sono problemi a monte e ci sono problemi a valle, cioè in Libia e in Italia, ma è giusto che le persone muoiano in mare? Vogliamo lasciare affogare gli esseri umani che hanno un disperato bisogno del nostro aiuto, o vogliamo salvarli? Come può un uomo lasciar morire un suo fratello? Come può rimanere indifferente davanti a tutto questo?

L'Unione europea potrebbe facilmente organizzare una missione di salvataggio, così l'intervento degli attori privati sarebbe superfluo. La recentissima esperienza dal Libano ci ha dimostrato che aprire corridoi umanitari, legali e controllati, è possibile e vantaggioso. C'è bisogno di favorire urgentemente un canale sicuro tra la Libia e l'Italia, ma anche di mettere in atto una svolta nella politica migratoria italiana e far sì che essa ispiri il resto d'Europa.

La mia generazione, che resterà su questo pianeta ancora un po' – si spera – sta provando a fare una domanda ancora più cruciale: come vogliamo trattare, in futuro ma anche a partire da subito, gli esseri umani in fuga? Come vogliamo essere trattati noi?

In questo momento di molteplici crisi, dobbiamo pensare a come costruire la nostra società del futuro. La Civil Fleet, questa "folle" impresa della società civile europea, ci ha messo un mattoncino e si è autorganizzata per fare quello che gli Stati e i governi della civilissima Europa non vogliono fare, cioè aiutare esseri umani, fratelli e sorelle, a vivere. Le navi di Mediterranea e ResQ sono due degli assetti di questa Civil Fleet, pronti a soccorrere quando necessario. Con esse operano in mare Sea-Watch-3, Sea-Watch-4, Open Arms, Astral, Aita Mari, Alan Kurdi, Louise Michel, Ocean Viking e altre che verranno, nonostante tutte le pretestuose complicazioni messe in atto per bloccare in porto queste navi. Esse sono accompagnate da Alarm Phone e dalle attività di osservazione dal cielo degli aerei di Airbone Team di Hpi, di Sea-Watch e di Pilotes Volontaires. Assieme, tutte queste realtà formano una sorta di coordinamento civile delle operazioni di ricerca e soccorso, che prende forma nelle menti e nella prassi, al centro del Mediterraneo e in tutta Europa.

In asperitate maris pro humanitate. Nella difficoltà del mare, per l'umanità.

Il Comitato per il diritto al soccorso svolge una funzione di "tutela morale" delle attività di salvataggio e di difesa giuridica delle sue buone ragioni. A questo si sono affiancate iniziative parallele, come quella lanciata da Luigi Manconi, Vittorio Alessandro, Francesca De Vittor, Luigi Ferrajoli, Paola Gaeta, Federica Resta, Armando Spataro, Sandro Veronesi, Vladimiro Zagrebelsky, il cui scopo è contrastare la campagna di delegittimazione che rischia di assimilare il diritto al soccorso a un'azione illegale da vietare e sanzionare. È una battaglia comune per impedire che finisca sommerso dalle acque del Mediterraneo e dal nostro silenzio. È il segno tangibile di una parte consistente di cittadini e cittadine europee che, in rapporto con reti sempre più larghe di attiviste e attivisti dell'altra sponda del mare, non intende essere spettatrice né accettare passivamente l'intollerabile, sistematica e pianificata violazione dei diritti fondamentali di cui il confine orientale dell'Europa è teatro.

Salvare vite è cura, e senza cura il mondo svanisce. Salvare vite è riconoscere che la persona è al centro del nostro agire e della nostra responsabilità. In questo senso, People Saving People, motto di ResQ, è la più alta responsabilità. Non è solo un'azione umanitaria, è un'azione di civiltà, il punto di partenza per continuare a sognare.

Coloro che, come me, godono di diritti e privilegi, si trovano in una condizione fortunata. Essi hanno il dovere di aiutare anche le persone che nel nostro sistema vengono ignorate affinché possano vedere rispettati i loro diritti.

Salvare vite umane è un imperativo dell'umanità, e lo sarà sempre. Abbiamo il compito di aiutare, di sostenerci a vicenda. Il più possibile, per primi i più deboli. Il dovere di assistenza in mare è talmente chiaro che possiamo attivarci in questo senso.

Si dice spesso che noi "giovani" siamo delle spugne. Purtroppo però, forse perché spesso attaccato ai dispositivi o più semplicemente proiettato su altro, sempre di più mi accorgo che quando leggo un libro sono davvero poche nel lungo periodo le cose che mi rimangono, a meno che io non le sottolinei, trascrivi e utilizzi. Ed è una cosa che tanti amici e amiche mi dicono, indipendentemente da età, contesto e interessi.

Nelle prossime righe vi evidenzio quello che più di tutto vorrei che rimanesse di questo capitolo, che affronta una questione tanto semplice quanto vitale, nel vero senso del termine.

Non sono depositario della verità. Alcuni mi definiscono "relativista". A me non piacciono molto le etichette; penso che ci siano poche verità e che di fronte a esse il punto di vista dell'interlocutore sia comunque imprescindibile. La presunzione di possedere verità ci porta a distorsioni, in vicoli ciechi dove non sappiamo più cosa abbiamo attorno; specialmente in un mondo come questo le verità sono sempre parte di un qualcos'altro. Se posso darvi un consiglio, diffidate di chi vi propina la propria visione come assoluta, a partire da quello che leggete in questo libro se percepite dinamiche del genere. Non abbiate timore di mettere le cose in dubbio, fare polemica, risultare scomodi. Al tempo stesso, il tentativo di mettersi costantemente in discussione è solitamente segno di intelligenza.

Credo comunque che esistano dei capisaldi, anche se forse bastano le dita di una mano per contarli. Ci sono delle cose davanti alle quali bisogna essere categorici. È verità, per esempio, che fare affondare la gente in mare è una barbarie. Chi sostiene il contrario, dice stronzate.

Non è una questione di punti di vista. Su questo non si può mediare.

Ci si può dividere sulla politica migratoria ma non ci si può dividere sul salvataggio in mare, che va peraltro a incidere sulla dignità di un Paese, un Paese che non calpesti i valori e i diritti fondamentali.

Al largo delle nostre coste tutti i giorni delle persone muoiono. Noi abbiamo il potere di salvarle. E dobbiamo salvarle. Poi possiamo anche metterci a dibattere, ricordando però che si tratta sempre di vite umane, non di numeri.

Persone, non giochi politici.

Prima si salva, poi si discute.

5. Sardine

«Ricordo quella strana sera del 27 aprile, data dell'ultimo comizio a Torino dell'Innominabile, in piazza Carlo Alberto, a pochi passi da qui.

Ricordo. Atmosfera surreale, città bloccata, traffico chiuso, camionette di polizia a ogni angolo.

Ricordo Giulia e Carola, due ragazze del Gioberti con cui, qualche ora prima dell'evento, decidemmo di organizzare qualcosa in risposta al migliaio scarso di persone presenti sopra e sotto il palco della Lega.

Ricordo. Poche decine di ragazzi e ragazze in piazza Castello, circondati da reparti della Celere in assetto antisommossa, per dire no in modo pacifico alla becera propaganda portata avanti dall'ex ministro dell'Interno.

Ricordo, e oggi rispetto ad allora le decine di persone sono diventate centinaia, migliaia, decine di migliaia. Questo incredibile movimento è nato spontaneamente ma per un'esigenza, le elezioni amministrative in Emilia-Romagna, e per la presenza del Signor S. a Bologna. Quest'ultimo non è che la punta di un grande iceberg. L'iceberg della macchina populista incentrata sull'odio.

Noi non ci stiamo. Siamo stanchi di questa destra xenofoba e stufi di una sinistra che non riesce a proporre una valida alternativa. Il fatto di essere contro qualcosa implica essere per qualcos'altro. Vogliamo cose semplici, talmente semplici che sembrerebbero scontate, e la preoccupazione nasce dal fatto che non sono più così scontate.

Siamo per una politica corretta, rispettosa, di confronto, che sia in linea con i valori costituzionali e il cui unico scopo non sia ottenere consenso sempre e comunque. Siamo per costruire ponti, non per istigare odio, alzare barriere o chiudere porti. Siamo un movimento politico apartitico, senza loghi e senza bandiere. Siamo un fenomeno che va oltre le singole città e regioni, oltre le differenze, oltre il colore della pelle, oltre il proprio credo o orientamento sessuale.

E oggi siamo nella nostra città.

Abbracciamoci forte e vogliamoci bene.

L'amore è l'arma più potente che abbiamo.

Torino resta accogliente, Torino resta umana».

Sono le parole che ho rapidamente scelto per il mio intervento la sera del 10 dicembre 2019 in piazza Castello. Poche settimane prima quattro amici bolognesi – Roberto Morotti, Andrea Garreffa, Giulia Trappoloni, Mattia Santori – avevano colto qualcosa che altri non erano stati in grado di interpretare.

La marea di Bologna

Sono i primi giorni di novembre, mancano meno di tre mesi alle elezioni regionali di gennaio, e Bologna, così come molte altre città, è tappezzata di manifesti della Lega che proclamano «Liberiamo l'Emilia-Romagna». Attorno alla solita tovaglia a quadrettoni, quattro coinquilini pensano che forse non hanno mai vissuto le elezioni da cittadini protagonisti, e decidono che è venuto il momento di mettersi in gioco.

Il 14 novembre l'ormai ex ministro dell'Interno sarebbe tornato a Bologna per la presentazione della candidatura di Lucia Borgonzoni alla presidenza della Regione. L'ultima volta che c'era stato aveva detto che ad ascoltarlo in piazza Maggiore c'erano 100 000 persone. Bugia. «Centomila persone in piazza Maggiore non ci stanno fisicamente. Le strade sono due: o ci si mobilita subito per abbattere qualche edificio e ampliare la piazza, oppure da oggi in avanti si impedisce al politico di turno di prendere in giro la popolazione, manipolando dati oggettivi a uso della propria squallida propaganda». (A. Garreffa, R. Morotti, M. Sartori, G. Trappoloni, *Le Sardine non esistono*, Einaudi, Torino 2020)

I quattro amici creano un evento. Lo chiamano 6000 Sardine.

Perché Sardine? Sono pesci piccoli e indifesi, che però non si spostano mai da soli. Si muovono in banchi, nuotano assieme compatti, uniti, sono quello che in sostanza aspirano a essere: un gruppo, più forte di un uomo solo al comando che sparge odio e divisione.

E perché proprio 6000?

Intanto perché il PalaDozza, che Mattia e gli altri, appassionati di basket come me, conoscono bene, ha 5570 posti a sedere. È lì che il Signor S. ha dato appuntamento ai suoi. E poi perché 6000 è indicativamente il numero di persone che possono stare sul "crescentone" di piazza Maggiore, che misura 2200 metri quadrati. Calcolando circa tre persone a metro – una cosa che a pensarci a posteriori, in tempi di pandemia, fa un po' venire i brividi – i conti tornano.

Gli altri stanno serrati in un palazzetto per un comizio elettorale, loro vanno in piazza per vivere una grande festa. Su Facebook scrivono «Ti chiediamo venti minuti oggi per salvare cinque anni del tuo futuro. Avremo macchine fotografiche, videocamere, cervelli. Testimonieremo tutto. Nessuna bandiera, nessun partito, nessun insulto. Crea la tua sardina e partecipa alla prima rivoluzione ittica della storia. Se non hai tempo per procurarti la sardina vieni lo stesso, ne forniremo un migliaio per non lasciare nessuno fuori dal "banco"».

Quel giorno alle 19.30 piazza Maggiore è semivuota. Pioviggina, il timore del fallimento si fa strada. Non molto dopo però il mercato del pesce, lo spazio allestito per dare una sardina a coloro che non sono riusciti a prepararla in autonomia, si fa affollato. Poco più di mezz'ora più tardi un'ondata investe le strade. Non è la pioggia, ma gente che giunge da ogni direzione, gira attorno alla statua di Nettuno – divinità del mare – e sfocia in piazza. Le persone si stringono, dando espressione all'istinto del banco. Il mare si è trasformato in oceano.

Dal risciò gli organizzatori ne vedono la vastità, ma non ne scorgono i confini. Come per tutte le manifestazioni, è difficile stimare un numero attendibile dei presenti. Almeno 12, forse 15 000. Di sicuro più dei 6000 del PalaDozza, che non è nemmeno tutto pieno. Le immagini della marea di Bologna rimbalzano in rete, fanno il giro della Penisola e si spingono oltre i confini nazionali. È stata la prima volta in cui migliaia di sardine, proprio come nelle avventure di pirati e bucanieri, sono riuscite a fermare un arrembaggio. La ciurma di Bologna ha scatenato un maremoto, imprevisto quanto insperato.

Si nuota anche in Piemonte

Un giorno in classe, durante un'ora buca, lessi che un certo Paolo Ranzani, fotografo di professione, sul treno preso per andare al lavoro aveva deciso di aprire il gruppo Facebook 6000 Sardine Torino, invitando un po' di amici. Tornando dalla sua lezione, quel pomeriggio, gli iscritti erano già diventati migliaia.

Come era avvenuto con Mediterranea, ho provato a scrivere alla neonata pagina Instagram delle Sardine torinesi, chiedendo se ci fosse bisogno d'aiuto e mettendo a disposizione la mia (poca) esperienza organizzativa di eventi e manifestazioni. Il primo con cui ho parlato è stato Marco Roatta, fotografo anche lui, che con il suo saper metterti sempre a tuo agio mi ha invitato alla successiva riunione del gruppo. Quella sera è venuta con me la mia inseparabile amica Sara Diena. È così che è cominciata, nel bel mezzo del mio quarto anno alle superiori, la dirompente e straordinaria esperienza sardinesca.

Riunione dopo riunione, chiamata dopo chiamata, spuntino dopo spuntino, siamo arrivati al 10 dicembre, Giornata mondiale per i diritti umani, data che avevamo scelto per il nostro evento. Quella stessa mattina, l'Innominabile sarebbe dovuto venire a Torino per il processo che lo vedeva accusato di vilipendio all'ordine giudiziario. Nel febbraio 2016, a Collegno, aveva detto tra l'altro: «Difenderò qualunque leghista indagato da quella schifezza che si chiama magistratura italiana, un cancro da estirpare».

Poco prima dell'evento, decisi di scrivere: «Tra meno di due ore invaderemo questa piazza. Lo faremo in modo pacifico, chiaramente. Lo faremo senza bandiere e senza simboli. Con tanti colori e tanta gioia. Farà freddo. Un motivo in più per stringersi forte e volersi bene».

La nostra è stata la piazza di *Bella ciao* prima intonata a bocca chiusa da Alice Uli Protto, nel ricordo delle vittime di femminicidio, poi cantata a gran voce. E diciamola una cosa: *Bella ciao* è una canzone dei partigiani, una canzone di resistenza, una canzone di chi ha dato la vita affinché l'Italia uscisse dall'incubo del regime fascista e che è alle fondamenta della nascita della nostra Repubblica. E chi non riconosce quello che ha significato – e ancora significa – semplicemente non si riconosce nei valori cardine della nostra carta costituzionale e nella tenuta democratica del nostro Paese.

Quella del 10 dicembre è stata la piazza dello scambio dei libri. A quasi due anni di distanza, mi fa sorridere – o piangere

– pensare che Lucia Borgonzoni, che aveva detto sarebbe rimasta in Emilia-Romagna, anche in caso di sconfitta, e che era protagonista della celeberrima frase «Non leggo un libro da tre anni» ora è a Roma a ricoprire l'incarico di sottosegretaria alla Cultura nel governo Draghi. La nostra è stata la piazza dei tanti interventi, come quelli di Nicolò Pagani, professore che aveva deciso di abbandonare la trasmissione *L'eredità* dopo molte vittorie di fila per tornare a insegnare, e di Vittorio Fornasiero, 89 anni, staffetta partigiana. È stata la piazza dell'energia di 40 000 torinesi scesi in piazza per dire che ci siamo rotti di una squallida propaganda incentrata sull'odio e di una politica, quella che dovrebbe avere la P maiuscola, incapace di reagire.

Quando mi sono unito all'avventura delle sardine in tanti mi hanno contestato il fatto di essere sempre e solo "contro" e non a favore di qualcosa. Se ancora pensate sia così, vi invito a tornare indietro e a guardare quelle piazze. Vi sembrano delle piazze contro? Vi sembra una comunità che non ha argomenti? Vi sembra ancora un messaggio privo di contenuti?

> Ho sentito tanti parlare di noi, ma senza averci ascoltato.
> Ho letto tanto su di noi, ma senza che ci abbiano visto da vicino.
> Oggi una storia ve la voglio raccontare io. Sicuramente non potrà essere condivisibile da tutte e tutti, però molti potranno sentirsi ascoltati e, spero, compresi.
> Sono una ragazza di 19 anni e in poco tempo ho imparato tantissime cose. Molte di queste le ho sempre ritenute normali – data la frequenza con cui accadevano – e solo con il tempo ho capito come tutto fossero, fuorché normali.
> Vi è mai capitato di essere considerati corresponsabili per le cattive azioni o addirittura i crimini di un individuo, solo perché ha la pelle del tuo stesso colore o la tua stessa religione? A me sì. E, più di tutti gli altri, era un fatto che giustificavo.

Pensavo che magari quando qualcuno mi chiedeva perché quel ragazzo nero avesse fatto quella determinata cosa, magari dall'altra parte del mondo, me lo chiedesse perché credeva io potessi capirlo di più. Pensavo fosse normale, così normale da non farmi uscire di casa per giorni se il telegiornale dava una notizia negativa, che aveva come protagonista una persona con le mie stesse origini.
Vi è mai capitato di provare un sentimento di stanchezza verso l'impotenza e la rassegnazione che la comunità di cui fai parte manifesta? A me sì. Ma in fondo li capivo, i miei connazionali, perché non è facile doversi sempre giustificare, specificare che sei uno/a che lavora o studia, o magari fa tutte e due le cose insieme, insomma sei una persona come le altre, che non fa nulla di male. È normale vedere un immigrato trattato male, essere scrutati quando si entra in un negozio, scartati quando si vuole prendere casa in affitto.
Vi è mai capitato, durante una conversazione, che l'interlocutore vi guardasse stranito osservando con stupore che il vostro italiano era persino meglio del suo? A me sì. Mi dicevo che in fondo era normale, mica lo poteva sapere che sono nata qui. Me lo ripetevo. E mi chiedevo: «Perché non sanno che esistono anche i neri italiani?».
Vi è mai capitato che vi chiedessero «Quando torni al tuo Paese?». E non sapere davvero cosa rispondere, perché è questo, il tuo Paese? A me sì. Esistiamo anche noi, seconde generazioni, non c'è da stupirsi se siamo nati qui e siamo italiani tanto quanto voi e i vostri figli. E vogliamo contare, farci sentire, vogliamo che la gente sappia che abbiamo una voce, una testa e non siamo tutti uguali.
Per questo il 25 Novembre 2019 ho deciso di organizzare, assieme a due amici, la piazza di Parma: per far valere le mie idee, perché volevo fare una cosa bella per la mia città. Vi dico cosa hanno significato per me le Sardine: per una volta, dopo

tanto tempo, non mi sono sentita giudicata per il colore della pelle né mi sono dovuta giustificare per ciò che altri avevano fatto, sono stata giudicata per quello che sono. Per il mio modo di esprimermi, per il mio pensiero, per la mia storia; e tutte le persone che erano in quella piazza mi hanno ascoltata e apprezzata.
Per voi sarà banale, per me, vi assicuro, è una delle esperienze più belle che mi siano capitate.

Joy Temiloluwa Olayanju
Attivista di 6000 Sardine

Una politica incendiaria

Viviamo nell'era del capitalismo, della (non?) democrazia dei dati, della polarizzazione del discorso politico, dell'egemonia dei media – su cui viaggia il 90% delle informazioni – e della mancanza di vero dialogo. Sono anni di risposte semplici a domande difficili. Facciamo fatica ad accettare che i problemi complessi abbiano ragioni e soluzioni complesse, che niente abbia mai una sola spiegazione, che le faccende umane si intreccino e si influenzino tra loro in modi non del tutto spiegabili.

La nostra comunità è sotto attacco da parte di forze che ritenere politica è un'offesa alla politica stessa. A costruire il razzismo contribuiscono segmenti che troppo a lungo hanno speculato sulla sensazione di sicurezza, soffiando sul fuoco per poi presentarsi come pompieri. C'è chi ha costruito il consenso annunciando espulsioni di massa, organizzando ronde, dipingendo lo straniero come un nemico o un usurpatore. In questo contesto non c'è da stupirsi che qualcuno si senta autorizzato a passare ai fatti, convinto che il nostro problema non siano le organizzazioni criminali, la corruzione diffusa, la recessione economica, o una politica incapace di rispondere ai bisogni dei cittadini, ma coloro che hanno una pelle di diverso colore.

Era il 25 marzo 1997 quando il Governo provvisorio della Padania – da cui deriva l'odierna Lega – decretò la costituzione delle Ronde padane con il compito di operare attivamente sul territorio per salvaguardare i diritti dei cittadini (padani). Non molto tempo prima Umberto Bossi aveva gridato dal palco che era necessario istituire una Guardia nazionale composta da uomini armati. È così che si inizia a parlare di ronde. Roberto Maroni, che è stato ministro dell'Interno, e lo sarà ancora nel 2008, si affretta ad affermare che quello delle ronde è un movimento spontaneo: non può essere arrestato, deve essere solo riconosciuto.

Il primo luogo comune che alimenta il razzismo diffuso a piene mani da politici e da alcuni media è quello dell'invasione in atto. «Gli immigrati sono troppi, vivono alle nostre spalle e, per di più, spacciano, rubano, violentano. Basta guardare nei portoni o nei giardinetti vicino a casa. Meno male, dunque, che c'è qualcuno che gli stranieri non li fa entrare e, se sono entrati, li rimanda dritti dritti al Paese da cui sono partiti (o impone ad altri, in Europa, di occuparsene). E chi poi gli stranieri proprio li vuole, se li porti a casa sua». In queste affermazioni ci sono brandelli di realtà. Ma, come spesso accade, su di essi si costruisce una rappresentazione falsa e deformata, grazie anche a un'informazione in cerca di audience e a una politica affamata di consenso.

I numeri – che abbiamo già in parte visto e che, come si dice, hanno la testa dura – ci permettono di evidenziare alcuni aspetti. Sapete quanti sono gli immigranti in Italia? Poco più di 5 milioni di persone, di cui quasi 4, pari al 6% circa della popolazione residente, non comunitari. Questi vengono in prevalenza dall'Europa dell'Est e, poi, dall'Africa (poco più di un milione), dall'Asia (un milione) e dal Centro e Sud America (400 000). Più della metà – forse vi stupirà saperlo – sono donne. Ci sono, poi, gli stranieri che hanno ottenuto la cittadinanza italiana, cessando così di essere tali, e i cosiddetti irregolari o clandestini (privi, cioè, di permesso di soggiorno, ma non per questo necessariamente problematici), stimati tra i 500 e i 600 000.

I nuovi ingressi avvengono in modi e con titoli diversi: per motivi familiari, umanitari, di studio e via elencando. C'è da considerare che gli arrivi dal mare, su barconi malfermi, non sono la maggioranza. E che buona parte di chi approda sulle nostre coste lo fa per proseguire il suo difficile viaggio verso i Paesi del Centro e Nord Europa, considerando l'Italia solo un luogo di transito.

Nel nostro Paese c'è uno straniero ogni 15 cittadini e gli irregolari sono grosso modo uno ogni 110. Un numero significativo ma non certo un'invasione e, in ogni caso, inferiore a quello dei Paesi europei a noi più simili: la Germania, dove gli stranieri sono quasi 10 milioni, pari al 12% della popolazione, o la Spagna, nella quale sono 6,5 milioni, il 14% dei residenti. E anche nella felice Svizzera gli stranieri sono ben il 23% degli abitanti! A dimostrazione che l'affermazione secondo cui siamo sempre noi italiani a dover accogliere, mentre gli altri Paesi europei si defilano, in alcuni casi è vera ma, se viene generalizzata, si rivela falsa.

Al di là e al di qua dell'oceano le forze che si definiscono sovraniste o nazionaliste hanno manipolato e capitalizzato questi sentimenti, esacerbandoli. Trump, per esempio, pur smentito dai dati, ha accusato gli stranieri di avere portato a un aumento della criminalità, e ha alzato l'asticella dei suoi attacchi non solo contro gli immigrati, regolari o irregolari, il cui arrivo in linea con questa narrativa viene definito invasione o infestazione, ma anche contro gli americani che non sono bianchi. «Tornatevene al vostro Paese» ha detto a giugno 2018 a quattro deputate del Partito democratico, tutte cittadine statunitensi, tre delle quali nate negli Stati Uniti.

In Italia, gli immigrati hanno preso il posto dei meridionali come bersaglio della violenza politica e della dialettica sovranista dell'inimicizia. Quest'ultima è riuscita a costruire sui social media un modello che ha le sue radici nell'indignazione costante, nella monetizzazione della rabbia e nell'affermazione di sé attraverso l'aggressività verbale. Il dramma è che oggi ci sono personaggi politici che hanno un immenso potere e lo usano per rompere piuttosto che per unire. Perché è nella rottura che loro prosperano. Sono quelli che se la fanno in testa e ci dicono che piove. Si prodigano per generare un'ansia collettiva indotta, giocano sulla pelle dei migranti, aizzano all'odio sperando magari che ne affoghi uno in più. Arrivando dai vertici dei partiti e talvolta dalle istituzioni, le parole e le espressioni intrise di ostilità e disprezzo hanno subito uno sdoganamento: sono diventate parte del discorso pubblico. È diventato quasi normale proporre e sostenere che una nave che ha salvato vite vada affondata. E non si tratta di invocare *politically correct* ma un minimo di umanità e decenza.

La società da sempre utilizza la razza, che dal punto di vista genetico è un'invenzione, per differenziare gli obblighi, le risorse, il lavoro e altre dinamiche di divisioni che hanno portato a fratture. Abbiamo tuttora una popolazione mondiale differenziata su quattro assi: età, genere, classe e razza. Quest'ultima è per l'appunto una dimensione sociale, non naturale.

«L'antisemita ha scelto l'odio perché l'odio è una fede; ha scelto originariamente di svalutare le parole e le ragioni. [...] Non crediate che gli antisemiti si ingannino sull'assurdità di queste risposte. Essi sanno che i loro discorsi sono vacui, contestabili, ma ci si divertono. È il loro avversario che ha il dovere di usare seriamente le parole, dato che crede alle parole; essi hanno il *diritto* di giocare.

Amano anzi giocare col discorso perché dando delle ragioni buffonesche gettano il discredito sulla serietà del loro interlocutore; sono in malafede con voluttà, perché si tratta per loro non di persuadere con buoni argomenti, ma di intimidire e sconcertare». È quanto ha scritto David Neiwert in *Alt-America. L'ascesa della destra radicale nell'era di Trump* (Minimum Fax, Roma 2019) all'inizio del capitolo "La reinvenzione dell'Alt-Right".

Mi ha molto stupito la ricerca secondo cui un terzo degli ebrei in Francia oggi non si senta al sicuro. Nei mesi di novembre e dicembre 2019 sono stati 63 224 i post antisemiti sui social. «Tante famiglie ebree vanno via, verso il Canada, verso l'Australia, verso Oriente. Noi non lo percepiamo ma qualcosa sta cambiando» è la denuncia di molti rabbini. «Il sovranismo è un atteggiamento di isolamento. Sono preoccupato perché sento discorsi che assomigliano a quelli di Hitler nel 1934. Prima noi. Noi... noi...: sono pensieri che fanno paura. Il sovranismo è chiusura. Un Paese deve essere sovrano, non chiuso. La sovranità va difesa, ma vanno protetti e promossi anche i rapporti con gli altri Paesi, con la Comunità europea. Il sovranismo è un'esagerazione che finisce male sempre» ha sottolineato papa Francesco nell'intervista a *La Stampa,* di cui ho riportato alcuni brani nelle pagine precedenti. A una domanda sui populismi, il pontefice risponde: «Stesso discorso. All'inizio faticavo a comprenderlo perché studiando Teologia ho approfondito il popolarismo, cioè la cultura del popolo: ma una cosa è che il popolo si esprima, un'altra è imporre al popolo l'atteggiamento populista. Il popolo è sovrano (ha un modo di pensare, di esprimersi e di sentire, di valutare), invece i populismi ci portano a sovranismi: quel suffisso, "ismi", non fa mai bene».

Populismo significa dire alle persone quello che vogliono sentirsi dire. Significa nascondere la complessità delle questioni. Significa esporre alla gogna segmenti della società, testate giornalistiche, avversari politici. I migranti non sono vittime degli aguzzini libici ma delle Ong. Quelli che parlano al cellulare, per il solo fatto di possedere un cellulare, non sarebbero in realtà indigenti, ma anch'essi privilegiati – non una parola sul fatto che i telefoni sono l'unico modo per mantenere un minimo di contatto con le famiglie rimaste nei Paesi di origine. Essi servono anche per lo scambio di informazioni tra di loro e come sostituzione dell'indirizzo di casa. I migranti spesso vengono avvisati per telefono quando ad esempio devono ritirare o rinnovare i loro documenti.

Populismo significa sostenere il bisogno di additare un nemico, contro il quale convergere, invece di essere sinceri e riconoscere che la politica è qualcosa di serio e articolato, e che sarà necessario raggiungere un compromesso tra chi sta bene e chi sta male, tra persone che fanno lavori diversi e hanno interessi diversi.

Il populismo della Lega o di Fratelli d'Italia pone un problema di sgretolamento del tessuto sociale. Se si iniziano a vedere nemici dappertutto si perde quella coesione territoriale fondamentale in un Paese come l'Italia, che dovrebbe valorizzare le proprie diversità e non rimarcarle. Perché sono ricchezza: richiedono dialogo, approfondimento, dibattito. Non sono una minaccia. È lo svolgersi di una partita avvincente, ma se il campo è inquinato, è difficile che venga espresso un buon gioco.

Davanti a un Paese come il nostro, che sta affrontando cambiamenti significativi e delicati, gli esponenti di alcune forze politiche scelgono di spargere benzina e appiccare un incendio. La loro è una politica rassegnata, esaltata nella propria ideologia della semplificazione, che ha rinunciato a una visione alternativa della società. Preferisce creare nemici pubblici e capri espiatori, e si accontenta di rincorrere il consenso. Questo *modus operandi*, che tende a dare priorità alla propaganda a discapito delle vite umane, va contrastato.

Che cosa servirebbe?

La risposta non è difficile: servirebbe una politica capace di costruire una convivenza garantita da diritti e da doveri condivisi, dall'opportunità data a tutti di vivere una vita libera e dignitosa, anche organizzando e sostenendo la rete di famiglie e realtà associative, religiose e laiche, impegnate in attività di accoglienza, sostegno, educazione alla socialità. È una politica coerente in questa direzione che è mancata e che ha fortemente aggravato il problema. Al posto del "predominio dell'io", portato avanti dai leader di quelle forze che hanno costruito il proprio linguaggio sul divario amico-nemico, vicino-lontano, e che hanno spostato il focus da Roma ladrona e Sud sprecone al Mediterraneo centrale, servirebbe un "racconto del noi".

Da un lato occorre un anticorpo sociale che aiuti a ristabilire le regole del gioco e del sano dibattito. Dall'altro serve una dimensione rappresentativa che, ispirata dalla piazza, cerchi di ripristinare una politica più seria e giusta. Le due realtà devono dialogare, partendo dal riconoscere che per troppo tempo la piazza è stata assente e troppo a lungo una politica non è stata in grado di proporre un'alternativa alla deriva sovranista. Durante questa assenza, la macchina del fango populista ha messo in moto un odio che serpeggia nel Paese come un'emergenza culturale, mettendo in discussione le ragioni stesse del nostro stare insieme.

Proprio rispetto a questo, quando la bestia del populismo arriva nel tuo territorio hai due opzioni: o perderti o stringerti. La piazza di Bologna ha scelto di stringersi. Le Sardine si sono riunite per combattere tutte le forme aggressive di comunicazione politica, che strizzano l'occhio alla violenza, verbale e fisica, on e off line. Il segnale si è amplificato e ha assunto forme varie: quelle della difesa dei cardini costituzionali, dell'antifascismo, della lotta contro la discriminazione.

«Era un momento in cui ci sentivamo tutti soli. Ovunque andassimo, ovunque ci trovassimo. Il Paese si era fatto intollerante, omofobo, misogino, razzista. L'ignoranza e l'egoismo, fomentati ad arte dalla cattiva politica, erano assurti a valori. In rete e sui social si leggevano commenti orribili se si ribaltava un barcone di migranti, se una donna veniva molestata o stuprata. Ed erano state spese parole ignobili non soltanto sull'appena scomparso Andrea Camilleri («Via un'altra zecca anacronistica di propaganda» «Si respira meglio senza quel tisico kompagno komunista!» «Quando certa gentaglia si leva dalle palle, ne stappo una delle migliori») ma anche sulla cantante Emma Marrone, che aveva annunciato una nuova ricaduta della sua malattia: «Ben ti sta, devi morire» «Il cancro è ritornato? Ognuno ha quello che si merita» (*Le sardine non esistono, cit.*). La colpa che unisce lo scrittore e la cantante? Avere criticato certe modalità ed esternazioni dell'attuale leader della Lega.

La forza del banco

Poi, qualcosa è cambiato. È saltato un tappo. In 32 giorni le Sardine hanno riempito 92 piazze in tutta Italia. L'onda ha superato i confini dell'Emilia-Romagna, oltrepassato le Alpi, è corsa nei mari più grandi. Gli italiani all'estero, investiti dalla marea, si sono ritrovati fradici, increduli al passaggio di quell'inattesa massa d'acqua e di pesci guizzanti. I social, sui quali molti navigano alla mercé di bonacce intrise di odio, sono stati scossi fino alla cascata del 14 dicembre, quando in contemporanea con Roma si sono riempite le piazze di Berlino, Helsinki, Dublino, Edimburgo, Bordeaux, Dresda, Grenoble, Zurigo, San Francisco, New York e molte altre ancora.

Circa 500 000 persone hanno raggiunto numerosi eventi fidandosi di un invito arrivato in maniera quasi anonima. Talvolta non sono nemmeno riuscite a raggiungere le piazze per vie della massa che occupava gli ingressi, come a Firenze. In altre città, come Milano, il mare è piovuto letteralmente dal cielo. Un po' come la nuvola nera, ripescata da una bellissima newsletter di Giorgio Dell'Arti, che ogni anno tra maggio e giugno si abbatte in Honduras. È un fenomeno incredibile: non si tratta di una pioggia d'acqua ma di un acquazzone di pesci (*lluvia de peces*) che le famiglie di Yoro, capoluogo di dipartimento, si precipitano a raccogliere e a friggere per molti giorni.

Nella maggior parte dei casi, una volta arrivati nelle piazze, i partecipanti non sono riusciti ad ascoltare cosa veniva detto, letto o cantato, perché l'impianto audio procurato dai loro concittadini, che nella maggior parte dei casi non avevano mai organizzato una manifestazione, non era adeguato a una folla di quelle dimensioni. È accaduto anche a Torino. Anche perché, di tutti i presenti, forse solo Max Casacci, che quei numeri li aveva fatti con i suoi Subsonica, poteva avere idea di come mettere in piedi e far funzionare un impianto per 40 000 persone.

Quella sera ci siamo resi conto che Torino può essere capitale, ma non nella cifra stilistica del «prima gli italiani» «prima i torinesi»: no. La mia città era in prima linea nella lotta alle disparità, fulcro dell'impegno sociale, terra piena di sogni cui non vogliamo rinunciare. Per il nostro incontro ittico abbiamo scelto i corpi, le menti, i libri da portare, e un canto popolare che solo chi ha un bidone della spazzatura al posto del cuore può rinnegare.

Ogni piazza è stata diversa. Per età, genere, provenienza politica. Tutte però avevano molto in comune. In quella di Bologna, di Torino e nelle altre c'erano corpi fisici, cervelli pensanti, anime gentili che si riconoscono in una nuova forma di resistenza e sentono la necessità di un cambio di paradigma sociale, economico e politico.

Le Sardine sono un movimento spontaneo, incontrollato. Anche la mancata certezza della durata dà l'idea del fenomeno. Coloro che l'hanno lanciato pensavano a un evento di un singolo giorno, tutt'al più di una settimana. E chi li critica evidentemente non ricorda che prima quelle piazze erano vuote, preferisce non soffermarsi sul fatto che sia molto complesso far stare insieme e mettere d'accordo persone, che non si erano mai conosciute o che originariamente pensavano che quell'idea sarebbe durata poche ore in poche città. Soprattutto dimentica che quel movimento – che successivamente si è allargato e ha assunto forme differenti – era nato per un obiettivo preciso: incidere sulle elezioni alle porte.

Molte delle persone che dal 14 novembre in poi sono scese in piazza si erano accorte che le elezioni stavano e stanno effettivamente cambiando qualcosa, e in un senso pericoloso: stanno destabilizzando alcuni dei principi originari della nostra democrazia. Il World Values Survey, progetto di ricerca globale che esplora i valori e la fiducia dell'opinione pubblica, ha mostrato che, di 73 000 persone intervistate in 57 Paesi, se il 92% considerava la democrazia il sistema di governo più giusto, negli ultimi dieci anni è aumentato il desiderio di un leader forte. «La chiave per comprendere le persone che sono state attirate nell'universo dell'Alt-America è il ruolo giocato dall''eroe mitico nella composizione della loro visione. I patrioti e i nazionalisti bianchi più appassionati, proprio come gli individui che commettono crimini d'odio a essi ispirati, si vedono davvero come degli eroi. Stanno salvando il Paese, o magari la razza bianca, oppure la loro comunità locale. Quindi qualsiasi cosa, qualsiasi cosa facciano in loro difesa è giustificabile se non degna di lode. Questa adozione della figura eroica è ciò che sta avvelenando tutti noi» ha spiegato Neiwert nel suo saggio sull'ascesa della destra radicale negli Stati Uniti.

Gli attuali uomini forti dei partiti dell'ultradestra non sono però che la punta di un iceberg. La perdita di fiducia nella politica è già visibile anche nei sistemi europei che, da anni, solo con grande fatica riescono a costituire maggioranze di governo: Spagna, Belgio, Austria. E in Germania, l'Afd ottiene così tanti voti nei parlamenti statali che è difficile formare coalizioni che le si oppongano. Secondo l'indagine, meno del 30% degli elettori in Europa ha affermato di avere fiducia nei propri parlamenti nazionali. In Italia, un partito fondato da un comico si proponeva di aprire il Parlamento come una scatoletta di tonno. Dopo alcuni anni i suoi esponenti rischiano di diventare sempre più simili ai tonni dei raggruppamenti che criticavano: da Movimento cinque stelle a Movimento cinque pinne. Mentre i partiti europei, M5S incluso, sono in crisi per la fiducia disattesa, il calo di iscritti e la poca partecipazione, i movimenti sociali registrano una crescita.

In questi movimenti, Sardine incluse, l'io viene sostituito dal noi. Non c'è un protagonista ma tanti compagni che fanno strada assieme. «La qualità di una sardina si evince dalla capacità di aggregare, di fare gruppo, di essere banco. Se volete coinvolgere dovete accogliere». Mi pare fosse stata Giulia Trappoloni a dirlo durante una call.

Era arrivato il tempo per la prima plenaria delle Sardine, tenutasi negli spazi dello Spin Time Labs di Roma il 15 dicembre 2019, all'indomani delle decine di manifestazioni avvenute in tutto il mondo. Lo Spin Time, a poca distanza da piazza San Giovanni, è all'interno di uno stabile occupato, ex sede dell'Inpdap. La proprietà lo ha abbandonato a se stesso, così nel 2013 un gruppo di persone lo ha riportato in vita con un progetto di rigenerazione urbana realizzato in collaborazione con le università di Roma e altre realtà. Ci abitano oltre 300 persone, famiglie e bambini di diverse nazionalità e religioni, senza casa e senza alternative. Al suo interno ci sono un auditorium, una falegnameria, un'osteria e, prima della pandemia, si organizzavano laboratori, corsi, spettacoli e si produceva birra artigianale. Lo Spin Time a metà 2019 ha avuto parecchia attenzione mediatica perché è lì che, dopo una settimana senza corrente, è intervenuto Konrad Krajewski, l'elemosiniere di papa Francesco, uno che di notte si dice vada in giro con un furgoncino a distribuire cibo e soldi a chi dorme per strada. Monsignor Krajewski da giovane aveva fatto l'elettricista, e non ci ha pensato due volte a calarsi in un tombino per riallacciare i fili dell'elettricità.

In quel freddo giorno di dicembre 2019 allo Spin Time Labs si sono raccolti studenti e studentesse, insegnanti, operai, professionisti, precari, disoccupati, militanti, ex politici, disillusi, volontari. Visto da fuori, traspare una visione semplicistica del fenomeno delle Sardine, ma chi ha avuto modo di vedere da dentro ha notato che la varietà è tanta così come la complessità. Tant'è che sin da subito ha tenuto insieme cattolici, comunità lgbtq+, comunisti, cinquestelle delusi, associazioni, comitati, immigrati, benestanti, giovani... «Non vergogniamoci delle nostre differenze e del nostro modo di fare politica. Condividiamola, portiamola alla luce del sole. Permettiamo la contaminazione. Senza di essa non c'è crescita». È con queste parole di Mattia che si può provare a sintetizzare la bellezza di quell'incontro.

Io non c'ero quel giorno a Roma, ma quando mi hanno raccontato sono stato attraversato da un sorriso divertito e da una sensazione di déjà-vu. Anche se forse il paragone non regge, in quel momento sono stato catapultato indietro di qualche mese alla prima assemblea nazionale di Fridays For Future Italia. Era aprile 2019, poco dopo l'enorme e insperato successo dello sciopero del 15 marzo. Da Torino eravamo partiti in molti. Io avevo raggiunto

Milano in treno assieme a Stefano e Libero. Ero molto carico e la mia aspettativa era altissima: in quei due giorni dovevamo lavorare a un documento condiviso, e prepararci a spaccare il mondo. Abbiamo speso quasi tutta la prima giornata per capire la modalità con cui fare gli interventi. Eravamo 500 persone, da oltre 150 città, che non si erano mai incontrate: era impossibile anche solo pensare che in poche ore avremmo potuto fare quello che in molti non sono riusciti a fare in tanti anni. A Milano ho capito che la sintesi è facile a dirsi, difficile a farsi. La mia delusione è stata mitigata dal momento post assembleare trascorso a Lato B, un altro luogo che crea aggregazione e fa bene alla comunità.

È proprio nel segno dell'importanza della comunità, della valorizzazione del locale e del radicamento nel territorio, tutte cose su cui i partiti non sembrano più interessanti a investire, che in quella prima plenaria delle Sardine è stato tracciato un percorso. L'obiettivo era tornare nelle strade, nelle piazze. Dare voce e sostegno alle realtà che da tanto tempo nuotano lungo la nostra stessa rotta. Lanciare iniziative da realizzare in tutte le regioni d'Italia, liberando la creatività, investendo sull'arte e la cultura. Il primo progetto è stato quello realizzato da alcuni richiedenti asilo, sardine cucite con materiale di recupero e stoffe africane. Il risultato è stato doppio: loro hanno imparato una professione, quelli che lo desideravano sono stati sommersi da tanti piccoli oggetti concreti. Nei mesi le idee pensate e realizzate sono state tante. Sardina amplifica Sardina, Tutti sullo stesso treno, Orti popolari, Staffetta delle Sardine, - Selfie + Politica, Sos-Sardina ospita Sardina, #Centosfumaturediumanità, grazie alla quale in piena pandemia le strade e piazze di decine di città si sono riempite di scritte intrise di colore e significato. E ancora 6000 piantine, dove sul crescentone di piazza Maggiore migliaia di piante hanno colmato il vuoto dei corpi fisici della marea di novembre 2019. In uno dei post di lancio dell'iniziativa le Sardine bolognesi hanno scritto che per oltre due mesi ci siamo chiesti cosa avremmo imparato da questo tempo di distanza, dolore e silenzio. E ora siamo di nuovo qui, in questa stessa piazza che sette mesi fa accoglieva 15 000 persone in cerca di riscatto. «Non siamo cambiati. Non abbiamo perso la voglia di dire la nostra sul futuro, non abbiamo perso la voglia di esserne protagonisti. Ci piace rivolgere inviti strani. Ci piace capire se viviamo in una comunità che antepone l'interesse collettivo a quello individuale. Ci piace pensare a una ripartenza che difenda l'aria pulita, le relazioni di quartiere e le iniziative culturali. Tra poche ore in questa piazza non ci sarà un evento. Non ci saranno persone. Men che meno assembramenti. Ci saranno 6000 piantine. Se troveranno 6000 persone pronte ad adottarle si compirà la magia. E noi, come ormai avrete capito, crediamo nelle favole».

Sul sito 6000piantine.it si poteva scegliere la pianta che si preferiva, indicare il punto di consegna più comodo e andarla a ritirare negli orari indicati. I 60 000 euro ricavati sono stati devoluti alle attività culturali di prossimità, non solo per sostenere l'intrattenimento, il teatro e gli spettacoli di quartiere – realtà fortemente colpite dai lockdown – ma anche per mantenere accesa la luce della cultura e della bellezza.

Sempre a Bologna, diversi mesi prima, a ridosso della prima tornata di elezioni amministrative, le Sardine avevano organizzato un concertone, una grande festa della democrazia, dell'arte, della musica. Tredici band si sono alternate ad altrettanti rappresentati della società civile: scrittori, giornaliste, cuochi, attrici, conduttori televisivi, emigrati e immigrati. Tra loro c'erano Pif, Marracash, Matilda De Angelis, Willie Peyote, gli Afterhours, i Subsonica e i Modena City Ramblers, Alessandro Bergonzoni, Concita De Gregorio, Ezio Bosso, Francesco Guccini e tanti e tante altre. «Non siamo qui per dare lezioni a nessuno, né indicazioni di voto. Siamo qui semplicemente per dire: se è stato possibile realizzare tutto questo senza un soldo, senza preparazione, partendo da un cucinotto in cui abbiamo condiviso l'idea iniziale, significa che nel Paese c'è davvero tanto potenziale inespresso».

Anche per quanto riguarda i temi che dobbiamo affrontare subito. E – contrariamente a quello che in tanti hanno continuato a sostenere – nel dialogo e nell'approccio delle Sardine i temi e le proposte non sono mai mancate. Si è partiti affrontando la questione della democrazia digitale, dicendo che per sconfiggere l'odio in rete si potrebbe agire su tre fronti: formare i giovani e gli anziani che si approcciano alla rete e ai social network, dotandoli di strumenti e conoscenze fondamentali per un utilizzo consapevole del web; contrastare l'uso distorto e manipolatorio di certa politica introducendo normative ad hoc; mantenere viva una riflessione collettiva sul fatto che quanto di malevolo viene scritto sui social ha un effetto reale sulle persone.

Abbiamo deciso di parlare di diritti, di scuola, di ambiente e clima, di Sud. Di regolamento di Dublino, decreti sicurezza, Memorandum Italia-Libia, Green Deal, di idee per la valorizzazione delle periferie, programmi di sostegno alla comunità urbana, di legalizzazione e coltivazione domestica della cannabis. Di sistema sanitario, di asili nido, di uguaglianza, e non di teatrini e giochi di palazzo che portano le persone sempre più distanti dalla politica. L'obiettivo era anche quello di sensibilizzare e creare una conoscenza comune su determinati temi: se una grande massa di persone prende posizione, la politica è costretta ad agire. È così che funziona. L'amministrazione Obama, che all'inizio era contraria ai matrimoni gay, ha dovuto cambiare idea.

Un'attenzione particolare è stata, è e sarà dedicata al Sud Italia, il territorio che vive lo scostamento più ampio tra società civile e politica. La politica fugge dal Sud, e quando ci si avvicina, lo fa trattando quelle regioni come bacini di voti. Il Sud sta morendo e al suo capezzale non c'è nessuno. Lì tutto chiude: industrie, aziende e redazioni di giornali, nonostante le promesse. Nonostante gli slogan. Ogni movimento d'opinione o politico deve prendere la questione meridionale come banco di prova, trattare il Sud come la parte fragile di un corpo bellissimo dalle gambe sottili. Su questo, le Sardine e altri movimenti hanno ancora molto da lavorare. Se vogliono fare la differenza devono mettere in cima all'agenda e alle priorità del Paese una rinnovata e urgente questione meridionale. Devono tenere in considerazione i militanti di qualsiasi colore politico, che conoscono il territorio meglio di chiunque altro, che da anni studiano, propongono soluzioni e rimangono inascoltati, spesso oscurati dall'opacità dei loro leader.

> Era il 5 dicembre 2019 quando entrai in contatto con 6000 Sardine Basilicata.
> È stato un gesto d'impeto chiedere di poter essere d'aiuto per fare la mia parte nel contrastare il linguaggio di odio della politica.
> Mi presento, mi chiamo Pegah, ho 30 anni, sono di origine iraniana e sono quella che chiamano Third Culture Kids, ovvero l'unione della cultura del proprio Paese di origine con un'altra, che ne genera di fatto una terza. Dall'età di 16 anni mi interesso dei temi politici, culturali e sociali.
> Il progetto delle 6000 Sardine mi ha colpita dal primo momento perché era spontaneo, fatto da ragazzi giovani, fatto da persone normali lontane dalle élite. È connessa alla natura stessa del movimento la difficoltà nello stare dietro alle richieste di tantissime persone che abitano territori diversi, utilizzano linguaggi diversi e pensano anche in maniera differente.
> Era difficile per la sua semplice spontaneità. Tuttora lo è.
> Ci hanno chiesto di risolvere questioni politiche e di espri-

merci su molti temi, ma il nostro obiettivo non era questo. Chiedevamo e chiediamo un linguaggio pulito nel dibattito politico, rispetto per le persone e inclusione dei giovani nella progettazione delle linee guida politiche. C'è ancora molto scetticismo nei confronti dei ragazzi che si mettono a disposizione della collettività e danno il proprio contributo affinché chi guida il Paese possa avere degli input o delle voci da cui prendere spunto. Lo facciamo gratuitamente anche al di fuori delle 6000 Sardine, lo facciamo per il nostro futuro e per il futuro dei nostri figli, perché a quanto pare solo noi possiamo ispirare una nuova cultura politica.
In Basilicata ho trovato molta apertura tra le associazioni, le fondazioni e tra le persone che credevano nel nostro manifesto, anche tra i partiti tradizionali ormai un po' disillusi rispetto alla prospettiva di una nuova sinistra. L'entusiasmo iniziale, come spesso accade, ha lasciato il posto a qualche perplessità, ci sono stati alcuni tentativi di sfruttare un momento di visibilità per proprio tornaconto personale, questo però non ci deve scoraggiare.
Noi resistiamo, siamo ragazze e ragazzi che credono davvero in un cambiamento, con difficoltà continuiamo ad andare avanti, perché solo perseverando e condividendo riusciamo a trovare la direzione.

Pegah Moshir Pour
Attivista

Storie di movimento

Le Sardine non nuotano a pelo d'acqua nei rapporti sociali, si immergono nelle relazioni umane. Non temono le crisi, ma l'incompetenza, i facili consensi e gli uomini soli al comando. Qualche domenica dopo il concertone, con alcuni giorni di preavviso, Mattia Santori è venuto a trovarci a Torino. La sera prima, io sarei dovuto essere dall'altra parte dell'Italia per un impegno che da tempo avevo preso e a cui non volevo rinunciare. Così quel sabato mattina, sempre in Flixbus per risparmiare, sono partito alla volta di Udine per il diciottesimo compleanno della mia amica Greta. Nel marasma degli impegni di quei giorni, non mi ero accorto che durante le nove ore di durata del viaggio, il pullman si sarebbe fermato per un po' a Mestre. Ci ho pensato un attimo, poi ho comprato due biglietti da un euro e settanta, credo, e ho fatto un'oretta e mezza di visita improvvisata a Venezia, dove sarei tornato più di un anno dopo per il libro.

Prima di cena sono arrivato a casa di Greta, ho passato la serata con gli amici del gruppo di Berlino tra le colline friulane, e alle 2.30 di notte ero di nuovo a Udine. Alle 6 prendevo un caffè in un bar cinese, l'unico aperto a quell'ora nella desolazione di Mestre. Sono sceso dal Flixbus a Torino, in leggero ritardo come sempre, verso le 11.30, alla fermata davanti al Tribunale, non lontano da casa mia. Tempo per una doccia al volo, alle 12 sotto casa mi aspettava la macchina di Francesca Penotti, anche lei Sardina dalla prima ora, che fin troppe volte ha messo una toppa al ritardo accumulato dalle mie peripezie.

Alle 13 eravamo già attorno a una grande tavola quadrata a mangiare ravioli *dal plin*. Vicino a me, da una parte Alessandro Rocca, amico documentarista che mi ha sempre affascinato per i suoi reportage in giro per il mondo – dalla Jugoslavia alle isole Falkland passando per il Rwanda, la Somalia e tutta la sua amata Africa – e dall'altra, come sempre, l'unica e inimitabile Sara Diena. Accanto a lei Marcello Segre, impegnato da anni in una campagna per la diffusione di defibrillatori, grazie ai quali la vita di molti è stata salvata. Quella mattina la notizia della scritta Jud, con la stella di David vergata sulla sua porta di casa, ci aveva scosso tutti. Vicino a Marcello, Mattia Angeleri, amico praticante avvocato e ideatore della pagina satirica Aqtr (Aggiornamenti quotidiani dalla terza repubblica). A fianco, Mattia Santori, Sardina numero uno a tutti gli effetti. «Due Mattia sono comunque meglio di un Matteo» diceva la didascalia che qualcuno di noi per ridere aveva scritto sotto una loro foto assieme.

Dopo pranzo l'allegra combriccola si è spostata in quello che era divenuto il quartier generale delle Sardine torinesi, HuB09 di Marco Faccio. Dopo un lungo momento di confronto, era tempo che ognuno tornasse alle proprie faccende della domenica pomeriggio. Mattia S. quella sera doveva essere a Milano a *Che Tempo Che Fa*, io, un po' stanco ma contento, dovevo andare a una riunione organizzativa di Fridays. Gli dissi che eravamo fortunati ad averlo, che in pochi – catapultati in modo inaspettato dalla propria quotidianità a un impegno politico e mediatico travolgente – sarebbero stati in grado di tenere botta. Ma anche che molte cose non mi erano piaciute. Gli dissi che la sfida era creare una realtà il più possibile orizzontale e funzionante. Mi rispose che era arrivato il momento di una prima vera assemblea nazionale della Sardine. L'avremmo fatta a Napoli, alle Vele di Scampia, in linea con l'attenzione alle zone periferiche, alle piccole città e alle località di provincia, che spesso si sono rivelate più vulnerabili ai toni populisti e sovranisti. La pandemia ci ha tolto anche questa possibilità.

Da qualche parte ho letto che i movimenti che crescono esponenzialmente e poi perdono spinta sono troppo dinamici per i processi strutturati, e che questi sono necessari nel momento in cui il successo va consolidato. Un movimento può anche ottenere relativamente in fretta un coinvolgimento politico, ma deve pure pianificare strategicamente il dopo, ammesso che voglia avere un dopo: il punto di arrivo originario delle Sardine era il voto in Emilia-Romagna.

Nel contesto anormale in cui ci troviamo è tuttavia difficile applicare questo ragionamento. Per un movimento nato dalla voglia di stare assieme, stretti come sardine, l'emergenza Covid è stata una mazzata. Molto era rimasto latente nelle profondità più oscure della nostra società, e in questo momento disastroso tanto è venuto a galla. La pandemia ha aperto il vaso di Pandora: dalla sanità al collasso al lavoro nero, dai tagli alla scuola ai cambiamenti climatici. Sono emerse le cose che dovevano cambiare e non sono cambiate, e le cause di molte altre che invece sono mutate. Prima tra tutte, nel bene e nel male, l'attenzione dei cittadini ai dibattiti d'attualità e l'interesse della popolazione nelle scelte.

Se le Sardine avevano fatto riscoprire la bellezza della politica, con l'emergenza sanitaria la cittadinanza è tornata a rendersi conto dell'importanza e incisività che le decisioni politiche hanno sulla vita di tutti i giorni.

> Si vedeva che non ero ancora un'attivista, perché allora trovavo singolare l'abitudine di Giorgio di telefonarmi, anche per la più semplice delle comunicazioni; ora non c'è persona a cui non raccomandi di farmi uno squillo, se vuole sperare in una risposta. Ed è andata proprio così quel lontano 17 novembre, quando mi chiamò per partecipare a una riunione. Nella richiesta non aveva specificato che si sarebbe trattato di un incontro organizzativo del nascente gruppo delle Sardine di Torino, ma a posteriori ho sempre pensato che neanche lui ne fosse davvero a conoscenza. Da lì l'ennesima avventura insieme.
> Reduci da un 27 settembre infuocato, abituati a interfacciarci con studenti, ci siamo trovati principalmente tra adulti come avrebbero potuto essere i nostri genitori. Ho da subito ammirato la disinvoltura di Giorgio nel porsi come parlasse con dei

coetanei, spiegando dinamiche di piazza, problematiche logistiche e burocratiche di ogni genere a un gruppo di, appunto, adulti.
Ti svegli un giorno e capisci che sei stufa di voler vivere la vita con un sorriso a trentadue denti, ignorando tutte le cose che non vanno, nella speranza che altri se ne occupino (i politici? i poteri forti?). Ogni domenica a pranzo dalla nonna: «Signore, dà pane a chi ha fame e fame a chi ha pane» ma l'ultima volta che sei andata al Sermig è stata in terza media con la scuola, e al pane a chi ha fame speri ci pensi qualcun altro. Leggi di come tuo bisnonno ebreo, Giuseppe Diena, nel campo di concentramento di Flossenbürg abbia rinunciato al proprio cibo per aiutare i suoi compagni, ti commuovi, ma al senzafissadimora vicino alla scuola non hai mai pensato di portare un panino. Ascolti le storie di tuo nonno partigiano che ha fatto la Resistenza in Valle ma, se sul pullman qualcuno alza la voce contro una persona straniera, chiudi gli occhi nella speranza che qualcuno dica o faccia qualcosa.
Ti svegli un giorno e capisci quel «Se non io, chi? Se non ora, quando?»; così nel pannello immaginario della partita del mondo gli indifferenti hanno perso una giocatrice e i rivoluzionari – intesi come coloro che ambiscono a cambiare le cose – ne hanno guadagnata una. Improvvisamente il tempo inizia ad accorciarsi e l'agenda si riempie di incontri e presentazioni che vanno ad accumularsi a lezioni, esami, lavoro, amiche, fidanzato, e quel gigantesco "resto" che compone la vita di una ragazza innamorata della vita. Elettrizzante. Una corsa unica, alle 17 finisci l'assemblea di Fridays, alle 17.30 in corso Casale ti aspettano le altre Sardine. «Hai chiamato quel partigiano per sapere se ci sarà?». Vuoto. Panico. Poi noti Giorgio che ti guarda sorridendo e senti la voce nella sua testa: «Chissà se anch'io ero così all'inizio». La verità è che questo non è mai stato un percorso individuale, mai per un singolo istante, per

fortuna.
Oggi la mia esperienza con le Sardine può dirsi conclusa. Rimorsi? Pochi. Rimpianti? Qualcuno. Forse avrei potuto fare di più, forse avrei dovuto crederci fino in fondo. Ma non è forse costante in noi questo dubbio? Secondo me, almeno per la squadra dei rivoluzionari, è così.
Si va avanti: la mia vita è scandita dal tic tac del Climate Clock che ci dice che abbiamo meno di sette anni per contrastare la crisi climatica e Fridays for Future ne è parte integrante dentro e fuori la lotta. Cerco di fare del mio meglio come referente del presidio di Libera Hyso Telharaj e dedico le mattine del venerdì a salvare qualche tonnellata di frutta e verdura con la grande famiglia di Solidarietà Alimentare. La prossima sfida? Chiedete a Giorgio, lo saprà sicuramente prima di me.

Sara Diena
Attivista

Che cos'è la politica?

È anzitutto una parola di grande valore. Deriva dal greco *politiké*, che riguarda la *polis*, la città-stato. Indica la scienza e l'arte di governare. Politica è prendersi cura della *polis* in modo virtuoso. È qualcosa di nobile, senza cui qualunque società sarebbe impossibile. Quello che è sporco, corrotto, malsano è il modo in cui talvolta viene esercitata.

Un politico è qualcuno che decide di impegnarsi in prima persona per generare un cambiamento nella propria comunità. Un politico deve essere empatico, competente, disposto a sbagliare e ad ammettere di averlo fatto. Mi riconosco molto nella visione di Max Weber, che descrive il politico come colui (o colei) che fonda la sua legittimità nella sua straordinaria capacità di essere l'anello di congiunzione tra la collettività e il Parlamento. La politica è un impegno, un servizio, non una professione. Credo che questo concetto così importante non sia stato metabolizzato da buona parte di coloro che ci rappresentano, personaggi che siedono nelle stanze del potere da ancora prima che io nascessi. «Il potere logora chi non ce l'ha» diceva Giulio Andreotti. Sono convinto dell'esatto contrario: il potere logora chi ce l'ha.

Quando parliamo di politica non ci riferiamo solo a chi ricopre un ruolo istituzionale, a chi si candida alle elezioni, a chi è iscritto a un partito, a chi va in televisione a confrontarsi e scontrarsi. Tutti e tutte noi, anche inconsapevolmente, facciamo politica. E i primi politici sani sono coloro che, in svariati modi, operano per il bene della propria comunità. «Il mio problema può essere uguale a quello di qualcun altro. Uscirne da solo è avarizia, uscirne assieme è politica» diceva don Milani. L'impegno sociale va di pari passo con l'impegno politico.

Ma anche fare la spesa, comprare un vestito, scegliere con che mezzo spostarsi, dividersi i lavori domestici è fare politica. E non è una roba brutta che deve metterci in soggezione. È molto bello: significa considerare che noi e le nostre scelte contiamo, che possiamo metterci in gioco e cambiare le cose se lo vogliamo. La società si muove dai margini, non dal centro. La democrazia nasce dal basso, e la politica pure.

Politica è organizzare la vita comune e confrontarsi con le persone, a tutti i livelli. La parola è quindi lo strumento di chi fa politica. Per questo amo molto l'espressione «I politici sono solo bravi a parlare» anche se è chiaro che quantomeno provare a convertire le parole in fatti sia fondamentale. L'impegno sociale e politico rappresenta forse la più umana delle occupazioni. E proprio perché è un'attività che si svolge, o che dovrebbe svolgersi, con e per le persone, è un grande miscuglio di emozioni.

A me capita spesso di arrabbiarmi quando le cose non vanno come vorrei. Bisogna stare attenti, perché la rabbia offusca il giudizio, e può essere pericolosa. Fortunatamente in questi anni ci siamo goduti anche tante soddisfazioni e piccole vittorie. L'avventura in cui mi sono imbarcato mi appassiona da matti, e ora come ora non invertirei la rotta neanche per sogno. In tanti mi chiedono come riesco a fare così tante cose: è molto semplice. Se ti piace quello che fai, se lo fai perché ci credi, riesci a fare mille cose: leggere, scrivere, viaggiare, studiare, fare volontariato, andare avanti con l'attivismo.

Da quando mi sono avvicinato alla politica, ho capito che c'erano due modi per farla: il primo è semplificare, trasformare, strumentalizzare temi complessi, il secondo è quello più faticoso: studiare, approfondire, capire. Ho scelto la seconda via, ma non è facile, e non sempre riesco a evitare le scorciatoie semplicistiche.

«Politica non è una parolaccia» mi hanno detto una volta. È il contrario esatto dell'indifferenza. In questo senso, ad esempio, dire che salvare le persone nel Mediterraneo, e portarle al sicuro è oggi diventata un'azione politica per eccellenza, significa avere cognizione di quale partita si stia giocando in mezzo al nostro mare: a seconda di chi sale al potere, si afferma una visione del mondo oppure un'altra, diametralmente opposta.

Uno degli errori più grandi che i politici fanno è porsi in maniera arrogante e pensare di sapere tutto. Bisognerebbe sempre chiedere alle persone come stanno e di cosa avrebbero bisogno. È importante provare ad ascoltare storie diverse da quelle che hai in mente. L'ascolto non deve essere un gesto di facciata: bisogna prestare gli occhi e le orecchie soprattutto ai racconti più scomodi da vedere e sentire. Mandela, per le elezioni del 1994, invece di farsi osannare con comizi e tour in tutto il Paese, decise di dedicarsi, assieme ai membri dell'African National Congress, a una grande campagna di ascolto dei cittadini. Come tutti gli altri dirigenti del suo partito, passava giornate intere ad ascoltare lamentele, idee e proposte per migliorare il Sud Africa. Si sedeva per ore in mezzo alla gente, nelle piazze, nelle fabbriche, nelle baracche di lamiera, sotto un albero, e si faceva raccontare i sogni di una vita e i problemi di tutti i giorni.

In Italia – e non solo – abbiamo assistito negli ultimi anni a un progressivo sradicamento delle forze politiche dal territorio. L'atteggiamento generale è stato ampiamente caratterizzato da un disinteresse benigno, in termini sia di politica economica sia di politica culturale: i ricchi cittadini urbani spesso guardano dall'alto in basso i loro concittadini delle zone rurali e della classe operaia. La sinistra si è parzialmente dimenticata delle istanze e delle lotte che l'hanno sempre distinta, e non è stata capace di costruire comunità e instaurare un vero dialogo con i cittadini, a partire da coloro che vivono situazioni difficili, precarie, svantaggiate.

Non sempre.

In *La politica raccontata ai ragazzi* (De Agostini, Novara 2020) Lia Quartapelle, deputata, racconta dell'apertura di una sede di partito a Milano in zona Buenos Aires e dell'importanza di quest'esperienza, grazie alla quale i cittadini hanno avuto uno spazio per relazionarsi, dibattere e confrontarsi direttamente con i propri rappresentanti nelle istituzioni. Il successo di questo costante impegno è stato evidente in occasione dell'elezione di Giuliano Pisapia a sindaco di Milano.

«Mentre eravamo lì a guardare, un po' di persone si sono fermate, esprimendo simpatia per Giuliano: un gran risultato, in un quartiere storicamente molto ostile alla nostra parte politica. E invece è lì che, da quell'anno, il centrosinistra registra il miglior risultato elettorale di tutta Milano. Io penso che sia in parte anche grazie alla presenza quotidiana in quella sede, alle ore passate ad ascoltare le persone che ogni giorno entrano dalla porta, alle volte che siamo stati alla bocciofila a scambiare due chiacchiere, all'impegno, insieme agli abitanti della zona [...]».

Alla sinistra oggi si rimprovera una perdita di unione. Quello che mi preoccupa maggiormente è invece un'apparente perdita di visione. Se si vuole costruire, bisogna tornare a mettere radici sul territorio, creare piccoli avamposti, farli germogliare.

Già oggi in ogni zona, in ogni Paese ci sono associazioni, gruppi locali, comitati di quartiere che si riuniscono e fanno un pezzo di strada assieme per un obiettivo comune: fare qualcosa di buono per la comunità. È proprio il tuo quartiere o la tua città la palestra migliore se vuoi iniziare a fare politica. È anche questa riflessione che mi ha spinto, dopo l'esperienza di Berlino che mi ha cambiato, a proseguire gli studi a Torino e a investire qui le mie energie.

Accendere il buio

A Torino il gruppo delle Sardine, oltre ad amministrare nella quotidianità il profilo Facebook con 70 000 iscritti, ha sostenuto l'iniziativa di Gelateria popolare minacciata da un gruppetto di neofascisti, partecipato al concerto interreligioso al Sermig, organizzato un evento culturale gratuito al teatro Erba, promosso la raccolta di indumenti, cibo e giocattoli per i senza fissa dimora in collaborazione con l'ospedale Cottolengo, la casa di ospitalità notturna di via Sacchi, la parrocchia di San Marco Evangelista e il convento di Sant'Antonio.

Il 13 febbraio 2020, abbiamo deciso di rispondere ancora una volta alla presenza in città del leader della Lega e ai tanti che ci chiedevano di "fare qualcosa". Non è mai stato nelle nostre corde cercare lo scontro diretto o creare problemi, quindi la sera prima di San Valentino ci siamo dati appuntamento nell'omonimo parco, polmone verde della città, per scambiarci un bacio e un abbraccio. Da qui il nome Bacioni da Torino.

Il Parco del Valentino è diventato da tempo territorio di spaccio, soprattutto dopo il tramonto. I locali che lo animavano chiusi e la scarsa illuminazione hanno favorito dinamiche di questo tipo, su cui volevamo far luce almeno per una sera. È così è stato. Gli altri blindati in una sala per un comizio, noi all'aperto nel bel mezzo della città a dimostrare concretamente la nostra presenza e voglia di incidere. «Le sardine, quando sentono un tonno sotto, creano un grande pallone e la superficie brulica di scintille» aveva detto Erri De Luca. Il 10 dicembre ad accompagnarci c'era proprio un gigantesco pallone volante con la scritta 6000 Sardine, mentre questa volta avevamo Tina, un'enorme sardina così chiamata in onore della partigiana Tina Costa e cucita qualche settimana prima per l'evento di piazza San Giovanni a Roma. Tina ha girato tutte le piazze in una valigia blu, all'interno della quale ogni gruppo locale ha inserito un oggetto che ricorda una questione cara a un determinato territorio.

Quella sera, in cima a una scala, decisi di dire «Ciao, mi chiamo Giorgio e sono in quinta liceo. Ieri sono stato interrogato su Montale. Eugenio Montale in "Piccolo testamento" scrive:

quando spenta ogni lampada
la sardana si farà infernale
e un ombroso Lucifero scenderà su una prora

Non siamo sardane, noi siamo Sardine. Noi accendiamo lampade e portiamo amore quando un lucifero tenta di portare odio».

In questi anni ho sempre creduto che si possa sconfiggere il pessimismo, far rinascere nelle persone una passione per la politica, dimostrare che un'altra politica, fatta con gentilezza e con il sorriso, è possibile. Riporto qui sotto un passaggio che mi ha colpito del già citato libro di Neiwert, che chiaramente ha un'attenzione speciale su quello che accade negli Stati Uniti, che è assolutamente applicabile anche al di qua dell'oceano.

Abbattere quel muro è, nella migliore delle ipotesi, difficile, e nel caso degli adepti fanatici dell'Alt-America, probabilmente non vale il dispendio personale in termini di abusi emotivi che quegli individui amano scaricare su coloro con i quali non concordano. Ma scovare persone che restano alla nostra portata – per le quali il buon senso, la discussione rispettosa e la gentilezza rappresentano ancora valori importanti, anche se magari hanno votato per chissà chi, potrebbe costituire una vera e propria autostrada per un profondo cambiamento sociale. A un certo punto, dovrà esserci una discussione su cosa è un fatto e cosa non lo è, perché sarà quello alla fine a determinare se si può arrivare a stabilire un terreno comune razionale. Ma per giungere fin lì, bisognerà utilizzare enormi dosi di empatia [...]. Non dovete essere d'accordo, dovete soltanto raccogliere informazioni e cercare di capire da dove arrivano, anche se credete che siano profondamente fuorvianti. Fatene un dialogo, non un interrogatorio. Non importa quanto vera e razionale sia la vostra analisi, non cercate di imboccare con la forza il vostro interlocutore, di sicuro non gli andrà giù. Né funzionerà una serie di domande edulcorate con lo scopo sottile di spingere l'altro a «capire». La domanda giusta, posta con abilità e senza aggressività, potrebbe far acquisire lucidità e comprensione inaspettate, e quando una persona capisce qualcosa in modo autonomo è più facile che lo accetti. Le vostre domande dovrebbero essere molto specifiche ma poste non in tono giudicante (si noti che sto definendo quelle domande «specifiche» e non «taglienti» e questo implica che ogni domanda è un'arma).

Le Sardine sono nate dicendo di essere contro il populismo.

Oggi sono consapevoli che, se lo vogliono, oltre che "contro" possono essere "meglio". E possono esserlo con mezzi sconosciuti a chi fa propaganda di mestiere: gratuità, relazioni umane, creatività ed empatia.

Nel nome Sardine c'è tutto. C'è la particolare attenzione per il Sud: già al tempo di Aristotele erano vendute sotto sale dagli antichi a tutti i popoli del Mediterraneo, in particolare nelle nostre grandi isole, Sicilia e Sardegna (da cui prendono il nome: sardine o sarde). C'è la loro peculiare caratteristica di stringersi per esporre il minor numero possibile di individui al pericolo di essere divorati: le persone hanno partecipato per aggiungere la propria voce, altrimenti sola, a quella di migliaia di altri individui – le sardine sono pesci fragili se presi individualmente, ma inarrestabili quando uniti nella potenza del banco. C'è anche un rimando alla grande sfida del nostro tempo: le sardine sono animali del Mediterraneo, ma stanno migrando verso acque più fredde a causa del cambiamento climatico. La bizzarria di questo nome ha pure tenuto conto della particolare tendenza a poter inglobare anche ciò che non assomiglia a se stessi: nel banco le sardine accolgono altre specie.

Ormai sappiamo che la loro forza è il numero, la volontà e la necessità di stare assieme. Le sardine sudafricane, una delle sette sottospecie «formano banchi fino a 7 chilometri e larghi 2, per un totale di circa 30 mila tonnellate di sardine: un lungo nastro argenteo di 430 milioni di individui che si muovono all'unisono" (Francesca Buoninconti, *Senza confini. Le straordinarie storie degli animali migratori*, Codice, Torino 2019).

Passano e i predatori le attaccano: tursiopi, squali, pesci vela dal basso; dall'alto, quando le sardine risalgono in superficie per salvarsi, uccelli come le sule del capo, bianche e nere con i denti aguzzi, si tuffano in mare come dei missili, a 80 chilometri l'ora. Per minimizzare il danno si stringono l'una all'altra e fanno assumere al banco la *bait ball*, una forma sferica. Ogni tentativo di attacco al singolo rende il banco più unito. All'aumentare dell'offensiva, la barriera fisica di corpi si fa più estesa e resistente.

A chi invoca i muri le Sardine rispondono con una visione forte e aperta, in grado di contrastare le disuguaglianze e promuovere la coesione sociale. A chi propina un'idea di società conservatrice e uniformata suggeriscono, come sosteneva Neruda, che la ricchezza di contaminazioni genera bellezza.

Venti di cambiamento

C'è una cosa che in tutta questa storia mi sono dimenticato di dire: alla fine in Emilia-Romagna si è vinto. Un'enorme energia, precedentemente repressa negli animi delle persone, è stata liberata provocando un'ondata di risposta al populismo. Il banco di sardine ha messo in fuga il tonno.

L'alleanza della sinistra, plurale ed eterogenea ma dotata di un'identità politica chiara, ha tutte le carte in regola per fare bene, durante e dopo le elezioni. L'esperienza dell'Emilia-Romagna dimostra che servivano come l'ossigeno, l'esempio della Calabria evidenzia che da sole non bastano; che la domanda di politica si risveglia se l'offerta è adeguata, coraggiosa e coesa.

Hanno detto che le Sardine erano nate da una manipolazione. Falso. Se tante cose lungo il percorso non sono state azzeccate è proprio perché questa grande mobilitazione spontanea è stata lanciata e coordinata da persone che non avevano mai fatto niente del genere prima.

Hanno detto che le Sardine non sono servite a niente. Beh, sono state capaci di risvegliare un interesse forte e un'importante voglia di partecipare. Hanno contribuito in modo decisivo a non perdere l'Emilia-Romagna, cioè quello per cui in piccolo erano nate.

Hanno detto che era tutta una farsa per fondare un nuovo partito. Falso, ancora. L'hanno scritto chiaramente: «La forma stessa di un partito sarebbe un oltraggio a ciò che è stato e che potrebbe essere. E non perché i partiti siano sbagliati, ma perché veniamo da una pentola e non è lì che vogliamo tornare». Chiedere di mettere in un contenitore una mobilitazione vera è come mettere confini al mare.

Le Sardine hanno dimostrato che si può essere soggetto politico senza chiedere voti, senza promettere nulla, ma solo chiamando a raccolta perché cambi radicalmente, prima di tutto, la comunicazione politica, perché si sposti l'attenzione dall'individuo, passando per le persone, per approdare ai temi. Nonostante fossero controcorrente, si sono schierate in modo netto per il No al referendum sul taglio dei parlamentari, o sul taglio della democrazia, se così vogliamo vederla.

Hanno ricordato che bisogna abbracciare la complessità, superare la superficialità; che non ci sono diritti di qualcuno, ci sono diritti di tutti; che non esistono graduatorie di chi merita e chi non merita.

Il movimento delle Sardine ha mostrato a chiunque disposto a guardare che non esistono individui abbastanza affamati di potere da riuscire a piegare un'intera comunità, quando questa è inclusiva, libera, creativa e resistente. È davvero così: se lo vogliamo, il populismo è già finito. Se lo vogliamo davvero, la stagione delle bugie potrà dirsi conclusa. Se lo vogliamo, la testa sarà più forte della pancia. Se lo vogliamo, la politica tornerà a essere una cosa seria. E soprattutto una cosa bella.

Alla creatività, all'arte, all'uso misurato delle parole e all'idea che si possa fare politica divertendosi consegniamo il nostro futuro, senza chiedere a nessuno di venirci dietro. Ciascuno prenda la direzione che vuole, segua i venti che ritiene lo porteranno lontano, ma non si faccia ammaliare dalle sirene. E ricordi sempre a se stesso che la libertà è piena solo se ha la forza di riconoscere gli avversari e, pacificamente, di sommergerli.

All'acqua del mare le Sardine hanno affidato la loro amicizia e le speranze che la gente ha riposto in questo movimento. Nell'estate del 2020 il vento ci ha spinto lungo rotte diverse e il mio percorso ittico si è arenato. Ricordo però con grande gioia ed emozione questa storia, una storia di persone e politica, entrambe parole con la P maiuscola. A quella stessa acqua del mare io affido questo racconto e il mio libro.

Che ne è stato poi delle Sardine? Il fatto che se ne sia parlato meno non significa che si siano estinte. Se ricordate il discorso sull'impatto e la presenza mediatica dei movimenti, possiamo dire che le Sardine, dopo un periodo sempre sulla cresta dell'onda, soprattutto a causa della pandemia, sono rimaste un po' a mezz'acqua, in uno stato di quiescenza, pronte a riemergere.

La loro forza propulsiva era la dimensione collettiva. Ora sono parte della frammentazione del mondo in un sistema dove l'area progressista è diventata bandiera della conservazione. L'importante adesso, come hanno sottolineato, è fermare la pandemia, interrogarsi su cosa ci ha portato a questa situazione, e poi tornare a galla. Dove si nuota si può decidere solo se si sopravvive.

Navigano sotto la cresta dell'onda giorno per giorno, anche perché nella situazione attuale è difficile pianificare un progetto continuativo.

Il nemico vero non è il Covid ma il modello di sviluppo in cui è stato concepito, dove ha trovato facile diffusione. La pandemia ci ha tolto la possibilità di avere orizzonti, ma adesso dobbiamo riniziare a costruirli. Nell'ultimo anno e mezzo le Sardine non hanno più avuto l'acqua delle piazze in cui nuotare. Sono state costrette a rimanere in scatola ma non sono certo rimaste ferme: la scuola di politica, i 2500 pasti consegnati a Napoli, i 300 000 euro raccolti per l'ospedale di Sassari, le 5000 mascherine ai senzatetto di Milano e via elencando.

L'esperienza ittica ha riportato a casa un popolo di sinistra smarrito, ha fatto alzare i rassegnati dal divano. Ora non stanno più surfando sull'onda ma esistono e resistono. E vogliono diventare laboratorio di una nuova sinistra allargata, dare una mano a mettere d'accordo i coinquilini.

Le Sardine rimangono un movimento aperto, propositivo, in continuo divenire. Le loro piazze non sono appartenute a nessuno, o meglio, sono appartenute a chi in quel momento c'era. Sono state senza bandiere e senza simboli ma non senza opinioni; contro la violenza in tutte le sue forme, dalla parte di coloro che hanno il coraggio di schierarsi per l'uguaglianza e la giustizia sociale.

A dirla tutta, le Sardine non esistono, non sono mai esistite. Sono state un pretesto. Potevano essere salmoni, sogliole o stelle di mare. La realtà è che c'era un bisogno condiviso di tornare a sentirsi liberi, partecipi, padroni del proprio destino. La pentola era pronta per saltare. Poteva farlo e lasciare tutti scottati. Questo movimento le ha permesso semplicemente di fischiare.

Il 14 novembre avevano annunciato che stava prendendo avvio una campagna elettorale difficile. Lo avevano intuito quando hanno letto quel «liberiamo» così inopportuno e offensivo per le strade di Bologna. Ne abbiamo tutti avuto la conferma definitiva quando la memoria di Kobe Bryant è stata associata su Twitter a un'intenzione di voto in favore di una candidata governatrice per scopi propagandistici il giorno stesso dell'elezione, in pieno silenzio elettorale.

Cari populisti e sovranisti, avete toccato il fondo. Più e più volte. Mentre milioni di persone, dentro e fuori dall'Italia riscoprivano quella cosa meravigliosa che è la politica, voi non perdevate occasione per sminuirla. Vi siete concentrati sull'attaccare gli avversari perdendo di vista i contenuti che anche i vostri potenziali elettori, magari, avrebbero gradito ascoltare. Sardine o non Sardine, per anni ci avete sminuiti, sbeffeggiati, umiliati come cittadini e cittadine, e come elettori. Avete invocato i porti chiusi e urlato all'invasione ma quando c'era da parlare di riforma dell'Accordo di Dublino e di un sistema di redistribuzione delle richieste d'asilo non vi siete neanche presentati. Vi siete riempiti la bocca di patriottismo per poi astenervi quando in Europa c'era da decidere se destinare 209 miliardi all'Italia. Avete suonato un campanello di troppo e chiesto uno «scusa» di meno. Ma alla fine avete perso. Sonoramente. Nonostante la marea di soldi che continuiamo a non sapere da dove provengano. Nonostante le continue strampalate invenzioni per avvantaggiare l'algoritmo e scombussolare i media. Nonostante le ore passate a fare selfie con i passanti. Nonostante le sagre di paese che avete occupato. Nonostante i vicoli che ci avete venduto come piazze gremite. Nonostante l'acqua del Po distribuita in Calabria. Nonostante gli slogan, i gattini e il pane e Nutella.

Forze populiste e sovraniste, vi siete spinte troppo lontano dalle vostre acque torbide e dal vostro porto sicuro. Squali e pescecani, avete saggiato la forza del banco. I piccoli pesci ora sanno che quando riescono a stare assieme non c'è grande predatore che tenga.

Per quanto forte soffi il vento del populismo, alla libertà non si possono mettere confini, così come non si possono mettere confini al mare.

Benvenuti in mare aperto.

6. Ultime spiagge

Questa sera vi racconto una storia che potremmo trovare nei libri di fiabe.

C'era una volta un paesino della Calabria, con un borgo antico abbarbicato sulla montagna e una lingua di sabbia dorata, bagnata dalle acque dello Ionio. Come molti paesi del Sud, aveva conosciuto l'emorragia dell'emigrazione: abitanti costretti ad andarsene, chi in Argentina, chi in Australia, chi in Germania o nel Nord Italia. Così le case erano rimaste vuote e i campi, privi di braccia che li lavorassero, incolti e abbandonati.

La scuola era stata chiusa. Un'unica azienda prosperava nella zona: la 'ndrangheta.

Poi, la notte del primo luglio 1998, accadde qualcosa che avrebbe cambiato il destino del paese per sempre. Un veliero di 35 metri arrivò di fronte alla costa. A bordo c'erano 184 persone, tra cui 72 bambini. Tutti curdi di varie nazionalità, in fuga dagli Stati in cui vivevano, che non avevano mai smesso di perseguitarli.

Erano partiti dalla Turchia una settimana prima pagando per quel viaggio 4000 marchi a testa. I trafficanti avevano intascato in cash e poi li avevano lasciati in balia delle onde.

Erano stati trascinati dal vento, e ignoravano di essere sbarcati in un luogo il cui nome, nelle lingue mediorientali, significherebbe "posto del vento". È così che gli antichi chiamavano Riace.

I profughi furono accolti nella Casa del Pellegrino, struttura pensata per ospitare i fedeli che giungono in paese nei giorni della festa patronale. Dopo alcuni mesi trascorsi lì, un gruppo di volontari si attivò per trovare loro una diversa sistemazione. Tra questi c'era Mimmo Lucano, insegnante calabrese emigrato in provincia di Torino, che qualche anno prima aveva deciso di tornare per fare la sua parte per la sua terra.

Durante la riunione convocata per valutare le possibili soluzioni, un ragazzo, Hasad, prese la parola per dire: «Questo è un paese di case senza gente, noi siamo gente senza casa. Questa potrebbe essere la nostra nuova patria». Mimmo Lucano, che da quando era rientrato aveva disperatamente cercato un'idea per far rinascere il paese, ora l'idea l'aveva davanti agli occhi.

Per prima cosa chiamò i proprietari delle case abbandonate del borgo antico, all'estero ormai da generazioni. E accadde il primo miracolo: tutti acconsentirono a ospitare gratuitamente i migranti, perché tutti avevano sperimentato sulla loro pelle cosa significhi dover ricominciare daccapo in una terra lontana, soli e senza aiuti.

Riace entrò a far parte del sistema Sprar, Sistema di protezione per richiedenti asilo e rifugiati, e iniziò a investire i fondi ministeriali destinati all'accoglienza – i tanto vituperati 35 euro al giorno per migrante – per mettere in piedi attività commerciali gestite solidarmente da vecchi e nuovi residenti. Così si creava lavoro per tutti.

Il vecchio frantoio in disuso fu recuperato e gli fu dato un assetto cooperativo, mentre il mulino divenne sede di un laboratorio dove le donne riacesi insegnavano a donne curde, afghane e africane l'antico mestiere della tessitura, il che permise di aprire botteghe per la vendita di prodotti artigianali ai turisti; in vecchie cantine abbandonate nacquero laboratori di ceramica, ricamo, vetro, legno, cioccolateria.

Vennero riaperte le scuole – dell'infanzia ed elementari –, perché finalmente con i figli dei migranti c'era un numero di alunni sufficiente a formare le classi: possibilità altrimenti preclusa ai bambini di Riace.

Nel sistema messo in piedi da Lucano, l'immigrazione non era un problema da trattare con l'assistenzialismo, ma un'opportunità per risolvere insieme i problemi. A Riace si stavano costruendo possibilità di sviluppo, proprio dove lo Stato era stato a lungo assente.

Ogni volta che insorgevano difficoltà, Mimmo Lucano trovava soluzioni ingegnose. Un esempio: per facilitare la raccolta porta a porta dei rifiuti nei vicoli stretti e ripidi del borgo, che i veicoli a motore non riuscivano a percorrere, rispolverò un tipo di trasporto usato fino alla Seconda guerra mondiale: carretti trainati da asini. Coinvolse la comunità rom per la loro costruzione e affidò il servizio a cooperative sociali, dove i più poveri ebbero un contratto di lavoro dignitoso. In questo modo, oltre a rendere più efficiente e meno costosa la raccolta, si teneva lontana la criminalità organizzata, che spesso mette il cappello anche sul business dei rifiuti.

Il borgo, che prima dell'arrivo dei profughi aveva 600 anime ed era destinato allo spopolamento, arrivò a ospitare contemporaneamente anche 800-900 migranti, provenienti da 20 Paesi. I vicoli tornarono a riempirsi di voci, di bambini che giocavano, di gente che chiacchierava, di turisti.

Mimmo Lucano fu eletto sindaco per tre volte di seguito. Il suo modello di accoglienza era studiato e celebrato in tutto il mondo. La rivista *Fortune* lo inserì come unico italiano nella lista dei 50 leader più influenti del Pianeta.

Se fosse una fiaba, questa storia dovrebbe finire con «e vissero tutti felici e contenti». Ma questa non è una fiaba. E non è finita così.

Nel 2016 un'ispezione del servizio centrale dello Sprar, e una successiva della prefettura di Reggio Calabria, rilevarono criticità nel sistema di accoglienza di Riace. La magistratura aprì un'inchiesta, ma intanto i rimborsi spese per l'accoglienza erano stati sospesi dal ministro dell'Interno Minniti. Fu disposta la chiusura del centro di accoglienza straordinaria.

Tra le 150 persone che vi erano ospitate c'era Becky Moses, nigeriana di 26 anni che a Riace aveva trovato casa e lavoro. Di lì a poco le sarebbe scaduto il permesso di soggiorno. Avuta notizia della chiusura del centro, cercò un'altra sistemazione. Raggiunse alcuni connazionali nella baraccopoli di San Ferdinando, un ghetto simbolo del fallimento della politica migratoria italiana.

La notte del 27 gennaio 2018 nella baraccopoli scoppiò un incendio, generato forse da un falò che i migranti avevano acceso per scaldarsi. Becky Moses morì carbonizzata. Mimmo Lucano volle che i suoi resti fossero seppelliti nel cimitero di Riace, dove la ragazza era stata felice.

Neanche un mese dopo la morte di Becky, al Comune di Riace arrivò il rapporto sull'ispezione che l'anno prima la prefettura aveva condotto sul centro di accoglienza. Riace vi era descritta come un miracolo di integrazione multietnica e, a differenza che nelle ispezioni precedenti, si riconoscevano i valori umani di quell'esperienza.

Ma non bastò. Per la politica, che proclamava l'equazione tra immigrazione, invasione e terrorismo, il modello Riace andava fermato, infangato, cancellato. Perché dimostrava nei fatti che l'accoglienza poteva essere un'opportunità per le comunità locali, un esempio di convivenza pacifica fruttuosa per tutti. Se il modello Riace fosse rimasto attivo avrebbe svuotato di senso tutta la propaganda fondata sulla paura.

Nel 2019 il Viminale, guidato da un nuovo ministro, escluse il comune di Riace dalla rete dello Sprar e dispose il trasferimento altrove dei migranti. Un provvedimento che negli anni successivi sarebbe stato annullato prima dal Tar, Tribunale amministrativo regionale, poi dal Consiglio di Stato. Nella sentenza i giudici scrissero che quel modello era «assolutamente encomiabile». Era un'eccezione alle "normali" politiche di accoglienza, che si opponeva alla Calabria dell'abbandono, della pochezza istituzionale, dei commissariamenti eterni di cui ora stiamo vedendo i risultati. Ma intanto era stato smantellato.

Il 2 ottobre 2018 il sindaco Lucano fu arrestato per favoreggiamento dell'immigrazione e fraudolento affidamento del servizio di raccolta rifiuti. Evidentemente il problema erano gli asinelli. Venne sospeso dall'incarico, con il divieto di rientrare a Riace: un esilio durato 11 mesi. [...]

Nonostante le vicende giudiziarie, la sospensione dei fondi, la cancellazione dei progetti Sprar, ancora oggi nelle case di migranti italiani, recuperate dall'abbandono, vivono circa rifugiati. Perché lì sono stati accolti senza che si sentissero stranieri. Il modello vive e resiste anche senza fondi statali.

La parola "modello" a Lucano non è mai piaciuta. Ha spiegato il perché con queste parole: «Da sindaco e non solo, mi sono fermato al dovere e all'orgoglio di aprire le braccia a chi era in difficoltà, con l'unico modello imperfetto che conosco: quello dell'umanità.

Così Roberto Saviano, nella trasmissione televisiva *Che Tempo Che Fa* del 24 novembre 2020, ha raccontato la storia di Mimmo Lucano. Una storia di speranza, una storia che ci fa capire come sia possibile integrare con successo, una storia che ci racconta come sia necessario andare oltre quello che è già stato sperimentato, soprattutto se gli esiti non sono quelli che ci si sarebbe augurati.

Tra la casa e il giardino

L'Europa è una casa di anziani di fronte a un giardino d'infanzia, l'Africa.

Secondo il demografo Massimo Livi Bacci, intervistato dall'agenzia di stampa Agi, l'Italia, dopo il Giappone, è il Paese più vecchio al mondo: nel 2020 il 7,5% della popolazione ha più di 80 anni. In Europa i Paesi con livelli di invecchiamento più elevati, oltre all'Italia, sono la Germania, la Francia e il Regno Unito. La percentuale delle persone in età lavorativa è in netta diminuzione, mentre il numero dei pensionati è in aumento.

La quota di anziani sulla popolazione totale aumenterà notevolmente nei prossimi decenni. Ciò, a sua volta, determinerà un onere maggiore per le persone in età lavorativa, che dovranno provvedere alle spese sociali generate dall'invecchiamento della popolazione per fornire una serie di servizi a essa correlati.

Nei prossimi quarant'anni la popolazione mondiale aumenterà di oltre 2 miliardi di abitanti, toccando i 9,5 miliardi, metà dei quali nasceranno in Medio Oriente e in Africa. In questo caso, il cambiamento demografico è profondamente caratterizzato dal considerevole aumento del numero di giovani. Oggi più del 40% della popolazione della regione nordafricana e mediorientale ha un'età compresa tra 5 e 24 anni.

Varie cause, tra cui il degrado della natura – contemporaneamente motore e conseguenza della debolezza socio-economica, con i due fenomeni che si alimentano a vicenda –, ci portano a pensare che presto un consistente numero di esseri umani si metterà in viaggio. In un continente che si avvia a ospitare una popolazione di 2,5 miliardi di individui nel 2050, anche un piccolo aumento in percentuale della mobilità forzata, che già oggi si verifica, merita la nostra attenzione.

Le differenze che riscontriamo possono portare a grandi potenzialità, se le valorizziamo. Il Mediterraneo, ora principalmente una fuga dalla tensione e dalla miseria che caratterizzano le sue coste meridionali e i territori a esse adiacenti, può tornare a essere quello che è stato per secoli, fonte di prosperità e crocevia di popoli. Invece di dividere, può rappresentare una possibilità per far incontrare le due esigenze.

Una volta riconosciuto che, sotto diversi aspetti, non bastiamo a noi stessi, abbiamo due strade. O andiamo e saccheggiamo, come abbiamo sempre fatto, o andiamo e ci incontriamo. Finora i Paesi dell'Occidente globalizzato, sin dai tempi del colonialismo e dell'imperialismo, hanno scelto la prima via.

Tra la casa di riposo e il parco giochi si poteva realizzare un attraversamento pedonale, un semaforo, un incrocio ben delineato e regolato. Invece abbiamo permesso che sotto quella strada si aprisse una voragine. E ora, chi vuole provare ad attraversare il burrone che è rimasto, si trova costretto ad affrontare i rischi e a buttare il cuore oltre l'ostacolo. Non è detto però che il cuore continui a battere lungo tutto il viaggio.

Come dice Baricco, a volte il mare è senza strade, senza spiegazioni. È la banalità del mare. Noi però ci siamo impegnati a farlo diventare uno sterminato giardino di morti, senza croci né confini.

Questo chiaramente accade solo in un senso di marcia. Nell'altro, basta acquistare un biglietto aereo, esibire un documento e i giochi sono fatti. A rischio zero.

Nel 2017, ben prima della cosiddetta "chiusura dei porti", sono sbarcati in Italia (sottolineo sbarcati perché molti, come si è detto, hanno poi proseguito il viaggio per altri lidi) 119 369 stranieri. Ebbene, nello stesso periodo sono emigrati 128 193 italiani: di tutte le età e per le più diverse destinazioni (America 47%, altri Paesi europei 45, Australia 6, Africa 1%). Il saldo tra la loro "invasione" e la nostra fuga di cervelli è di -8824. In entrambi i casi si tratta di persone alla ricerca di una vita migliore (ma nel nostro Paese non ci sono, per fortuna, né guerre né carestie). C'è una sola, grande differenza: che i nostri migranti quando si spostano non trovano porti o confini chiusi e si vedono riconosciuta una serie più o meno ampia di tutele.

Abbiamo già visto come non sia la presenza nel Mediterraneo di navi o di condizioni meteorologiche favorevoli a determinare le partenze. «Maltempo e mareggiate non fermano gli sbarchi sulla rotta jonica» è l'inizio di un articolo di Alessia Candito su *La Repubblica*. Nel dicembre 2020, due giorni dopo lo spiaggiamento a Locri di un veliero con a bordo 100 persone, altre 65 furono salvate al largo di Roccella, dove il peschereccio su cui viaggiavano era stato messo in seria difficoltà da una tempesta durata giorni. A bordo c'erano 42 adulti, 13 minori con le famiglie e altri 10 non accompagnati, di nazionalità egiziana, siriana, irachena, turca, afghana. Nonostante le pessime condizioni del mare, avevano tentato la traversata. La tempesta li sorprese al largo delle coste joniche calabresi, dove furono intercettati, messi in sicurezza e rimorchiati a riva dalle motovedette della Guardia costiera.

Nel frattempo a Locri si era scatenata una gara di solidarietà per i 100 migranti che viaggiavano sull'imbarcazione arenatasi sul litorale cittadino. Pochi erano rimasti indifferenti a quel fiume di esseri umani infreddoliti e terrorizzati, che a piedi si dirigevano verso il palazzetto dello sport. I vestiti laceri, molti a piedi nudi, con i bambini stretti in braccio o tenuti per mano, erano tutti stremati dopo essere rimasti per giorni senza mangiare né bere. «Una bimba, avrà avuto quattro o cinque anni – ricorda una delle volontarie – camminando verso il palasport si è chinata a bere da una pozzanghera».

Di fronte a scene del genere, la ben nota ospitalità meridionale non si è fatta attendere. Molti si sono presentati al palazzetto con vestiti asciutti, scarpe, coperte, cibarie, prodotti da bagno, dolci per i bambini. Quando i volontari hanno comunicato che gli aiuti avevano ampiamente colmato le necessità primarie, al centro di raccolta sono arrivati centinaia di album da disegno, matite colorate, giochi per bambini. La gara di solidarietà si è conclusa con cinque camion di materiale raccolto. La Protezione civile si è fatta carico di conservarne l'eccesso per poi distribuirlo nel tempo a chi più ne avrebbe avuto bisogno, italiani e non.

«Una giornata da ricordare per l'intera Locride» ha sottolineato il sindaco Giovanni Calabrese. «A un evento negativo, dettato dalla disgrazia di poveri migranti, si è reagito con quanto di positivo è presente nei cuori immensi della nostra gente. Vederne accorrere tanta a donare ciò che poteva ai più sfortunati è stato qualcosa di emozionante e di rassicurante. Dimostra che nessuno verrà mai lasciato solo. Così, come più volte negli anni per i nostri residenti, è stato per il disperato ospite che ha deciso di affrontare il mare invernale pur di avere un barlume di nuova speranza. Locri e la Locride sono da sempre terra di accoglienza e, nonostante le innumerevoli difficoltà logistiche, strutturali e sanitarie, il nostro spirito di cittadini accoglienti si è manifestato in poche ore. Chi ha potuto ha donato, chi ha potuto ha servito. Con manodopera volontaria, a pulire, sistemare, spostare. Un'attività alacre che in poche ore ha cambiato totalmente anche il nostro prossimo Natale».

Storie come queste, e ce ne sono tante, spezzano in modo tangibile la retorica dello scontro di civiltà e prosciugano il brodo in cui sguazzano i fanatici e coloro che li aizzano. L'Italia fortunatamente ha tante belle esperienze di accoglienza ed emancipazione, anche se sono forse più isolate e meno raccontate.

Ali è arrivato in Italia su un barcone, così come altri 60 ragazzi originari del Ghana, Senegal, Guinea, Nigeria, partiti in cerca di una vita dignitosa. Ed è questo che ha offerto loro il centro

Don Bosco 2000, che a Catania ha trasformato un centro di prima accoglienza in un ostello con lido balneare annesso, gestito integralmente dai cosiddetti migranti. Da accolti, ora accolgono. È un sogno che si realizza e una risposta concreta alle necessità della fase post-accoglienza, dove le persone arrivate si trovano spesso per strada e, per poter rinnovare il permesso di soggiorno, hanno bisogno di un contratto di lavoro.

Non si tratta solo di un supporto di vitto e alloggio, ma di un vero progetto di inserimento e incontro. Gli uomini e le donne dello staff multietnico studiano e lavorano allo stesso tempo, gestiscono il servizio di accoglienza turistica, dal ristorante all'ostello, dalla spiaggia attrezzata al bar, animano i gruppi estivi, si occupano della manutenzione del verde e della pulizia esterna, e si prodigano per far rispettare rigorosamente le misure anti-Covid, che in Sicilia fino all'autunno del 2020 non si sapeva nemmeno che cosa fossero. Non a caso il progetto si chiama "(E)state sicura" e nella nostra Penisola è solo uno dei numerosi esempi virtuosi di questo tipo, di cui troppo poco si parla.

Effetto cicogna

Già prima della pandemia esistevano una crisi e un disagio collettivo vero dovuto alla divaricazione della forbice delle disuguaglianze. Essi vengono attribuiti dai populisti a "non fattori", cioè all'istituzione di una relazione causale tra cose che non ne hanno alcuna. Un semplice esempio è: «Se voi state male è per colpa dell'invasione, dei neri che arrivano col barcone e vi rubano il lavoro». Immagino sia in risposta a questo insaziabile rigurgito che il mio amico Willie Peyote ha pubblicato la canzone "Io non sono razzista ma"

Stando ai discorsi di qualcuno
Lampedusa è un villaggio turistico
I cinesi ci stanno colonizzando
E ogni Imam sta organizzando un attentato terroristico
Stando ai discorsi di qualcuno
Gli immigrati vengono tutti in Italia
Qui da noi non c'è più futuro
Guarda i laureati emigrati in Australia
Beh, è troppo facile dire «Questi ci rubano il lavoro
Devono restare a casa loro!».
Che poi se guardi nelle strade della mia città
Ci sono solo kebabbari e compro oro
Ma pensa che se uno che non sa bene la lingua
E non ha nessuna conoscenza
Riesce a fotterti il lavoro con questa facilità
Ti servirebbe un esame di coscienza.

Al di là di quest'ultima cosa che mi fa sempre sorridere, quella degli stranieri che "ci rubano il lavoro" è, oltre che una violazione di qualunque etica politica, una grande falsità. Siamo sicuri che i migranti siano responsabili dell'impoverimento e dell'aumento delle disuguaglianze? I fatti dicono di no e prendersela con chi non c'entra nulla non fa che aggravare il problema.

È l'effetto cicogna: in passato, quando nasceva un bambino, si era soliti tenere il camino acceso per più tempo. Questo è un fattore. Si credeva, forse a ragione, che alle cicogne piacesse stare sui tetti, specialmente vicino al calduccio dei comignoli: un altro fattore. In buona sostanza, capitava che i neonati e le cicogne arrivassero a casa quasi in contemporanea. Ma questo non significa che siano davvero le cicogne a portare i bambini, giusto? I due fattori sono in concomitanza, ma non direttamente correlati.

Bisogna individuare i disagi, contrastarli e contrastare le logiche che sostengono nessi causali tra fattori che sono semplicemente concomitanti – o forse neanche quello – per spaccare la società, che invece dovrebbe essere il più possibile unita per arginare le violenze.

L'inversione di tendenza, quando cioè i figli hanno cominciato a stare peggio dei padri, è cominciata nella nostra società già alla fine degli anni Ottanta, dunque ben prima che nel nostro Paese si affacciasse il fenomeno dell'immigrazione. La ragione primaria della crisi odierna sta nell'affermarsi, a livello politico globale, dell'idea che il mondo attuale sia non solo il migliore, ma l'unico possibile. La situazione si riassume nello slogan «È l'economia, bellezza!» incurante della circostanza che «economia» è una definizione astratta che non dice nulla, mentre i sistemi economici sono molti ed eterogenei. Di fronte alla crescita del disagio, si sta inoltre consolidando la convinzione che si tratti di un qualcosa di inevitabile; da qui la tendenza a ignorarlo o a governarlo in maniera repressiva, mettendo in secondo piano la sofferenza delle persone. È accaduto per la povertà, per la marginalità, per la devianza. Accade oggi per l'immigrazione.

In Italia, tuttavia, la grande maggioranza degli immigrati è socialmente inserita e lavora o studia. Parliamo di chi ha il permesso di soggiorno, perché gli altri sono difficilmente rappresentabili nelle statistiche. Anche qui, pochi numeri: gli occupati stranieri nel nostro Paese sono il 10,5% della popolazione attiva (in linea con l'incidenza sulla popolazione complessiva, considerato che l'età media dei migranti è inferiore a quella degli italiani). Hanno di solito retribuzioni inferiori e lavorano soprattutto nel settore alberghiero e della ristorazione, nell'edilizia, nell'agricoltura e nei servizi di cura alle persone. Ci rubano il lavoro? Non certo negli ultimi settori indicati, da anni abbandonati dagli italiani e in cui sono frequenti situazioni di sfruttamento. Una concorrenza forse può esserci in altri ambiti, ma certo non più di quanto accada per i lavoratori italiani all'estero che, come in passato, continuerebbero ad andarsene anche se, per incanto, l'Italia non fosse più toccata da migrazioni.

Il contributo straniero alla forza lavoro è incredibile. A motivare quest'affermazione non sono solo le chiare argomentazioni come il fatto che gli immigrati si prestino a lavori che gli italiani sono restii anche solo a pensare di fare, o come in un Paese di persone sempre più anziane solo l'immissione di lavoratori stranieri consenta di sostenere diversi settori dell'economia e di pagare, con versamenti contributivi, le pensioni. Lo evidenziano anche i dati: a chi sostiene che gli stranieri "ci costino" rispondiamo che gli immigrati, stando ai dati dell'Agenzia delle entrate, versano 8 miliardi di euro l'anno di contributi sociali e ne riprendono, in termini di servizi, 3 miliardi. La presenza degli immigrati in Italia ha quindi un saldo netto a favore dei non-immigrati di ben 5 miliardi di euro. Il fenomeno in generale, dunque, non ha nulla di eccezionale ed è in buona parte una risorsa.

Certo, ci sono gli irregolari, o in attesa di risposta a una richiesta di protezione o di asilo, che – si dice – spacciano, rubano, violentano o comunque non fanno niente tutto il giorno, creando disordine, insicurezza, paura. Soffermiamoci, dunque, su di loro. Cercherò di non usare mai il termine "clandestini" perché anche solo il termine rimanda inconsciamente a qualcosa di oscuro e inquietante. La sua etimologia risale al latino *clandestinus* da *clam*, di nascosto, e *dies*, giorno, colui che si nasconde al giorno. Forse è per questo motivo che la foto di Alan Kurdi, il cui corpicino restituito dal mare si trovava lì sulla spiaggia, sotto la luce del sole e davanti agli occhi di tutti, ha spiazzato il mondo.

Nei luoghi comuni precedentemente citati ci sono alcuni, limitati, aspetti di realtà. Limitati perché la gran parte dei migranti non delinque e non se ne sta certo con le mani in mano. Alcuni irregolari spacciano e commettono reati. È vero. Ma qual è la ragione? Sono forse antropologicamente diversi da noi o dai loro connazionali che studiano e lavorano nel nostro Paese? Non vi sembra una spiegazione un po' debole?

Una parte della risposta sta in una politica (di destra e di sinistra) dal fiato corto; sta nel deficit di programmazione che li ha lasciati, dopo il loro arrivo in Europa, senza seri interventi di sostegno, ammucchiati in grandi strutture inadeguate, senza possibilità di lavoro, esposti alle proposte della malavita organizzata. Una polveriera pronta a esplodere.

Chiamati a raccolta

Tra i migranti che non se ne stanno con le mani in mano ci sono sicuramente le decine di migliaia di lavoratori agricoli in nero. Se il Nord ha soprattutto bisogno di badanti, al Sud c'è una forte richiesta di lavoro manuale in agricoltura: richiede una forte presenza di lavoratori stagionali la coltivazione di frutta e verdura, così come molti altri settori della produzione agricola in Europa. E spesso si ricorre a lavoratori irregolari. La loro inesistenza giuridica li rende particolarmente sfruttabili e provoca un disagio esistenziale in una società strutturata secondo criteri razzisti. Molti vengono trattati come schiavi, merci esposte al mercato delle braccia, denudati di qualsiasi umanità.

Tolte alcune zone, in cui le piantagioni sono ancora in mano a produttori piccoli o medi, l'egemonia dei grandi proprietari terrieri, che possono negoziare direttamente con gli acquirenti, domina incontrastata. Le aziende di trasformazione locali, perlopiù organizzate in cooperative, preparano la frutta e la verdura per la vendita. Gli intermediari sono l'anello invisibile della catena e il cuore del problema. Di solito ce ne sono al massimo tre in ogni zona di produzione. Pur essendo organizzati su un modello familiare, hanno la possibilità di esportare in tutto il mondo. Comprano la merce dai produttori e – spesso attraverso la contrattazione dei prezzi con l'industria dei trasporti, dominata dai clan mafiosi calabresi – la portano al Nord, alle aziende di commercio all'ingrosso.

Al Sud arretratezza e globalizzazione vanno di pari passo. Al Nord la vendita all'ingrosso è dominata da società intermediarie che importano anche dall'estero, esercitando così una pressione ancor maggiore sui prezzi. A ciò si aggiunge la politica di compensazione messa in atto da alcuni grandi supermercati. Molti prodotti sono venduti tramite offerte allettanti a prezzi più bassi rispetto al valore di acquisto. La perdita risultante viene compensata da ampi margini di profitto su altri. Questo sbilanciamento tra il valore reale di alcuni prodotti e il loro prezzo di vendita aggrava ulteriormente la situazione delle fasce più deboli della catena di produzione. Di conseguenza, ai contadini rimane così poco che non vale nemmeno la pena raccogliere i frutti della terra e, alle condizioni di salario offerte, la gente del posto non è più disposta a lavorare, nonostante l'alto tasso di disoccupazione. Negli ultimi anni, per sopravvivere sul mercato, le ditte hanno provato a sfruttare il nuovo serbatoio di manodopera che è stato offerto loro dal crescente numero di boat-people. I lavoratori africani vengono solitamente ingaggiati senza contratti regolari e spesso i contratti di lavoro emessi sono falsificati. Gli agricoltori presentano i documenti solo in caso di controlli. Quando viene fatta un'ispezione nelle piantagioni alcuni datori di lavoro spingono i braccianti al di là dei recinti: «Svelti, fuori di qui!». Una pratica comune è quella di assumere sulla carta un parente per un breve periodo di tempo, ma di far svolgere il lavoro in modo clandestino a un migrante. Dopo 50 giorni lavorativi ufficiali, il parente ha diritto all'indennità di disoccupazione per sei mesi. I soldi vengono divisi con il datore di lavoro fittizio, il che causa un notevole danno allo Stato.

Il salario è giornaliero. Alcuni proprietari, con la complicità di consulenti del lavoro, non registrano ai fini contributivi tutte le giornate effettive e ciò non consente ai lavoratori di usufruire del diritto previsto in Italia dal sussidio di disoccupazione, quando si sono svolte almeno 101 giornate di lavoro in agricoltura. Il più delle volte questa pratica si approfitta del fatto che i lavoratori stranieri non siano a conoscenza delle norme legislative.

Solo chi se lo può permettere compra una bicicletta sgangherata un prezzo che non superi i 30 euro. Gli altri vanno a piedi, spesso camminando per molti chilometri: ogni mattina si recano sulle strade non lontane dalla zona di raccolta, dove sperano di essere reclutati. «Sperano» perché l'offerta è minore alla domanda e la concorrenza molta: è difficile trovare lavoro per più di 10 giorni al mese nella stagione della raccolta.

I guadagni sono miseri. Prendiamo come esempio il caso delle arance: in media i lavoratori ricevono circa 25 euro per una giornata che può durare dalle 10 alle 13 ore di lavoro. A meno che tra le due parti non ci sia un rapporto duraturo, per il servizio di trasporto fornito dal datore di lavoro, raccogliendoli dalla strada e portandoli a decine in vecchi furgoni nelle piantagioni situate a pochi chilometri di distanza, il costo è di 5 euro. A volte devono guidare loro stessi i furgoni. In altri casi il salario viene calcolato in base al numero di cassette effettivamente riempite. Una cassa contiene 22 chili; il bracciante guadagna a cassa 50 centesimi per le arance e un euro per i mandaranci, perché sono più piccoli e ci vuole più tempo per riempire le cassette. I lavoratori più giovani e forti prediligono questo secondo tipo di pagamento. In base al tempo e all'altezza degli alberi, i braccianti riempiono in media tra le 18 e le 30 casse al giorno. Chi è più svelto e lavora a ritmi frenetici riesce addirittura a riempirne 40.

Sarebbe riduttivo affermare che tutti i migranti arrivati in Italia con i barconi giungano nelle piantagioni di frutta e verdura, o che essi siano gli unici che lavorano lì. In alcuni casi, vi sono impiegati anche lavoratori stagionali provenienti dall'Europa dell'Est. Sebbene anch'essi siano retribuiti male, hanno migliori possibilità sul mercato. Anche ai livelli più bassi dell'economia di sfruttamento, i confini tra la classe e il colore della pelle mantengono il loro significato. I braccianti maschi dell'Est sono spesso i capisquadra dei loro colleghi che provengono dall'Africa. I caporali non sono altro che lavoratori fidati e noti ai datori di lavoro da molto tempo. Il più delle volte essi sono responsabili dell'assunzione di buoni lavoratori, del loro trasporto nella piantagione, del pagamento del loro salario, sono i mediatori tra gli agricoltori e gli addetti al raccolto.

> A volte i tempi e gli importi dei pagamenti dipendono dall'umore dei caporali. Spesso i lavoratori vengono truffati – nel vuoto giuridico del lavoro illegale e a giornata essi sono alla mercé dei datori di lavoro e dei loro intermediari. Il caporale è anche responsabile del conteggio delle cassette piene. Se trova in una cassa un frutto raccolto per sbaglio ancora verde o già ammuffito, spesso detrae un'intera cassa dal salario del lavoratore. A volte punisce anche l'intera squadra. Anche se un lavoratore lascia un'arancia su un albero, è possibile una punizione del genere. Questo sistema di caporalato comporta un ulteriore livello di sfruttamento e di dipendenza. (Gilles Reckinger, *Arance amare*, Mimesis, Milano-Udine 2020)

I datori di lavoro dicono che i braccianti si spostano come uccelli migratori, attuano vere e proprie migrazioni lavorative legate alla stagionalità tra le campagne italiane: a Turi per le ciliegie, a Terlizzi per le olive, in Campania per le fragole, a Stornara o in Capitanata per i pomodori e via elencando. Dall'area del Gargano arriva il 95% delle conserve di pomodoro vendute in tutta Europa.

Condizioni di lavoro e di vita così desolate come in queste zone si trovano, ad esempio, a Saluzzo in Piemonte, a dimostrazione del fatto che il problema non esiste solo nelle regioni povere e che il denaro si guadagna anche con lo sfruttamento in aree economicamente privilegiate. La mia docente di sociologia all'Università di Torino ha portato avanti un'importante ricerca in merito all'impiego di manodopera immigrata nella viticultura del Sud Piemonte, in particolare nell'area del Moscato, tra l'Astigiano e il Cuneese.

In *Arance amare* (Mimesis, Milano-Udine 2020) Gilles Reckinger ha raccontato le storie di molti migranti giunti a Rosarno, in Calabria, nel periodo della raccolta delle arance. Tra di loro c'è Benedict, fuggito dal Ghana perché convertitosi al cristianesimo e per questo perseguitato da alcuni parenti che venerano divinità tradizionali. Si è spostato nel vicino Burkina Faso nella speranza di trovare lavoro e poter mantenere il contatto con la moglie e i cinque figli. «Il movimento migratorio di Benedict può essere letto come un allontanamento graduale dal suo Paese d'origine, in parte accidentale, segnato da notevoli sofferenze e mai intenzionalmente diretto verso l'Italia o l'Europa». Anche se non è la norma, la presenza in Europa di molte persone che si trovano in Calabria e nelle altre ragioni del Sud è dovuta al caso.

In Burkina Faso però per Benedict non c'era lavoro, e in quella situazione precaria cominciava a temere che la vendetta della famiglia potesse arrivare fino a lì. Così è andato in Niger, come molti ha attraversato la città di Agadez e l'oasi di Dirkou, e dopo 14 giorni di caldo e sete è giunto in Libia. Aveva portato con sé parte dei risparmi della famiglia. Prima di attraversare il deserto su un pick-up con altre 35 persone, l'autista aveva consigliato ai migranti di consegnargli i loro soldi perché ai posti di controllo o i briganti sulla strada li avrebbero potuti derubare, mentre invece gli autisti venivano risparmiati. Benedict si è fidato. Quelli che non hanno fatto così hanno perso tutto quello che avevano. I banditi hanno costretto i viaggiatori a bere acqua inquinata per far vomitare il denaro ingoiato. Benedict ha raccontato di come ha visto morire la gente nel deserto. Soprattutto donne. Una coppia di sposi si è seduta per terra durante una pausa, lei si è sdraiata sulle sue ginocchia e non si è più mossa, pochi istanti dopo è morto anche lui.

In Libia c'era molto lavoro e il tenore di vita era relativamente elevato. Nei primi sei mesi a Tripoli, Benedict non è riuscito a trovare un'occupazione, ma in seguito ha lavorato per due anni e mezzo senza interruzione. Riusciva a inviare denaro a casa regolarmente. Poi è scoppiata la guerra, e il suo padrone di casa ha insistito perché provasse a prendere un barcone per raggiungere l'Europa. Il 18 aprile 2011, quando è salpato, ha pianto per ore. Tra lui e la sua famiglia c'era già il deserto, ora anche un mare.

Benedict non sarebbe mai voluto venire in Europa, dove la paga per lui è scarsa e il suolo è meno fertile che nel suo Ghana. Una volta arrivati in Italia, tuttavia, i migranti sono paradossalmente intrappolati all'interno della fortezza Europa: senza documenti, senza un visto o del denaro non possono più uscire dalle mura che faticosamente hanno scavalcato.

La vita dei migranti nel Sud Italia è una continua sfida. Hanno avuto a che fare con decenni di razzismo e di impoverimento, hanno vissuto l'esperienza di non appartenenza, anche se da tempo parlano bene l'italiano e mettono il loro lavoro a disposizione del nostro Paese. Sono in balia dei datori di lavoro, senza contratto, senza assicurazione sul lavoro o assicurazione sanitaria. Spesso dormono in caseggiati abbandonati o in capanne nelle piantagioni. Le condizioni igieniche sono disastrose.

Alcune di queste persone hanno fatto richiesta di asilo e vivono lì in attesa, altre hanno un regolare permesso di soggiorno ma non riescono a trovare un impiego migliore. Ci sono i cosiddetti *visa overstayers*, persone che avevano un visto e che adesso sono formalmente irregolari. Molte non dispongono di alcun tipo di documento, altre li hanno ma non ne conoscono le caratteristiche e le differenze. Coloro che se lo possono permettere dividono un tetto e un affitto. In tutto il loro tempo di permanenza in Italia hanno pagato decine di migliaia di euro di tasse allo Stato, ma non hanno diritto ad alcuna assistenza, contrariamente a molti italiani, che spesso, pur non avendo mai pagato le tasse, ricevono aiuti.

Soumaila era un sindacalista, si batteva per i diritti degli ultimi. Veniva dal Mali. Qui, gli effetti della crisi climatica, stratificati e sommati alle conseguenze della neocolonizzazione e all'instabilità della classe politica, hanno reso il lavoro agricolo assai impegnativo, come in molte altre aree del continente. È difficile ricavarvi anche solo il minimo indispensabile per la sopravvivenza. È per questo che molti attivisti come Aboubakar Soumahoro dicono che Soumaila Sacko era stato costretto a fuggire dalle condizioni causate dai cambiamenti climatici. Sacko, come molti suoi colleghi e come tanti emigranti italiani in passato, si spaccava la schiena tutto il giorno nella Piana di Gioia Tauro per mandare qualche soldo alla propria famiglia.

Soumaila, però, non è mai più tornato a casa. Il 2 giugno 2018, festa della Repubblica – della Repubblica fondata sul lavoro – Soumaila Sacko è stato assassinato mentre si trovava con i compagni Drame Madhieri e Madoufoune Fofana nell'ex fornace Tranquilla di San Calogero, una fabbrica abbandonata in provincia di Vibo Valentia, dove si erano recati per recuperare delle lamiere che sarebbero servite loro per rinforzare le baracche nel grande ghetto di San Ferdinando. A spararGli e a colpirlo alla testa provocandone la morte è stato Antonio Pontoriero, agricoltore di 45 anni. «Dove avrei trovato le parole per dire alla figlia di Soumaila che non avrebbe avuto suo padre a fianco per vederla crescere perché qualcuno aveva deciso di ucciderlo con un colpo di fucile?» ha scritto Soumahoro.

Soumaila era figlio, padre, marito, contadino, bracciante, attivista sindacale, essere umano. La sua storia è unica ma analoga a molte altre caratterizzate dalla costante precarietà, dal lavoro disumano, dal razzismo strutturale. Dobbiamo avere il coraggio di chiederci chi ha veramente ucciso Soumaila Sacko, Becky Moses, Mohamed Abdullah, Sekine Traorè, Paola Clemente, Mamoudou Sare, Nouhou Doumbia, Mamadou Konaté, Aladjie Ceesay, Amadou Balde, Moussa Kande, Ali Dembele, Lhassan Goultaine, Anane Kwase, Moussa Toure, Lahcen Haddouc, Joseph Avuku, Thomas Daniel, Ciro Perrucci, Ebere Ujunwa, Baofudi Cammara, Alagie Ceesay, Alasanna Darboe, Eric Kwarteng, Romanus Mbeke, Djoumana Djire, Dominic Man Addiah, Jaiteh Suruwa, Moussa Ba e tanti altri e altre invisibili.

Ogni tanto, mentre scrivo, mi fermo e mi chiedo come sia possibile che tutto questo accada nel nostro Paese. Il pensiero che abbia consultato le fonti sbagliate o che qualcosa mi sfugga è costante: è tutto troppo assurdo e destabilizzante per essere vero.

Poco tempo dopo l'assassinio di Sacko, nel palazzo comunale di San Ferdinando, davanti al sindaco Andrea Tripodi e al prefetto di Reggio Calabria, Michele di Bari, Aboubakar Soumahoro ha pronunciato queste parole: «Un ministro della Repubblica italiana ha dichiarato in questi giorni che è finita la pacchia [...] allora vogliamo dire al ministro dell'Interno che la pacchia è finita per lui, non è finita per noi, perché noi risponderemo, la pacchia per noi non esiste». Volevano braccia, sono arrivati uomini: il 21 maggio 2020 i braccianti si sono messi in marcia. Sono tornati a scioperare, a incrociare le braccia. Proprio per dire che non vogliono essere considerati come braccia, mezzo o oggetto di consumo, ma come persone.

Pomodori rosso sangue

Per far fronte alla mancanza di 250 000 lavoratori stagionali assenti a causa della pandemia, con il decreto voluto dalla ministra dell'Agricoltura Bellanova il governo ha promosso la regolarizzazione delle braccia, ma non la salute delle persone. L'ordinamento prevede la "sanatoria" solo in determinati settori, perché definiti utili, e la concede a chi ha un permesso di soggiorno scaduto dopo ottobre 2019, escludendo di fatto anche le vittime dei precedenti decreti sicurezza. È rimasta in vigore la legge Bossi-Fini, in base alla quale la regolarizzazione è subordinata ai contratti di lavoro, esponendo così i lavoratori a molti ricatti e al ciclo vizioso "se non hai un lavoro non sei regolare ma se non sei regolare non puoi avere un contratto".

Il governo Conte bis ha spacciato quindi per svolta epocale un decreto che pone ancora una volta il lavoro come prerequisito della cittadinanza, e che considera gli individui senza un'occupazione stabile come persone di serie B, anzi C o D. Si è fatto un piccolo passo avanti, ma la maggioranza non è stata compatta neanche per questa scelta di civiltà. Intanto l'opposizione – perché all'indecenza non c'è mai fine – si è limitata a dire che i lavoratori irregolari non possono scioperare. Come sarebbe a dire?

Nel caso in cui i braccianti decidessero di scioperare per giorni, frutta e verdura starebbero nei campi a marcire e sulle nostre tavole rimarrebbe solo l'odio spoglio di coloro che dicono «prima gli italiani» ma che in fondo si alimentano come tutti gli altri proprio di quei prodotti che i braccianti raccolgono. Anche i cosiddetti irregolari possono scioperare, eccome.

A queste condizioni (chiaramente, non perché sono pigri come dice qualcun'altro) gli italiani non ci stanno e non ci starebbero mai. Altro che «non fanno niente dalla mattina alla sera: ogni volta che sento i discorsi sulla pigrizia dei migranti, che non hanno voglia di far niente e vorrebbero vivere alle spalle degli italiani, penso a tutti quelli che ogni mattina alle cinque si alzano per andare alla Rotonda di Melito, con la massima aspirazione di trovare per un giorno un lavoro massacrante per una paga misera» (Aboubakar Soumahoro, *Umanità in rivolta*, Feltrinelli, 2019).

Coloro che gridano «prima gli italiani» dovrebbero avere il coraggio di dire che senza i lavoratori stranieri l'edilizia non andrebbe avanti, il vino rimarrebbe negli acini, la frutta e la verdura non arriverebbero nemmeno sugli scaffali dei supermercati. Dovrebbero avere il coraggio di dire che in Italia la logistica, l'agricoltura, l'edilizia, si basano anche sul caporalato e sul sistema mafioso. Senza i lavoratori immigrati le aziende di produzione europee non sarebbero più in grado di competere sul mercato mondiale degli agrumi.

Nel confronto televisivo con Soumahoro, il leader della Lega è riuscito a dire «amico valorizziamo il made in Italy». Aboubakar – che è nero e sindacalista, per quelli della Lega forse peggio non c'è – in quel momento si trovava nell'Agro Pontino, in provincia di Latina: più made in Italy di così non si può. Soumahoro ha citato Primo Levi, papa Francesco, Giuseppe Di Vittorio e invitato l'onorevole a mettere gli stivali e a venire nei campi, a vedere davvero come stanno le cose. Gli è stato risposto che di aziende agricole ne ha già viste tante. Lui le mani se l'è già sporcate. Nel frattempo, il deputato Alessandro Morelli ad Agorà ha sostanzialmente detto «Se regolarizzi gli schiavi rischi che non vogliano più essere schiavi». Com'è possibile che concedendo diritti si renda qualcuno schiavo?

Dal 2016, dopo anni di pressione da parte di pochi sindacati, di organizzazioni della società civile e in collaborazione con una ridotta percentuale di lavoratori, è in vigore una legge nazionale che rende il caporalato un reato. C'è motivo di dubitare dell'efficacia del provvedimento, soprattutto in zone di Campania, Puglia e Basilicata, dove lo Stato fatica a far applicare la legge. In molti di questi luoghi la mafia ha minato o sostituito il potere delle istituzioni e la sua selvaggia attività ha devastato la natura e il paesaggio. La 'ndrangheta è una delle organizzazioni mafiose più potenti al mondo. Nell'autunno del 2017, nel corso di un lungo raid preparato, è stato dimostrato il collegamento con l'organizzazione terroristica Daesh (l'Isis) nel settore del contrabbando di oppiacei.

La mafia esercita un'economia criminale, da non confondere con l'economia sommersa (che include la corruzione, il lavoro nero e l'evasione fiscale). La prima può essere definita come quella parte gestita da organizzazioni criminali, che non esitano a ricorrere a mezzi violenti per affermarsi contro altri contendenti. La specificità di questa economia è riscontrabile nel fatto che opera sia in ambito illegale che legale, che mantiene stretti rapporti con il mondo politico e finanziario, che si basa su una vasta gamma di figure sociali non appartenentio a clan o ad altri ambiti criminali. Essa trae il suo potere da attività in settori commerciali altamente redditizi, come il traffico di droga, la prostituzione, lo smaltimento dei rifiuti tossici, la contraffazione e la tratta di esseri umani.

Dire però che le condizioni di vita dei braccianti siano stabilite unicamente dalla mafia e scaricare le colpe a priori sarebbe miope. Significherebbe cadere preda dei variegati meccanismi di occultamento, che sono efficaci nella filiera alimentare. Anche al di fuori delle regioni del Sud, l'Italia è spesso governata con criteri di politica emergenziale, tutt'altro che lungimiranti e di ampio respiro. Il ricorso al lavoro sottopagato dei migranti per finanziare lo stile di vita imperialistico occidentale non è un'emergenza momentanea, ma un preciso modello di produzione e presupposto ed espressione del suo funzionamento.

Per quanto mi riguarda, la conclusione del dibattito precedentemente citato è semplice: chi si oppone alla regolarizzazione dei lavoratori immigrati è complice del caporalato mafioso. Punto.

I ghetti, come quello alla base dell'altopiano del Gargano, non sono stati creati da chi ci abita e che così li chiama, ma dalla malagestione politica, da una burocrazia macchinosa, da una legge e da una visione dell'immigrazione incompatibile con lo stato delle cose in Italia. Alla classe politica attuale sembra che il problema non siano le condizioni dei migranti – che lavorano sotto il sole (o anche di notte, come nel caso della raccolta dei finocchi) a pochi euro al giorno, e fanno arrivare la frutta e la verdura sulle nostre tavole – ma i migranti stessi, come se essi fossero la causa del loro stesso male.

Fortunatamente ci sono diverse realtà sociali e persone singole che praticano quotidianamente l'accoglienza, fornendo supporto materiale, possibilità di doccia, distribuzione di indumenti, pasti caldi. Così come ci sono proprietari onesti, consulenti del lavoro onesti, lavoratori onesti, donne e uomini di grande volontà, disponibili a dare il proprio aiuto a chi è in condizioni di debolezza.

In passato l'Italia meridionale è stata un luogo di sola emigrazione. A questo fenomeno ancora attuale se ne sono aggiunti altri due che da circa vent'anni stanno trasformando il Paese. Da un lato ci sono i movimenti migratori attraverso il Mediterraneo, dall'altro ci sono anche immigrati provenienti da Paesi africani che sono arrivati legalmente nell'Italia del Nord, vi hanno vissuto e lavorato, e che ora si stanno spostando al Sud per mancanza di prospettive. Gli insediamenti informali sono luoghi in cui il cosmopolitismo, il multilinguismo, le relazioni transnazionali e gli ambienti di vita plurimi sono la normalità. L'attività dei negozi nelle tendopoli si basa su principi economici diversi dai modelli occidentali di massimizzazione del profitto. Le attività sono orientate al benessere di entrambe le parti.

Nelle tendopoli si possono incontrare persone che hanno attraversato molti Paesi europei e che sono tornate indietro o ci sono state rimandate in virtù del Regolamento di Dublino. Ci sono migranti che conoscono l'Europa, le sue lingue e i suoi Stati meglio di buona parte di noi europei. Tanti sanno parlare la loro lingua locale, come ad esempio l'akan, e l'inglese, oltre che l'arabo e il francese. Il fatto che possano burlarsi della gente del posto, perché incapace di parlare alcuna lingua al di fuori dell'italiano, è l'unico momento in cui si sentono superiori e che permette loro di affrontare i nativi senza paura. È un atto di affermazione della propria autostima contro l'umiliazione di quello che subiscono ogni giorno.

Nei prossimi decenni, l'Europa sarà messa a dura prova dal fatto che i numerosi immigrati irregolari invecchieranno qui, senza assicurazione sanitaria o pensionistica, indeboliti dal duro lavoro fisico, segnati da traumi non curati.

Durante la pandemia ci siamo accorti per forza di cose che oggi tante produzioni agricole senza stranieri semplicemente non vanno avanti. Nel periodo di lockdown si è creata una situazione paradossale: la frutta e la verdura marcivano nei campi con perdite enormi, ma lungo tutta la Penisola c'erano – e ci sono – migliaia di persone senza niente da mangiare. «Siete perduti, se dimenticate che i frutti sono di tutti e la terra non è di nessuno». Due secoli fa Jean-Jacques Rousseau lanciava questo monito all'umanità. Purtroppo abbiamo dimenticato: la Terra avrebbe abbastanza risorse per soddisfare i bisogni di tutti e tutte, se fosse trattata secondo i principi di uguaglianza sociale e benessere collettivo. Invece è stata svenduta in virtù di un sistema economico basato sul profitto, che trasforma molti esseri umani in odierni schiavi da spremere fino all'ultima goccia di sudore e sangue. Allo stesso tempo iniziamo ad accorgerci che gli ecosistemi sembrano ribellarsi all'egemonia dell'uomo – o di pochi umani – sulla natura, con le conseguenze che abbiamo avuto modo di intravedere. O cambiamo adesso questo sistema iniquo e predatorio o rischiamo di non avere un futuro. È con quest'idea chiara in testa che Diletta Bellotti, amica attivista, ha dato vita alla campagna Pomodori rosso sangue.

È doveroso dire che durante la pandemia anche 24 000 italiani – muratori e baristi, impiegati di autonoleggio e commessi, guide turistiche e altre persone impossibilitate a lavorare – si sono rese disponibili a raccogliere frutta e verdura nei campi. È l'Italia alla fame, con la voglia di lavorare e l'urgenza di mettersi in gioco. Se si spostasse la discussione dallo straniero al più generico lavoratore, ci si accorgerebbe che della nazionalità dei lavoratori agli imprenditori, quelli onesti, interessa ben poco.

Lucia, bracciante tarantina, è stata salvata da un migrante sindacalista di nome Yvan Sagnet. Yvan ha scoperto l'Italia seguendo la nazionale camerunense nei mondiali del 1990. Ha deciso di studiarne la lingua e la storia, poi nel 2007 ha vinto una borsa di studio al Politecnico di Torino e ha lasciato il Camerun. L'incontro-scontro con le realtà di sfruttamento e il caporalato per lui è avvenuto quando, al termine della borsa di studio, ha iniziato a cercare un impiego per potersi mantenere, e una serie di eventi lo ha condotto a Nardò, in Puglia, nei campi di pomodoro dove centinaia di braccianti lavorano tutto il giorno sotto il sole, anche se non sempre alla luce della legalità. «Il 15 luglio 2011 è per la mia vita la data spartiacque. Quando sono stato portato all'interno della baraccopoli, mi sono chiesto se fossi ancora in Italia. Al mio Paese non avevo mai vissuto in simili condizioni: senza acqua, luce, gas. 1200 persone con cinque bagni in condizioni igieniche raccapriccianti».

Dopo il grande sciopero del 2011, l'inchiesta che ha portato al processo di diversi caporali e l'approvazione della legge del 2016, importante ma insufficiente, Yvan ha deciso di fondare No Cap, un'associazione che porta strumenti ai lavoratori sfruttati e consapevolezza ai consumatori, affinché essi possano compiere scelte più consapevoli e – mi verrebbe da dire – più umane.

Per esercitare un controllo sui prodotti del territorio è stato ideato il bollino No Cap. Per ottenerlo, è necessario rispettare sei requisiti: etica nei rapporti di lavoro, decarbonizzazione del processo produttivo, rispetto di una filiera virtuosa e trasparente, rifiuti zero e promozione di un'economia circolare, riconoscimento del valore aggiunto sui prodotti, trattamento etico degli animali. I prodotti al momento sono distribuiti al Sud grazie a Megamark e nel Nordest tramite Despar. No Cap dispone di un sito, dove è possibile verificare l'etica e la trasparenza dell'associazione, e di un'app, che permette di denunciare ogni sorta di azione illegale relativa allo sfruttamento nel settore agricolo in Italia. Yvan Sagnet ha creato una realtà straordinaria che si batte per la difesa di chi lavora nei campi, immigrati e non. Ad esempio, grazie a No Cap Lucia Pompigna e altre 50 donne pugliesi si sono messe alle spalle anni di caporalato e sono finalmente state assunte con contratto regolare. A fine 2020, sono stati quasi 500 i lavoratori liberati.

È ormai chiaro che la battaglia per i diritti si combatte a terra, non solo in mare.

Nella vita di tutti i giorni, non solo ai grandi eventi.

In strada, nelle piazze, non solo nei campi.

Tra il male e il bene

Il 15 giugno 2016, a Conegliano (Treviso), Donald Foumbu Mboyo muore ammanettato dopo un controllo di polizia. L'autopsia parla di arresto cardiaco ma le circostanze, così terribilmente analoghe a quelle dell'omicidio a Minneapolis di George Floyd, sono poco chiare.

Il 9 luglio 2017 Ibrahim Manneh muore in casa a Napoli dopo essere strato trattato malamente dai medici dell'ospedale Loreto Mare.

Il 16 giugno 2018 Assane Diallo, 54 anni, buttafuori di origine senegalese, viene ucciso in strada con 12 colpi di pistola a Milano. L'assassino, prima di sparare, si è dichiarato nipote di Mussolini. I giornali non si sbilanciano sul movente.

A Roma, il 17 giugno 2018, un cittadino indiano di 34 anni è aggredito da un gruppo di minorenni italiani. Viene insultato con frasi razziste, coperto di sputi e picchiato più volte con un tirapugni.

Munkail Kailu Osman, 37 anni di origini ghanesi con il permesso di soggiorno, il 25 giugno 2018 viene accusato di detenere illegalmente armi e aggredito in casa a Giugliano in Campania (Napoli) da tre carabinieri, due marescialli e un appuntato. Si scopre che i tre hanno prodotto false prove per incastrarlo e accusarlo di terrorismo. Vengono sospesi dall'Arma.

Il 2 luglio 2018, a Sassari, una ragazza nigeriana viene picchiata, mentre fa la fila davanti alla banca, da un uomo che le strappa il bancomat, lo spezza e le butta per terra il cellulare. La tira per i capelli e la fa cadere. «Ci sono prima io, tornatene al tuo Paese!», dice.

Il primo ottobre 2019, un ragazzo straniero, finito il turno di lavoro in un albergo di Tremezzina, piccolo comune della provincia di Como, in bicicletta sta facendo ritorno in una struttura di accoglienza gestita dalla cooperativa Symploké. Un'auto, con più persone a bordo, gli si affianca lungo la strada: dalla vettura scende un uomo che, armato di bastone, gli si scaglia contro e lo colpisce con violenza alla testa, provocando una lacerazione profonda sulla fronte e un abbondante perdita di sangue. Una violenza improvvisa e del tutto immotivata. L'auto poi si allontana a tutta velocità.

Bamba, 23 anni, di origine senegalese, chiede al datore di lavoro il mese di ferie che le spetta per contratto. Le viene risposto:«No, perché solo gli italiani hanno le ferie. Senegalesi, cinesi, bengalesi, filippini non possono avere lo stesso trattamento».

Il 18 gennaio 2020 Vakhtang Enukidze muore dopo essere stato picchiato ripetutamente da una decina di agenti nel Centro per rimpatri di Gradisca d'Isonzo (Gorizia).

Il 7 febbraio 2020 Hans, 19 anni napoletano di origini cingalesi, è in attesa del treno per rientrare a Giugliano in Campania, dove abita con la famiglia. È in compagnia di un'amica quando viene raggiunto da un giovane tra i 20 e i 25 anni che, sbucato all'improvviso alle sue spalle, gli grida contro: «Mi fa schifo la tua pelle, il tuo sangue. Torna a casa tua, vattene». Senza dargli il tempo di comprendere cosa stia accadendo, lo colpisce con un violento pugno al volto, per poi fuggire vigliaccamente. Hans, soccorso dall'amica e dai passanti, è trasportato all'ospedale di Caserta, dove i medici gli riscontrano la frattura del setto nasale, per la quale è sottoposto a intervento chirurgico.

Il 10 agosto 2020, giorno di San Lorenzo, a Ladispoli (Roma) alcuni giovani di origine straniera giocano a calcio sulla spiaggia. Tre ragazze si avvicinano, una prende il pallone e lo squarcia. Quando uno di loro chiede spiegazione, si sente rispondere: «Stai zitto, sporco negro! Tu sei una scimmia!».

A Torino, tre ragazze salgono sul pullman 59 di ritorno dal centro. Una di loro è Fatima Zahra Lafram, 22 anni, cittadina italiana, membro dei Giovani musulmani d'Italia e del Comitato Interfedi. Sull'autobus le si avvicina un'altra ragazza con il suo cane. «Avete paura del cane, però poi non ci mettete niente a farvi saltare in aria». Dopo altre provocazioni e insulti, quando una delle tre risponde, lei inizia a prenderla a pugni, strappandole il velo.

A novembre 2020, Zakaria Jarmouni, giovane di origine magrebina, mentre butta l'immondizia nel cassonetto sotto casa è scambiato per un ladro da una vicina. Poco tempo dopo, sempre a Torino, a Nasrin, studentessa di etnia rom in Italia da 14 anni, non è neanche fatta vedere la casa che voleva affittare. Sulla pagina web con l'annuncio è comparso un «Si affitta solo a italiani».

Episodi di questo tipo a Torino e in molte altre città accadono ogni mese, ogni settimana, forse ogni giorno.

Il razzismo ha diverse facce. Non solo l'insulto da bar, l'appellativo di "orango" elargito a una ministra di origini africane, l'ululato allo stadio all'indirizzo di giocatori di colore, l'affermazione – anche in sede istituzionale – della superiorità della razza bianca, la falsa affermazione che i migranti portano malattie. Vi rientrano centinaia di gesti quotidiani di intolleranza, di emarginazione, di odio. I sempre più frequenti episodi di violenza, verbale e ormai anche fisica, verso gli immigrati sono il frutto di questo clima culturale e politico.

Certo, la domanda «Gli italiani sono razzisti?», come ogni quesito o asserzione che parta da una generalizzazione (gli italiani), è mal posta. Ma è innegabile l'esistenza, nel Paese, di una crescente avversione nei confronti degli stranieri, che si manifesta in diversi modi. A cominciare dal linguaggio dei media (i titoli di alcuni giornali – *Libero*, *Il Giornale*, *La Verità* e non solo – seguono un copione costante: «Ci invadono», «Ci costano troppo», «Sono dei privilegiati») e dalla strategia di certi programmi televisivi che, invece di analizzare seriamente la questione, gettano benzina sul fuoco.

La questione – e già definirla questione mi sembra riduttivo – del razzismo sistemico, strutturale, istituzionalizzato è molto vasta e articolata. Ci tenevo a proporne un assaggio, ma non mi ci addentro per due motivi principali. Il primo è banalmente che non mi sento all'altezza. Tanti e tante l'hanno fatto e lo faranno meglio di me. Al fondo del libro trovate alcuni consigli e idee di lettura e approfondimento.

Il secondo, e più importante, è radicato in una parziale consapevolezza e profonda convinzione: credo che non si possa e non si debba parlare o scrivere per altri, se sono vittime di sfruttamento, discriminazioni o dinamiche mai sperimentate da chi parla o scrive. Io sono italiano, bianco, eterosessuale, sufficientemente benestante, privilegiato e non sono mai stato soggetto a niente del genere.

> Non parlarmi più di confini e non ti parlerò più con diffidenza.
> Non sentirti inferiore e io mi sentirò all'altezza.
> Non vedermi come un nemico e io ti vedrò come una sorella, un'amica, una mamma.
> Spero che tu possa prendere in considerazione le mie parole.
> (Ghali, *Cara Italia*, 2018)

Per fortuna il nostro Paese, come già detto, è fatto anche di tante persone e altrettante iniziative straordinarie.

Ho trovato molto interessante il racconto su *La Repubblica* ("Le storie al rallentatore", 6 luglio 2018) di Alessandra Ziniti in merito ai tutori dei migranti minorenni. «Oltre 4000 uomini e donne hanno scelto di farsi carico dei ragazzi stranieri che sbarcano da soli. Si assumono la responsabilità di seguirli nelle pratiche burocratiche, negli studi, nelle cure. Senza rimborsi, dedicandogli tempo e attenzioni. Una grande storia di generosità italiana».

I tutori solitamente non sono genitori affidatari: non ospitano nelle loro case questi ragazzi arrivati su un barcone dopo aver attraversato il deserto e il mare, ma sicuramente li seguono nel loro percorso a ostacoli tra scuola, sanità e burocrazia labirintica.

È il caso di Maria Letizia e di Sambou, rimasto orfano del padre da piccolo, con una madre priva di qualsiasi mezzo per il suo sostentamento. È partito da solo, a 14 anni, come molti coetanei del Gambia. Ha lavorato come poteva lungo la strada per pagarsi il viaggio, dormendo dove capitava. È stato rinchiuso in un centro di detenzione in Libia. Ogni giorno moriva qualcuno, ma lui ce l'ha fatta. La traversata è stata un tale trauma che per tanto tempo non ha più voluto rivedere il mare. In Maria Letizia e nelle sue due figlie Sambou ha trovato una famiglia. Anche se ora lui è maggiorenne, il forte rapporto tra loro persiste.

Nell'estate del 2020, Mediterranea ha raccontato la storia di Luciana Pomoli e Abdelaziz Jallow. Lei ha 90 anni, vitalità ed energia da vendere; da oltre due decenni va nelle scuole per tramandare ai più giovani il racconto della sua esperienza di staffetta partigiana. Lui ne ha 22 ed è un giovane rifugiato. Grazie a Refugees Welcome Italia, due vite apparentemente distanti anni luce si sono incontrate e da qualche tempo vivono sotto lo stesso tetto. Luciana, pensionata e sola, ha aperto ad Abdelaziz le porte di casa sua a Roma, lo ha accolto a braccia aperte, senza remore. Durante la pandemia si sono aiutati e tenuti compagnia l'un l'altra.

All'inizio non è stato facile, Aziz aveva paura ad andare a vivere in famiglia. «Ma quando ho visto nonna Luciana ho pensato che potesse essere compatibile con il mio modo di vivere».

Oggi possiamo tranquillamente dire che la diversità è un dono. L'accoglienza è la base della civiltà, della vita. Della vita che riconosce la vita stessa.

> L'integrazione non deve essere intesa come «Tu devi fare quello che voglio io» o «Tu devi essere come me», ma come «Io e

te dobbiamo essere uguali» e «Io imparo da te e tu impari da me». Se incontri qualcuno che ha attraversato il deserto e il mare, hai tanto da imparare e altrettanto da insegnare. Penso sia responsabilità di tutti noi che viviamo su questa Terra salvare le persone in difficoltà, vengano da un Paese che ha un problema ecologico, e dove la desertificazione galoppa, o da un luogo dove ci sono conflitti e persecuzioni.
Una ragazza che abbiamo aiutato era scappata dall'Eritrea per non fare il servizio militare. Nei lager libici è stata rasata, torturata con sacchetti di plastica bruciati. È rimasta incinta e ha perso i suoi bambini.
La prima cosa che ha fatto quando mi ha vista è stata dirmi "mamma". Mi ha abbracciato e ha pianto. Anche mesi dopo, quando andavo a trovarla domandava: «Non ti hanno vista? Non ti hanno seguita?». Non voleva uscire di casa. Aveva paura che qualcuno l'avesse seguita fino in Italia. Di notte dormiva in una posizione fetale, quasi temendo che qualcuno potesse ancora torturarla e portarla via. Non voleva andare in bagno da sola. Un giorno mi ha detto: «Mamma, voglio farti vedere una cosa». Mi ha mostrato la schiena, era tutta bruciata. Quando ho fatto un'espressione inorridita, si è spaventata. Ha subito chiesto di non dirlo a nessuno. Si vergognava anche a dire quante violenze aveva subito. Per quasi tre anni, ogni volta che qualcuno apriva una porta bruscamente, si rattrappiva e tremava, per le cose che le sono rimaste dentro. Ora Ester, grazie al ricongiungimento con la zia, si trova in Svezia.
Di fronte a storie come queste, molti individui voltano le spalle. Quando ho portato al Parlamento europeo fotografie delle atrocità commesse in Egitto e in Siria, molti europarlamentari hanno voltato la testa. Alcuni mi hanno chiesto di non mostrarle.

Alganesh Fessaha
Difensore dei diritti umani, presidente della Ong Ghandi

Alganesh Fessaha ha fronteggiato i trafficanti del Sinai, riuscendo a strappare dalla loro morsa 11 000 esseri umani, nonostante i tentativi di intimidazione e le minacce di morte. Assieme alla Caritas, l'associazione Ghandi ha portato in salvo, percorrendo i corridoi umanitari, 600 persone dall'Eritrea e dalla Somalia. La diocesi concede sostegno, vitto, alloggio, assistenza sanitaria, scolarizzazione, tirocini per un anno. Le due realtà, inoltre, seguono coloro che ne hanno bisogno nelle complesse pratiche burocratiche.

Il 4 ottobre 2013, il giorno dopo la strage, Alganesh era a Lampedusa, per il riconoscimento con i sopravvissuti di 368 cadaveri, tutti di eritree. «Non avevo mai visto tanti politici arrivare assieme in un posto. Tutti hanno gridato "mai più Lampedusa!". Ma da allora non molto è cambiato. Alcune ore prima di sentire questo proponimento, abbiamo saputo della morte di altri migranti. Il loro gommone, assieme a qualche corpo galleggiante, è stato trovato in acqua, sgonfio, lacerato, 48 ore dopo la disperata richiesta d'aiuto. Forse erano in 100. O forse 130, non lo sapremo mai».

Ho detto ad Alganesh che queste storie mi segnano molto. Lei mi ha chiesto, «come giovane», di far sì che tutto ciò non rimanga solo una cosa che colpisce, ma faccia anche reagire. Ho promesso di ricordarlo. «Che tu possa essere la voce di coloro che non hanno voce. Perché scrivendo questo libro, facendo conoscere la realtà agli altri, diventi il portavoce di quelli che soffrono, di quelli che muoiono, di quelli che non possono parlare, di quelli che sono incatenati, torturati. È questo che ti chiedo, sono sicura che lo farai». Ho voluto riportare le sue parole nell'esatto modo in cui le ha pronunciate.

Anche nel caso dei minori non accompagnati, che dovrebbero essere i più tutelati, gli intoppi giuridici e burocratici non mancano. Molte questure continuano a non rilasciare permessi di soggiorno per minore età, contrariamente a quanto prescrive la legge. Con il risultato che, in moltissimi casi, al compimento dei 18 anni non può avvenire la conversione in permesso di studio o di lavoro. C'è di più: agendo in questo modo si spingono i ragazzi a chiedere la protezione internazionale anche se i loro Paesi di provenienza non sono tra quelli che la prevedono. Il risultato paradossale è che molti corrono il rischio di vedersela negata, quindi di essere espulsi o di diventare irregolari. Quelli che invece ottengono la protezione si ritrovano costretti a troncare ogni contatto con il loro Paese di origine e ad abbandonare la speranza di ricongiungersi un giorno con le loro famiglie.

(Dis)continuità

Se la passano ancora peggio coloro che si trovano a essere rinchiusi nei centri di espulsione e rimpatrio. L'articolo 13 della nostra Costituzione recita: «La libertà personale è inviolabile e non è ammessa forma alcuna di detenzione, né qualsiasi altra restrizione della libertà personale, se non per atto motivato dall'autorità giudiziaria». Eppure questo accade ancora in quelli che una volta si chiamavano Centri di permanenza temporanea (Cpt), poi hanno preso il nome di Centri di identificazione ed espulsione (Cie) infine sono stati ribattezzati Centri di permanenza per il rimpatrio (Cpr), che non sono molto diversi dalle carceri. È cambiato il nome, non la sostanza.

Le regole italiane in materia d'immigrazione seguono sin dal passato una strada di "razzializzazione" istituzionale che ritroviamo nelle attuali politiche. La legge Martelli del 1990, la cosiddetta Turco-Napolitano (40/1998) – che per prima ha introdotto la detenzione amministrativa –, la Bossi-Fini del 2002, il "pacchetto sicurezza" 94/2009, la legge Minniti-Orlando del 2017, che ha ristretto le garanzie processuali per i richiedenti asilo e ampliato i centri di detenzione per i migranti irregolari, i decreti sicurezza del governo gialloverde: tutti e tutte si muovono nella direzione di inasprire ulteriormente i parametri adottati in precedenza, consolidando sempre più le misure securitarie e affrontando le migrazioni più come un problema di criminalità e sicurezza che come un fenomeno culturalmente ed economicamente arricchente.

In particolare, gli ultimi decreti hanno abolito i permessi di soggiorno per motivi umanitari, smantellato il sistema di protezione per richiedenti asilo e rifugiati gestito dai Comuni, previsto l'esistenza di una lista di Paesi di origine sicuri, così da poter scartare in modo più veloce e ambiguo molte domande di protezione internazionale.

Oggi in Italia si possono ancora incontrare molti migranti che, anche prima dello scoppio della guerra in Libia, hanno risentito degli effetti dell'accordo bilaterale Italia-Libia che già Silvio Berlusconi aveva sottoscritto con Gheddafi nel 2009. In cambio del finanziamento italiano a grandi progetti infrastrutturali in Libia e alle scuse per l'ingiustizia coloniale perpetrata, il dittatore si impegnò a prendere provvedimenti per prevenire la partenza dei potenziali migranti e permise all'Italia di pattugliare le acque libiche.

Tutti questi provvedimenti si ispirano e percorrono nei fatti la stessa logica di fondo, dividendo i migranti in due macrogruppi: da una parte quanti hanno ottenuto il permesso di soggiorno, "i buoni", dall'altra coloro che non ne dispongono, "i cattivi". Qualche anno più tardi, i richiedenti asilo saranno considerati "i nuovi buoni" e quelli genericamente etichettati come migranti economici – all'interno dei quali rientrano i migranti climatici – "i nuovi cattivi". Se siete arrivati fin qui, immagino giungerete da soli alla considerazione che elementi di categorizzazione di questo tipo non stanno e non potranno mai stare in piedi.

A metà dicembre 2020, dopo mesi di governo né carne né pesce, è stata approvata in seconda lettura – non senza tensioni, anzi, con un commesso ferito a un ginocchio e un questore con una sub-lussazione a una spalla – la conversione del decreto legge che modifica i precedenti decreti sicurezza, posti sotto sorveglianza da un team delle Nazioni Unite durante il governo gialloverde, e successivamente dichiarati in parte incostituzionali. Il decreto cancella le multe salate alle navi umanitarie che violano il divieto di ingresso, transito o sosta nelle acque territoriali italiane, elimina la confisca e l'eventuale distruzione dell'imbarcazione, amplia il sistema di accoglienza, rimuove il tetto massimo di ingressi per motivi di lavoro, accelera le procedure per il riconoscimento della protezione internazionale, intensifica almeno teoricamente l'assistenza psicologica e sanitaria, permette ai richiedenti asilo di essere iscritti all'anagrafe e avere diritto all'assistenza sanitaria, introduce nuovi casi di protezione speciale da concedere alle persone vulnerabili che abbiano subito violenza o sfruttamento.

La cosiddetta sanatoria è stata buona ma insufficiente. Anche perché se abbiamo dovuto fare otto regolarizzazioni – in buona parte attuate da Silvio Berlusconi al governo con Roberto Maroni, in quota Lega, al Viminale – è evidente che c'è qualcosa che non va.

Anche se la retorica e l'approccio nel governo Conte bis e nel governo Draghi sono stati diversi rispetto a quando accaduto prima, l'impostazione rispetto alle politiche migratorie nel nostro Paese non è cambiata.

Tirando le somme, possiamo dire che la strada che ha portato alla situazione odierna – per dirla nel linguaggio politichese del 2020-2021 – è stata un percorso in continuità più che in discontinuità.

«A essere messe in discussione, e minate nel loro fondamento, sono qui l'universalità dei diritti e, insieme, l'idea di uguaglianza degli esseri umani, un'idea presente nel pensiero cristiano ma anche in quello socialista e liberale, oltre che nella nostra Costituzione. Aggiungo che l'inasprimento repressivo non c'entra niente con la sicurezza, che è un diritto sacrosanto e di tutti: sicurezza è vivere in libertà insieme agli altri, non a scapito degli altri. È costruire una società responsabile, fondata su diritti e doveri, dove ogni persona sia riconosciuta nella sua inviolabile dignità» ha detto Luigi Ciotti.

Più penso al codice di condotta ideato da Minniti per le navi umanitarie, più mi convinco che dovrebbe, invece, essere indirizzato proprio ai governi europei, violatori seriali del diritto nel Mediterraneo. Oggi è diventato quasi rivoluzionario tenere fede ai principi della nostra Costituzione e dei diritti umani, mentre molte istituzioni cercano in ogni modo di disfarsene come orpelli ormai insostenibili, come fastidi che limitano la loro libertà d'azione.

Le questioni aperte rimangono molte, a partire dal progetto di riforma della cittadinanza e dalla criminalizzazione delle operazioni umanitarie nel Mediterraneo centrale, legate all'assenza di un coordinamento dei soccorsi.

Siamo tuttora ancorati a uno scheletro obsoleto e a un impianto normativo di vent'anni fa, quando in Italia c'era meno di un milione di stranieri residenti. Oggi sono quasi sei volte tanti. Se è vero che l'Italia è il secondo Paese europeo per numero di cittadinanze concesse, è altrettanto vero che siamo al 17° posto tra gli Stati dell'Unione per domande di asilo in relazione al numero di abitanti. In testa ci sono Cipro, Malta e la Grecia. L'Italia è anche uno dei Paesi che rilasciano meno permessi lavorativi in assoluto.

Bisogna adoperarsi per fare incontrare domanda e offerta di lavoro, e puntare sull'intermediazione, dopo che a lungo si è puntato sulla disintermediazione. Ci vuole un cambiamento radicale delle politiche sull'immigrazione, altrimenti si continueranno a produrre fenomeni di irregolarità – e di conseguenza disuguaglianze. Si andrà avanti a equiparare a un soggetto pericoloso chi semplicemente non riesce a ottenere un visto. Continueranno a esserci sfruttamenti in ambito lavorativo. Bisogna abrogare la Bossi-Fini, uscire dall'ipocrisia di chi l'ha scritta e di chi continua a difenderla con le argomentazioni più sbagliate, e mettere mano al testo unico sull'immigrazione, affinché esso si rapporti alla realtà, così come si è trasformata nel corso del tempo, e dia garanzie e tutele progressive.

L'accesso al permesso di soggiorno deve essere esteso e il circolo vizioso del suo legame con il regolare contratto di lavoro spezzato. Si può pensare a un permesso di soggiorno per ricerca di lavoro, regolare e regolato nel tempo, che fornisca l'opportunità effettiva di entrare in Italia in modo legale.

Si sa, distruggere è facile, il difficile è costruire. C'è bisogno di pensare a un sistema di accoglienza inedito. Serve creatività. L'ha detto anche papa Francesco: «Per esempio, mi hanno raccontato che in un Paese europeo ci sono cittadine semivuote a causa del calo demografico: si potrebbero trasferire lì alcune comunità di migranti, che tra l'altro sarebbero in grado di ravvivare l'economia della zona». È l'esatto opposto dell'idea che sta alla base dei decreti sicurezza, che hanno minato uno dei pochi sistemi di accoglienza efficienti, quello su base diffusa con minisoluzioni abitative e format di inserimento graduali.

Servono anche una riforma strutturale del sistema di produzione, trasformazione, distribuzione dei prodotti agricoli e una nuova visione politica, che sappia porre al centro lavoratori e cittadini, partendo dalla frase tanto semplice quanto significativa "uguale lavoro, uguale salario", divenuta motto delle proteste. Nel rispetto dei diritti di tutti e tutte bisogna garantire, oltre che prodotti sani, un lavoro dignitoso e una paga adeguata – indipendentemente dalla provenienza geografica e dal colore della pelle dei lavoratori e delle lavoratrici – e, ancora, sicurezza sul lavoro, trasporti efficienti, maggiori garanzie.

«È giusto che in Italia, mentre i grandi monopoli continuano a moltiplicare i loro profitti e le loro ricchezze, ai lavoratori non rimangano che le briciole? È giusto che il salario dei lavoratori sia al di sotto dei bisogni vitali dei lavoratori stessi e delle loro famiglie, delle loro creature?». Pronunciate molti anni fa, le parole di Giuseppe Di Vittorio, politico e sindacalista, delineano perfettamente le domande cui cerchiamo di dare risposta battendoci per la giustizia ambientale, sociale, razziale. Oggi una giusta regolamentazione del lavoro agricolo permetterebbe anche a tanti italiani di avere maggiore dignità lavorativa, soprattutto al Sud, dove giovani – e meno giovani – italiani lavorano nei campi per 7 euro l'ora. Bisogna metterselo in testa: nessuno migliorerà la propria vita se essa viene resa impossibile ai migranti. Negare i diritti agli altri significa negarli a se stessi.

Prevedere tutele contrattuali e regolarizzare i rapporti di lavoro (con il dovuto sostegno alle aziende che, altrimenti, non potrebbero sostenere l'aumento dei salari) consentirebbe alle persone di non dover più lavorare per una paga misera, di vivere meglio e, tra l'altro, di permettersi acquisti degni da negozianti italiani. Il che gioverebbe a tutti e favorirebbe un miglioramento a catena della vita di ognuno, senza rubare niente a nessuno.

Anche a livello internazionale c'è tanto da fare. Già a fine 2018 il Parlamento di Bruxelles si era espresso a favore della creazione di visti umanitari europei. Qui ritorna il tema di come creare canali legali e sicuri per l'ingresso delle persone, che siano alternativi al business dei trafficanti. Al contempo, c'è un assoluto bisogno di avallare una missione istituzionale di ricerca e di soccorso in mare.

Vanno completamente rivisti i rapporti con Paesi come la Libia e la Turchia.

Altrettanto fondamentale è la riforma del Regolamento di Dublino, il cui principio cardine sostanzialmente impone che, a livello comunitario, a farsi carico di un migrante debba essere il primo Paese di arrivo o approdo. È chiaro che questa clausola penalizza fortemente i Paesi geograficamente più a sud, Italia inclusa.

La proposta di modifica del 2017 cancellava il criterio del primo Paese di accesso, che è l'ipocrisia alla base della norma, e favoriva un meccanismo automatico di ricollocamento che valorizzava i legami significativi dei richiedenti asilo, considerando quelli familiari ed eventualmente i luoghi dove la persona in questione aveva vissuto in precedenza. La nuova bozza è molto meno ambiziosa e lungimirante. Preoccupano le procedure accelerate di frontiera su cui spinge il testo e il fatto che, tra le ipotesi di solidarietà che i governi sarebbero obbligati ad attuare, ci sia una pericolosa operazione culturale di parificazione tra l'adesione al ricollocamento e il supporto alle operazioni di rimpatrio, come se i due elementi potessero concettualmente stare sullo stesso piano.

Quando si parla di garanzia dei diritti fondamentali, nell'ottica di creare inclusione sociale, non si dovrebbe puntare sempre al ribasso. Le politiche e le pratiche di accoglienza devono essere uniformate su tutto il territorio europeo. Mentre prima la proposta si basava sulla rapidità del ricollocamento, adesso sembra che si ritorni a dare importanza ai posti e ai porti sicuri, nonostante si sia già visto che quel concetto, eccessivamente dipendente dalla discrezionalità politica, non può funzionare. La speranza è che la bozza possa migliorare molto e si trovi un accordo che favorisca una soluzione condivisa anche dal Consiglio europeo.

Come in mare, così in terra

Il "prima qualcuno o qualcun altro" sono quanto di più lontano dalla mia visione. Se c'è un prima va dato agli ultimi, a chi rischia la vita.

Oggi più che mai è sulla convergenza nella difesa dei più fragili che maggiormente si devono concentrare le nostre azioni. La crisi sanitaria ha messo ancora una volta in evidenza la debolezza e l'inadeguatezza del nostro sistema sociale, economico e produttivo. In questo contesto, che possano aumentare le discrepanze e i divari all'interno della società è ormai più una realtà che una possibilità. Le disuguaglianze crescono in un Paese dove esistono già grandi fratture. Una di queste, alimentata molto negli ultimi anni, vede appunto i migranti contrapposti al resto della società.

A livello europeo si sta formando una sottospecie di internazionale nazionalista che sfrega i legnetti il più velocemente possibile per accendere il fuoco. Se da una parte ci sono populismi e sovranismi pronti a soffiarci sopra appena appare una fiammella, dall'altra c'è una sinistra che predilige ancora una politica dei due tempi e non perde occasione per rinviare le grandi battaglie.

Negli ultimi anni le destre hanno conquistato l'egemonia culturale sul tema delle migrazioni. Hanno loro il filo del discorso. Questa realtà è l'evidenza di quanto poco chi più dovrebbe occuparsi di temi sociali e di stare vicino alle persone sia effettivamente riuscito a farlo. Si è caduti nella trappola paralizzante del cercare di parlare il meno possibile del tema, paventando un effetto negativo sull'opinione pubblica, e dello "stare attenti a non favorire sempre gli altri" in termini di bacini di consenso, per poi finire di favorirli davvero. È una dinamica che va cambiata. Tutto si può dire delle destre, ma non che non abbiano un'idea chiara di come affrontare la questione: aberrante, certo, ma chiara.

È una battaglia sociale e culturale. Quella che le destre sovraniste hanno deciso di giocare sulla pelle delle persone, incendiando il dibattito pubblico, annullando ogni ragionamento di merito, è una partita che riguarda la costruzione di un modello di società diverso. Più inclusivo, solidale, in cui vengano messi al centro i diritti.

Poi è una battaglia legislativa, politica, che deve cambiare le normative che regolano un sistema strutturale complesso. A questa prospettiva non si risponde né ammiccando né col silenzio. Bisogna offrire una visione altra, pragmatica, efficace. Si parte dicendo le cose come stanno.

Un racconto diverso si costruisce valorizzando l'accoglienza e le iniziative di inclusione che nel nostro Paese sono state portate avanti caparbiamente tra mille difficoltà e tanta violenza politica. Come abbiamo visto, per dirimere il conflitto le risposte possono essere molteplici.

La solidarietà e la disponibilità nei confronti dei lavoratori migranti dovrebbero portare alla consapevolezza che essi sono non solo una risorsa centrale per la sopravvivenza dell'economia agricola, ma anche un arricchimento per la società locale, caratterizzata da una continua emigrazione e da impoverimento e desertificazione del territorio conseguenti. È fondamentale dare ai lavoratori immigrati e a tutti i diretti interessati, che sono esperti della propria situazione e di quello che hanno vissuto, la possibilità di contribuire nel miglioramento dei processi e delle politiche migratorie.

L'Italia, stesa come un ponte sul mare che unisce, sempre più compartecipe di due poli di interessi che potrebbero essere in competizione, può e deve farsi vigile stradale dell'incrocio – e dell'incontro socialmente ed economicamente straordinario – tra la casa di riposo e il parco giochi. Servono più diritti per le persone, ma che siano diritti duraturi, non a tempo per far fronte alle emergenze passeggere, nella mancanza di braccia che curano la terra che muore. Anche perché concedere diritti non significa privarsene, ma difendere anche i propri.

Come consumatori, battiamoci al fianco di chi è discriminato per un consumo sostenibile e un cibo eticamente sano, che non abbia il retrogusto di sangue e sfruttamento. A fronte degli articoli 1,2,35 e 36 della nostra bellissima Costituzione, battiamoci perché con le attuali leggi sull'immigrazione è lo Stato Italiano a essere irregolare rispetto ai diritti e doveri umani.

Battiamoci per equità, giustizia sociale e ambientale. Battiamoci perché i diritti vengano rispettati, a terra così come in mare.

Battiamoci per essere orgogliosi di un Paese che aggiunge diritti e che non li sottrae.

Si dice che gli ultimi saranno i primi.

Battiamoci perché gli ultimi diventino, non dico i primi, ma almeno pari agli altri.

7. Una barca che (ci) salvi tutti

Dopo settimane di pianificazione, la nave di Extinction Rebellion riuscì a fare una comparsa a sorpresa al centro di Oxford Circus come pezzo forte del palco "Dite la verità". Il tema era stato scelto perché da lì si arriva in pochi minuti a piedi alla sede centrale della Bbc, dove l'emergenza climatica ed ecologica non è ancora una notizia da prima pagina.

La nostra prima opzione era una barca di legno di una pesantezza assurda e lunga una decina di metri, ma quando ci rendemmo conto che per portarla a Londra da una costa lontana sarebbero serviti camion e patenti di guida speciali rinunciammo all'impresa. Mancavano pochi giorni, e così ci tuffammo con entusiasmo su eBay. Una minuscola immagine spiccava tra le anteprime degli articoli all'asta: si vedeva subito che quella giusta era lei. L'annuncio non era in scadenza, l'oggetto si trovava a pochi chilometri dal centro di Londra ed era «pronto per navigare». Facemmo la nostra offerta con determinazione.

«Allora, che piani avete?» chiese il venditore quando andammo a ritirarla di persona. L'avevamo comprata per due soldi, molto meno di quanto prevedessimo, e l'uomo era stato onestissimo nel descriverla. Non potevamo spifferare nulla. Di colpo, posseduto dallo spirito di un vecchio skipper di poche parole, uno di noi si inginocchiò, aprì la sacca delle vele di bordo e annusò forte, come a cercare tracce di muffa. Tanto bastò per convincere l'ex proprietario che eravamo marinai competenti. «La porteremo a fare una bella avventura» garantimmo, e promettemmo di mandargli qualche foto.

Misurava sei metri e mezzo, non era certo un superyacht. A farla spiccare era la lunga chiglia fissa, che costringeva a issarla molto in alto sul rimorchio. Lo scafo e il suo messaggio vitale sarebbero rimasti sempre in vista sopra le teste della gente, come se fluttuassero su un mare di bellissimi ribelli. Decidemmo di battezzare la barca con il nome dell'attivista honduregna Berta Cáceres, assassinata per il suo attivismo.

[…] Secondo il piano originale avremmo dovuto dipingere la barca a macchie mimetiche «abbaglianti» e colorate, ma capimmo che così ne avremmo confuso il profilo, e noi volevamo che la barca fosse inconfondibile. Così, la conclusione più logica fu dipingerla di rosa da poppa a prua. Non verde o blu, troppo «da nave», non giallo o arancione perché troppo innaturali. Il rosa è un colore calmo senza essere smorto. Il rosso è arrabbiato, il rosa divertente. [...] L'impianto audio e le luci erano totalmente alimentati a energia rinnovabile: a caricare le batterie pensava l'impianto solare che bloccava la strada a Marble Arch, da e verso il quale faceva la staffetta una squadra di corrieri di XR con bici e carrelli.
Creare uno spettacolo e un angolo fotogenico capace di fermare il traffico ci valse parecchia attenzione da parte dei media di tutto il mondo e ampliò il raggio d'azione del nostro slogan "Dite la verità", ma descrivere davvero l'emozione e il senso di comunità generati da questo blocco stradale è impossibile. Ogni punto della protesta sviluppò una sua cultura e identità; la gente della barca era diversa da quella del ponte. Spedimmo all'uomo che ci aveva venduto la barca la copia di un articolo intitolato "Come farsi arrestare e farsi nuovi amici", con tanto di foto della Berta Cáceres in tutta la sua gloria rosa, e allegammo un messaggio: «Prima tappa del viaggio conclusa!». Non ci ha ancora risposto. (Extinction Rebellion, *Questa non è un'esercitazione*, Mondadori 2020)

Iuventa

Nel 2015 un gruppo di ventenni, stanchi di vedere morire le persone in mare per l'inerzia dei governi europei, fonda un'organizzazione. Grazie a una raccolta fondi acquista una vecchia barca, un peschereccio degli anni Sessanta che chiamano Iuventa, Gioventù, e si avventurano nel Mediterraneo.

Il loro sogno non è così semplice da realizzare: nonostante la nobiltà del progetto, le ambizioni giovanili devono fare i conti con una dura realtà e con politiche incapaci di attuare piani di aiuto concreto. Quello di Iuventa è un percorso di lotta per la difesa dei diritti umani, raccontato nell'omonimo film da Michele Cinque, a cui è impossibile restare indifferenti.

L'Ong Jugend Rettet, Gioventù che salva, fondata a Berlino nel 2016, in soli 20 mesi è riuscita a inoltrarsi in mare aperto e a salvare la vita a 14 000 esseri umani. Il 2 agosto 2017 la nave viene bloccata in porto. Lì è al sicuro, ma chiaramente non è fatta per rimanerci. Questo fatto segna una cesura. Da allora il salvataggio in mare sarebbe stato criminalizzato. L'opinione pubblica aveva cambiato orientamento e aumentavano le accuse secondo cui i soccorritori in mare erano d'accordo con le organizzazioni dei trafficanti, accuse mai veramente provate.

Le Ong di ricerca e soccorso, sin dal loro arrivo in mare, hanno sempre cercato di operare in coordinamento con gli Stati di bandiera e tutte le autorità marittime competenti, dell'Italia così come degli altri Stati costieri interessati. Nonostante le ricostruzioni abbiano dimostrato la debolezza delle accuse e non ci sia evidenza di reato, se non l'essere colpevoli di solidarietà, Iuventa è ancora ferma nel porto di Trapani. Da allora sono passati più di tre anni, il Mediterraneo è rimasto il confine più letale al mondo, i migranti continuano ad affondare assieme alla dignità europea. Ancora oggi viene richiamata la necessità di un maggiore impegno degli Stati per la costituzione di un sistema strutturato di ricerca e soccorso, che veda impegnati assetti governativi oltre che umanitari. Un sistema di equa redistribuzione delle persone soccorse su tutto il territorio europeo, compatibilmente con la garanzia dei loro diritti fondamentali, e una maggiore assunzione di responsabilità da parte delll'Unione.

Nell'interesse di tutti, a cominciare dalla salvaguardia di quanti rischiano la vita per fuggire dalla Libia, il governo italiano deve abbandonare questo atteggiamento vessatorio nei confronti di coloro che salvano vite in mare e smettere di ostacolare le attività di ricerca e soccorso delle navi umanitarie, garantendo, in alternativa, un intervento coordinato con assetti propri in stretta collaborazione con gli altri Paesi comunitari.

Kayattivisti

Il sogno della Jugend Rettet è l'ennesima dimostrazione che i giovani, se si attivano, possono salvare vite, scuotere l'opinione pubblica, far traballare i potenti che siedono nelle istituzioni o nei consigli di amministrazione. Per fare la differenza non serve per forza una grande nave azzurra: può bastare molto meno.

Nello stesso anno in cui Iuventa è arrivata in mare, dall'altra parte del mondo, a Seattle, centinaia di attivisti e attiviste con tute in neoprene e giubbotti salvagente, su kayak, canoe, paddle bord e ogni altro genere di imbarcazioni, hanno bloccato le navi di Shell in porto, fermandone la partenza per l'Artico. Sì, avete capito bene: persone disarmate a bordo di semplici kayak sono riuscite a sbarrare il passo a colossali imbarcazioni di acciaio. Molti degli attivisti che si erano messi fisicamente sulla linea del fuoco erano ragazzi.

Eric Day, membro della tribù indiana Swinomish, è stato uno dei molti nativi americani che ha portato la sua canoa all'evento. «Trivellare nell'Artico ferirebbe coloro che vivono delle risorse della terra» ha detto. A 19 anni Chiara Rose si è incatenata per tre giorni a una nave da trivellazione, portando un cartello che diceva «Salvate l'Artico». Il suo gesto di disobbedienza civile, assieme al kayattivismo e ad altre forme creative e non-violente di azione diretta, ha momentaneamente sconfitto un gigante come Royal Dutch Shell.

Eventi di questo tipo, nell'ambito delle campagne Shell No e Shell Must Fall, sono stati messi in atto in diversi continenti. Nella lotta per la tutela dell'ambiente il kayak si è dimostrato uno strumento straordinariamente efficace.

Love Her Wild è una comunità di donne ordinarie che fanno cose straordinarie: nel 2017 hanno organizzato la Paddle Pickup, la prima spedizione tutta al femminile per raccogliere rifiuti dai fiumi. Hanno attraversato l'Inghilterra, coast to coast in kayak, da Bristol a Londra, pagaiando per oltre 300 chilometri e raccogliendo quasi 3500 rifiuti di plastica.

Plastiki

Già negli anni Ottanta, molte imbarcazioni che regatavano in alcune zone costiere italiane avevano scafi velocissimi dotati di una lama a prua, affilatissima, davanti al timone sotto la chiglia, per tagliare i sacchetti di plastica che altrimenti si sarebbero incastrati sotto lo scafo impedendo di governare il natante.

«Vi rendete conto? Lame di coltello sotto le barche, perché se no, mentre eri in regata, con il vento, le onde e tutto il resto dovevi immergerti e togliere il sacchetto a mano» ha scritto Filippo Solibello nel suo libro *Stop plastica a mare* (Mondadori, Milano 2019). A raccontarglielo è stato Mauro Pelaschiar, leggendario timoniere di Azzurra, uno che in quegli anni faceva esplodere la passione per la vela in Italia, con la prima partecipazione di una barca nostrana alla Coppa America.

La plastica nel mare è chiaramente uno dei sintomi del malessere che affligge il nostro Pianeta. Per evidenziarlo, un team internazionale ha dato vita a un'iniziativa che ha dell'incredibile. Dopo aver letto un rapporto delle Nazioni Unite che valutava come sia in pericolo la stabilità degli oceani a causa dell'eccesso di inquinamento, in particolare da bottiglie di plastica, Andrew Dovell e David Mayer de Rothschild, assieme a un team di esperti, hanno deciso di provare a costruire un'imbarcazione fatta interamente di rifiuti di plastica riciclati. Il mezzo è stato realizzato secondo il metodo Cradle to Cradle e includendo dispositivi in grado di produrre energia sostenibile e biomassa, come pannelli solari, turbine eoliche, un generatore di elettricità alimentato da biciclette poste a poppa, un sistema di purificazione dell'acqua, un orto e un piano di raccolta dell'acqua piovana.

Così è nato Plastiki, un catamarano di 18 metri di lunghezza costruito con 12 500 bottiglie di plastica, che contribuivano al 68% della galleggiabilità. La vela è stata realizzata a mano con tessuto in fibra di Pet. L'albero invece era un tubo di irrigazione in alluminio scartato. Per tenere assieme le bottiglie si è utilizzata una colla organica, le cui materie prime provengono da canna da zucchero e anacardi.

Ispirandosi al Kon-Tiki, l'imbarcazione su cui l'esploratore norvegese Thor Heyerdahl aveva attraversato il Pacifico, il 20 marzo 2010 il catamarano con a bordo un equipaggio d'eccellenza, composto da David de Rothschild, Jo Royle, David Thomson, Graham Hill, Olav Heyerdahl, Matthew Gray, Luca Babini, Vern Moen, Max Jourdan e Singeli Agnew, è salpato da San Francisco e, dopo 130 giorni di oceano e 8000 miglia nautiche (15 000 chilometri), è entrato nel porto di Sydney seguito da molti curiosi. Le tappe del viaggio sono state Kiribati, Samoa Occidentali e Nuova Caledonia, tutti territori fortemente colpiti dalle conseguenze della crisi climatica. Lungo il viaggio, la crew del Plastiki ha capito che non si può assolutamente dire «Chiudiamo i porti alla plastica che arriva dal mare», perché il problema non si risolverebbe: si muovono le merci, si muove l'inquinamento.

Per quanto assurdo possa sembrare, gli unici che non possono muoversi liberamente sono gli esseri umani.

10 Rivers 1 Ocean

Uno che invece si è subito mosso è Alex Bellini, che è un divulgatore, un esploratore, un avventuriero. Dopo aver attraversato in solitaria due oceani per oltre 33 000 chilometri, camminato sulle rotte polari per 2000, corso sui terreni più disparati per un totale di 10 000, ha scelto di iniziare una nuova avventura: 10 Rivers 1 Ocean.

Ogni anno buttiamo in mare tra 5 e 12 milioni di tonnellate di rifiuti di plastica. Ciascuno di noi ne mangia, a settimana, fino a 2000 piccoli frammenti, che equivalgono a circa 5 grammi, come una carta di credito.

Per capire come tutto ciò sia possibile bisogna semplicemente seguire l'acqua. Come fanno gli investitori quando seguono i soldi. E per farlo bisogna andare indietro, dal mare risalire i fiumi, perché è da lì che proviene l'acqua che poi diventa oceano, motivo per cui la fusione dei ghiacciai continentali, contrariamente a quelli marini, è uno dei fattori che contribuisce maggiormente all'innalzamento del livello degli stessi oceani. Seguendo la corrente, si impara che l'80% dei rifiuti presenti nei mari arriva dai fiumi, che sono sempre più un grande nastro trasportatore di indicibili (nostre) schifezze. Ho capito cosa significhi questo dato solo quando sono stato sul Lago Tonlé Sap e in alcune zone costiere del Sudest dell'Asia. Dei dieci fiumi più inquinati al mondo, otto sono infatti asiatici e due africani. Uno di questi, il Nilo, arriva dritto dritto – o meglio, con parecchie dighe e relativi conflitti, ma questa è un'altra storia – nel Mediterraneo.

Informandomi e studiando il percorso della plastica, nel tempo e nello spazio, mi sono accorto di due stereotipi che vanno abbattuti. Intanto, originariamente la plastica, così come la polvere da sparo, è stata inventata per agevolare. Bisogna combattere l'enorme problema dell'inquinamento causato dalle sue scorie ma non demonizzarla: senza la plastica non saremmo arrivati a produrre oggetti che cambiano in meglio la nostra quotidianità. Dobbiamo anche capire che se i fiumi più inquinati al mondo sono tutti in Asia e in Africa, non è perché "loro" sono brutti, sporchi e cattivi e noi bravi, puliti e diligenti. La Cina, per esempio, è stata vista per anni come un'opportunità per scaricarci spazzatura e i Paesi occidentali hanno fortemente contribuito alla sua crisi ecologica. Al di là di questo, se nello Yangtze, il Fiume Azzurro, ci sono milioni di bottiglie di plastica è anche un problema nostro: prima o poi potranno arrivare sul litorale delle nostre città, aggregarsi in una delle grandi isole di plastica o finire in altra forma nei nostri piatti.

Alex ha deciso di intraprendere lo stesso viaggio che ogni anno compiono milioni di pezzi di plastica. Come loro, ha raggiunto nel 2019 il Great Pacific Garbadge Patch. Si tratta della più vasta isola di plastica al mondo: situata nell'Oceano Pacifico, tra San Francisco e le Hawaii, si estende per 1,5 milioni di chilometri quadrati, circa tre volte la Francia! La sua impressionante dimensione fa addirittura parlare di un sesto continente. Il viaggio dei rifiuti che arrivano lì non comincia però in mare ma in un villaggio sul Danubio o sul Brahmaputra. I fiumi sono come il nostro sistema circolatorio: sono la nostra vita e tutto dipende da loro. Ha detto Salman Khairallah, attivista iracheno, intervistato da *Lifegate* nell'ambito del progetto Water Difenders: «Essere davanti al Tigri e all'Eufrate, respirare, ti mette in connessione con tutto un popolo, dal sud al nord dell'Iraq – le cui grandi città sono attraversate o costruite lungo i fiumi –, ti mette in connessione con la nostra storia.

Davanti ai nostri fiumi, ciascuno con la sua diversità, diventiamo un popolo. Per ricostruire l'Iraq, ma anche la regione, dobbiamo ripartire dall'acqua. Lungo le sponde del Tigri e dell'Eufrate è nata la civilizzazione umana: è tempo di ricominciare a costruire una civilizzazione ripartendo dai fiumi».

I dieci più inquinanti del mondo sono vere e proprie arterie attraverso le quali la plastica viene trasportata negli oceani: da loro arriva circa il 90% di quella che giunge in mare dai corsi d'acqua. Sono: Fiume Azzurro, Indo, Fiume Giallo, Hai He, Nilo, Gange, Fiume delle Perle, Amur, Mekong, Niger. Alex Bellini ha deciso di navigarli tutti con zattere autocostruite sul posto con materiale di scarto. Vuole vedere con i suoi occhi da dove parte la zuppa di plastica che riempie le grandi distese marine. «Nei fiumi dei Paesi che navigo, ogni vite, ogni bullone, ogni chiodo, anche se arrugginito, ha sempre un valore. In una lotta per accaparrarsi le risorse non scappa niente. È sempre più difficile raccogliere dalle sponde dei fiumi prodotti o scarti di altre produzioni utili alla costruzione. Ogni tanto bisogna barattare».

Quando ho avuto modo di parlare su Zoom con Alex, lui era appena tornato dall'avventura sul Nilo. La zattera che si è costruito lì era fatta di vecchie porte, assi di legno e fustini che una volta contenevano l'olio per i motori. Dieci fiumi significano dieci imbarcazioni diverse. «Chiaramente non conosci sempre l'effetto che una zattera ha sul fiume, quindi fai dei tentativi. Quella che ho costruito in Egitto una volta messa in acqua l'ho dovuta dividere a metà, da otto metri è diventata quattro». Il suo è un progetto tanto bello quanto difficile, perché riparte sempre da zero e può avere risvolti imprevisti. Per raggiungere una delle parti più densamente inquinate del Great Pacific Garbadge Patch, Alex ha invece utilizzato la barca a remi con la quale aveva già attraversato l'Atlantico e il Pacifico qualche anno fa. Si tratta di un'imbarcazione solida, seppur piccola, pensata per resistere alle condizioni più avverse del mare. «Non mi avventurerei mai nell'oceano con una barca autocostruita».

#WeAreAllInTheSameBoat, Siamo tutti sulla stessa barca, è l'hashtag scelto da Alex per la sua avventura. In questo caso è una frase che rende bene l'idea: siamo tutti responsabili, non c'è un noi e un loro, ogni azione che facciamo nel nostro piccolo ha potenzialmente una reazione dall'altra parte del mondo. Spiegandomi il perché di questa scelta, Alex mi ha detto: «Se i ricchi sono sempre più ricchi e i poveri sempre più poveri, che cos'è che li tiene uniti? In una cultura polarizzata e in una realtà in cui i ricchi e i poveri si incrociano sempre meno, che cosa tiene assieme queste persone? Chiaramente la risposta è il Pianeta, l'unica barca che abbiamo. Costruire una barca non è solo una speranza ma una necessità, l'ultima occasione per ricordare a noi stessi che al di là delle differenze c'è qualcosa che ci unisce, il Pianeta in cui viviamo». Rimaniamo tutti sulla stessa barca nel momento in cui la barca è il nostro Pianeta.

«Termini come sicurezza, benessere, felicità, futuro, sostenibilità, ambiente, ecologia e tanti altri non hanno definizioni universali, sono dei costrutti sociali. Se vai in India e chiedi che cos'è la sostenibilità la risposta che ti daranno sarà nove volte su dieci diversa dalla tua idea di sostenibilità». Si tratta di persone che ancora vivono con il coltello tra i denti, che sono quotidianamente impegnate nella lotta per la sopravvivenza. Alex mi ha detto: «C'è un ambientalismo dei ricchi, e c'è un ambientalismo dei poveri, sai qual è la differenza?». Dopo un attimo di mia esitazione, ha continuato: «L'ambientalismo dei ricchi ha la preoccupazione del futuro, abbiamo tutti paura che ci portino via il futuro e allora programmiamo a medio-lungo termine affinché quel futuro non ci venga portato via. L'ambientalismo dei poveri è un ambientalismo focalizzato sul problema dell'oggi: non rubateci l'oggi. Chi ha l'urgenza dell'oggi non può curarsi del domani. Se non consideriamo l'esigenza di buona parte delle persone che vivono sul Pianeta ad assicurarsi un presente, figuriamoci il futuro».

Ma è sempre più evidente che il problema principale dei fiumi non è l'inquinamento bensì la crescente scarsità d'acqua che vi scorre. Attualmente, più di un miliardo (un miliardo!) di persone non dispone di acqua potabile. Nel mondo, due su sette non hanno accesso all'elettricità. Mentre parliamo, Alex sta preparando la sua prossima navigazione, nell'unico dei dieci fiumi che ho avuto modo di vedere con i miei occhi, il Mekong. La sua avventura è mettere in gioco se stesso, il proprio fisico e la propria testa, per evidenziare i danni che l'azione (e l'inazione) dell'uomo sta causando al Pianeta e ai suoi abitanti.

Perché parliamo di plastica e di inquinamento, ma alla fine, per forza di cose, parliamo di storie di vita vissuta, di realtà sociali, di persone.

Una barca a vela sulla rotta per l'umanità

Nel luglio del 2019 la barca a vela Alex di Mediterranea Saving Humans raggiunge il Mediterraneo centrale per una missione di monitoraggio e assistenza. L'imbarcazione, lunga 18 metri, non è attrezzata per ospitare a bordo un gran numero di persone per un periodo di tempo prolungato, per cui i volontari si sono fatti una promessa: avrebbero navigato, monitorato, prestato assistenza e supportato altre operazioni di soccorso, ma non avrebbero fatto salire altre persone a bordo, sarebbe stato troppo rischioso.

Il mare e le situazioni che lì si verificano sono tuttavia imprevedibili. Non è vero che le organizzazioni non governative collaborano con i trafficanti. Né sono a conoscenza della partenza e della posizione di buona parte dei barconi: paradossalmente, se così fosse, sarebbe tutto più semplice. Spesso gli avvistamenti avvengono per puro caso, o grazie agli occhi da elfo dei soccorritori a bordo.

Se non vado errato, è scattando una fotografia a qualcuno vicino all'albero della barca a vela che un membro dell'equipaggio vide qualcosa muoversi all'orizzonte attraverso l'obiettivo della macchina fotografica. Quel puntino era un gommone in pessime condizioni, con una donna incinta e molti bambini in fasce. Le altre navi umanitarie erano lontane e la situazione critica. Per questo motivo, i volontari dell'equipaggio decisero di caricare a bordo i migranti e fare rotta verso nord. Questa è la storia di come, nel periodo di maggiore criminalizzazione del salvataggio in mare, 11 volontari hanno sfidato il divieto di solidarietà e la proclamata chiusura dei porti italiani per portare al sicuro donne, bambini e uomini in fuga. È la storia, narrata da Alessandra Sciurba, di 70 persone che diventano una comunità capace di salvarsi insieme.

Il pianto di un bambino dentro un giubbotto salvagente più grande di lui. Stringerlo e dirgli: va tutto bene, adesso. Sei salvo. E capire senza parlarsi che c'è una sola cosa da fare, che in salvo vanno portati tutti, poi si vedrà.

Una motovedetta libica che si ferma a osservare incredula quella piccola barca e la sua umanità, e non ha il coraggio di avvicinarsi troppo, prende atto che 59 persone non torneranno alle bombe e alle torture, gira la prua e se ne va. Ed esplodono le grida e le danze (ma non troppo ché altrimenti qui ci capovolgiamo).

Una ragazza che preme la mano sulla bocca per soffocare la gioia mentre stringe la sua piccola di 5 mesi nel primo momento in cui, dopo anni, il terrore resta dietro alle spalle.

L'ecografo poggiato sul tavolino accanto al timone, una mamma che guarda le mani piccolissime del bimbo che ha in grembo, mentre decine di delfini saltano più in alto, noi navighiamo piano e il sole tramonta.

Scoprire, sotto un tetto d'argento e d'oro di coperte termiche a riparare dal sole, i numeri impressi sulle magliette nei campi della Libia, e promettere che «mai più vi accadrà qualcosa di simile».

La notte ad aspettare in silenzio, protetti dal nostro essere insieme, comunque vada. Ore ed ore a condividere ogni pensiero, a immaginare chi a terra ci aspetta e si fida di noi.

Imparare da chi è arrivato a bordo che non c'è quasi condizione in cui si possa ridurre un essere umano, che non permetta di conservare la dignità e la possibilità di riconoscersi.

Una bimba che gioca col timone, e chiede altri guanti di lattice per fare palloncini, ripete i nostri nomi che ha imparato e poi mette la mano sulla mia maglietta, la lascia lì e appoggia la testa.

La calma a ridosso del molo di Lampedusa, mentre va in scena lo spettacolo della cattiveria – non c'è il permesso di scendere – e noi siamo immuni. Solo un ragazzo piange a dirotto perché «è stata troppo dura», ma adesso siamo qui.

Lo stupore di quando alla fine quelle persone non vogliono scendere senza prima ripulire la barca che le ha salvate e senza prima sapere come possono essere loro, adesso, a proteggere noi. (Alessandra Sciurba, *Salvarsi insieme. Storia di una barca a vela sulla rotta dell'umanità*, Ponte alle Grazie, Milano 2020)

L'equipaggio della Alex aveva fatto sapere che il porto sicuro più vicino al punto del salvataggio era Lampedusa, ma l'Italia aveva negato l'ingresso in acque territoriali italiane, chiedendo alla barca di andare altrove. La situazione sembrava essersi sbloccata dopo che il Viminale aveva trovato un accordo per cui Malta si sarebbe fatta carico dello sbarco, in cambio del trasferimento in Italia di 55 migranti che erano lì: per il semplice gusto di portare avanti la falsa narrativa dei porti chiusi, le persone a poche miglia dalle coste italiane sarebbero andate a Malta, e altrettante che erano a Malta avrebbero dovuto essere caricate su un aereo per venire in Italia. È l'emblema dell'ipocrisia ministeriale, che confonde le persone con carte da mischiare, distribuire e scambiare facilmente. Ma Mediterranea era stata costretta a imbarcare i naufraghi per una questione di vita o di morte, e si era poi detta impossibilitata ad affrontare la lunga traversata verso Malta ma disponibile a trasbordare le persone in sicurezza su navi attrezzate della Guardia costiera italiana o delle autorità maltesi.

Open Arms, che aveva un assetto più sicuro, si offrì allora di portare i naufraghi in un porto maltese, ma non le fu concesso. Dopo giorni di stallo, trascorsi interamente sotto il sole e al caldo sulla poppa di un natante, con appena lo spazio per potersi muovere (il numero massimo teoricamente previsto era di 18 persone), l'equipaggio di Mediterranea decise di rispettare quanto previsto dalle convenzioni internazionali, dichiarando lo stato di necessità, forzando il blocco e attraccando a Lampedusa.

È in questa assurda contrapposizione che si gioca la partita del Mediterraneo. I tanto potenti quanto sordi governi europei da una parte, il diritto internazionale, le persone comuni e gli assetti umanitari dall'altra. La morte sta da una parte, la vita dall'altra. L'umanità può ancora scegliere. Le navi della società civile, e a volte anche le barche a vela, le indicano la strada.

Rainbow Warrior

A partire dal secondo dopoguerra, molte isole del Pacifico furono teatro della sperimentazione di bombe nucleari e di altri tipi di armamenti. Durante l'operazione Crossroads, gli Stati Uniti condussero due test nucleari dalla potenza distruttrice pari alla bomba di Hiroshima. Per preparare l'operazione, 167 abitanti dell'atollo di Bikini furono deportati su isole disabitate, molto più piccole e più povere di risorse, con la promessa che sarebbero potuti presto tornare a casa. I tentativi vennero effettuati su moltissime navi catapecchie, che messe assieme avrebbero potenzialmente composto la sesta flotta più grande sul Pianeta. In un caso si generò uno tsunami di 30 metri. Sono passati molti anni ma ancora oggi si rilevano residui di cesio 137 nelle radici delle piante. A causa della contaminazione radioattiva, le isole Bikini sono tuttora inabitabili, anche se vengono visitate sporadicamente da subacquei.

Ivy Mike è il nome in codice della prima bomba a idrogeno, 70 volte più potente della bomba nucleare, fatta esplodere nel novembre 1952 nell'atollo Enewetak del Pacifico. Nel 1962, nel corso delle operazioni Dominic I e II, ben 36 ordigni nucleari furono sganciati nelle vicinanze degli atolli Johnston e Kiritimati. Nel trentennio 1966-1996, la Francia effettuò nei suoi territori polinesiani 179 esperimenti nucleari, di cui 41 atmosferici e 138 sotterranei. Questi avvenimenti sono stati dimenticati dall'opinione pubblica europea. Li ho scoperti e mi ci sono appassionato grazie ad alcuni documentari sul Pacifico e tramite una straordinaria installazione al Berlin Moderne Kunst Museum, costruita con acqua e noci di cocco, esposte come bombe, provenienti dagli atolli colpiti.

La Sir William Hardy, una nave lunga più di 40 metri, di proprietà del ministero dell'Agricoltura del Regno Unito, fu varata nel 1955. Nel 1978 la comprò l'associazione ambientalista Greenpeace, che le cambiò nome in Rainbow Warrior, guerriera dell'arcobaleno, e negli anni successivi la usò nelle sue campagne contro i test nucleari in Polinesia, nel Pacifico meridionale, al largo delle coste della Nuova Zelanda. Il nome Rainbow Warrior trae ispirazione da una profezia dei nativi nordamericani Cree, secondo la quale «quando il mondo sarà malato e sofferente, gli uomini si uniranno per difenderlo, come guerrieri dell'arcobaleno».

Poco prima della mezzanotte del 10 luglio 1985, la Rainbow Warrior fu affondata nel porto di Auckland (Nuova Zelanda) da due bombe che uccisero Fernando Pereira, un fotografo che si trovava a bordo. Gli ordigni furono collocati e fatti esplodere dai servizi segreti francesi, per evitare che la nave, ritenuta troppo scomoda, si dirigesse verso l'atollo di Mururoa (arcipelago delle Isole Tuamotu) per protestare contro i test nucleari che la Francia stava svolgendo. Prima di arrivare al porto di Auckland la Rainbow Warrior era stata nell'arcipelago delle Ralik (Isole Marshall), dove aveva aiutato 350 abitanti di Rongelap a spostarsi a Mejato, dopo che il loro atollo era stat0 fortemente contaminat0 dai test atomici condotti dagli Stati Uniti in quell'area. Nei mesi successivi, il primo ministro francese Laurent Fabius tenne una conferenza stampa in cui ammise le colpe del suo Paese, tanto che il ministro della Difesa, Charles Hernu, fu costretto a dimettersi.

Il relitto della Rainbow Warrior fu trainato a Matauri Bay, in Nuova Zelanda, dove è diventato una barriera artificiale ideata per ospitare pesci e favorire la biodiversità marina. Con gli 8 milioni di risarcimento ricevuti dal governo francese, Greenpeace comprò una nuova imbarcazione, varata nel 1989 con il nome Rainbow Warrior II. Dal 2011, della flotta di Greenpeace, composta di tre navi, fa parte la Rainbow Warrior III, che è lunga 57 metri e può accogliere un equipaggio di una trentina di persone.

La Raimbow Warrior di Greenpeace, la Polarstern, la Sea Legacy 3 e altre navi solcano i mari di tutto il mondo, promuovono ricerca e sostenibilità, sono portatrici di pace e giustizia.

Uno sguardo oltreoceano

L'uragano atlantico Katrina si è abbattuto sugli Stati Uniti nell'agosto del 2005. Le maggiori perdite di vite e di danni alle infrastrutture si sono verificate a New Orleans, in Louisiana, dove il sistema di prevenzione si è rivelato catastroficamente fallace in più di 50 punti. In quasi tutti gli argini si sono aperte brecce non appena l'uragano Katrina è passato a est della città, inondando conseguentemente l'80% dell'area metropolitana. Sesto uragano atlantico più forte mai registrato e il terzo più forte che abbia mai raggiunto le coste degli Stati Uniti, è uno degli esempi recenti più indicativi dell'interazione tra pratiche sociali e fenomeni naturali; a patirne gli effetti sono stati, come quasi sempre, soprattutto i più poveri e indifesi.

Almeno 1836 persone hanno perso la vita a causa dell'uragano e dei conseguenti allagamenti, rendendolo il più grave negli Stati Uniti per morti dopo l'Okeechobee del 1928. Venti a quasi 300 chilometri orari hanno messo a lungo fuori uso i pozzi petroliferi; il *New York Times* nei suoi servizi ha mostrato video di file lunghissime di automobilisti in attesa di riempire i serbatoi. Le autorità sono state paradossalmente costrette a chiedere di risparmiare energia e di non utilizzare l'automobile. Si stima che la tempesta abbia causato danni per 81,2 miliardi di dollari, diventando il più grave disastro naturale della storia americana in termini economici.

Zeitoun, di Dave Eggers (Mondadori, Milano 2009), è la storia di un immigrato che si trova a New Orleans nel momento del grande uragano del 2005. Abdulrahman Zeitoun, americano di origini siriane, benestante e padre di quattro figli, al momento dell'evacuazione decide di restare in città, per meglio controllare la propria casa e proteggere l'attività lavorativa di ristrutturazioni immobiliari. Quando l'acqua arriva al secondo piano delle abitazioni, decide di tirare fuori dal garage una canoa di seconda mano, andando in giro per la città sommersa e portando aiuti e viveri alle persone bloccate in casa dall'inondazione. Riesce a salvare molte vite, umane e non. Il libro di Eggers sottolinea l'importanza di raccontare storie e dimostra come l'ecocritica possa funzionare anche da un punto di vista materiale: i profitti dell'opera vanno alla Zeitoun Foundation per sostenere la ripartenza della città.

Il caos che Katrina ha generato può essere considerato un prequel di ciò che può accadere alle collettività, all'ordine sociale e in definitiva alla stabilità del nostro modo di vivere. Eventi recenti come questo hanno messo in luce i costi sociali ed economici delle conseguenze della crisi climatica, quando esse colpiscono aree costiere sviluppate. Le catastrofi hanno una qualità rivelatoria: ci rammentano la fragilità delle nostre architetture sociali e istituzionali, rendendo evidenti vulnerabilità fino a quel momento celate.

L'uragano ha causato gravi distruzioni sulle rive del Mississippi, in Alabama e in Texas. Proprio il Texas è in assoluto uno degli esempi più emblematici e significativi rispetto a molti fatti che stanno accadendo oltreoceano. Non solo perché da sempre alimenta parte della concezione generalizzata che noi italiani abbiamo degli americani, in un misto di stereotipi e realtà, tra ranch e cowboy, cappelli a tesa larga e camicie a quadrettoni.

Permettetemi di fare questa ulteriore premessa: se c'è una cosa che ho imparato degli Stati Uniti, seguendo un po' le elezioni, è proprio il fatto che non ho ancora imparato abbastanza degli Stati Uniti. E quando parliamo di che cosa accade in America, spesso parliamo di fuffa senza avere neanche una percezione quantomeno verosimile dello spazio. Un dato tra tutti: il confine tra il Messico e il solo Stato del Texas si estende per più di 3000 chilometri, la distanza che separa Napoli e Mosca.

Ma ritorniamo dove eravamo rimasti: nel 1892 tre amici texani decisero di dare ascolto ad alcune storie inerenti antichi giacimenti petroliferi e iniziarono a trivellare. Spesero un sacco di soldi e ricevettero altrettante prese in giro. Solo una decina di anni dopo, a Spindletop, una gigantesca fuoriuscita di liquido diede ragione ai tre e alle vecchie leggende in quella che fu la più grande scoperta di petrolio della storia e segnò profondamente l'economia del Texas e degli Stati Uniti in generale. Oggi lo Stato di confine, da solo, sarebbe il sesto più grande produttore di petrolio al mondo. Ma non tutto è come appare. Il Texas è leader americano nell'industria tecnologica, in particolare nel campo delle biotecnologie, e nello sviluppo del rinnovabile, tra energia solare, utilizzo delle biomasse e alcune delle centrali eoliche più grandi del Pianeta.

Inoltre, il Texas è sempre meno rurale e nativista, più urbano e multietnico, grazie al crescente apporto di determinati segmenti demografici e di lavoratori immigrati, che in passato Trump ha genericamente etichettato come "criminali" e "stupratori". Come altrove, ogni giorno che passa aumenta la polarizzazione politica e sociale del dibattito, dell'approccio, dei temi che separa i due storici partiti come olio nell'acqua. I candidati democratici, che una volta fungevano unicamente da agnelli sacrificali, danno battaglia ai conservatori. Qui, alle elezioni presidenziali, The Donald ha superato Biden solo del 5%.

In America, dal 2020 la maggioranza dei minorenni non è più bianca. Di questo passo si stima che nel 2045 avverrà quello che fino a qualche decennio fa era ritenuto impensabile: le minoranze saranno sufficientemente numerose per diventare, se sommate tutte insieme, maggioranza. Di questa trasformazione sociale e culturale sono l'emblema figure come James Harden, afroamericano che con la sua lunga barba, a Houston, negli ultimi anni ha fatto il bello e il cattivo tempo, e Lil Nas X, 22 anni gay di colore, la cui canzone

"Old Town Road" ha totalizzato oltre 600 milioni di ascolti solo su Youtube e ha scosso talmente la società da far parlare di «erosione dei sistemi di potere che per generazioni hanno estromesso dalla scena artisti come lui». Se volete saperne di più sul Texas vi consiglio il terzo capitolo *di Questa è l'America* di Francesco Costa, da cui arrivano alcune delle informazioni che avete letto poco fa.

In assoluto, uno degli Stati americani più colpiti dalla siccità, dall'incuria per le foreste, dagli incendi, dalla mancanza di sufficienti piani per la mitigazione e carenti opere di adattamento è la Florida, dove nel 2018 è bruciato l'1,8% della superficie totale e sono morte 85 persone nell'incendio di Camp Fire.

> Quello che in California sono gli incendi, nell'Ovest degli Stati uniti sono gli uragani, devastanti, ripetuti e inesorabili come i lunghi periodi di siccità. Nel Sud, nelle aree centrali e nel Midwest sono le inondazioni. Nel Nord sono le tempeste polari e le frane, come quella che nel 2015 provocò la morte di 44 persone nello Stato di Washington. Sulle coste è la minaccia incipiente dell'innalzamento del livello dei mari, che rischia di sommergere zone oggi molto urbanizzate e affollate come il Sud della Florida. (Francesco Costa, *Questa è l'America*, Mondadori, Milano 2020)

A Miami, l'istallazione di molte pompe e l'innalzamento delle strade per contenere il livello del mare in aumento sono costati 400 milioni di dollari. Eppure, Rick Scott, attuale governatore della Florida, ha proibito ai funzionari ambientali di usare termini come riscaldamento globale, cambiamento climatico, sostenibilità. A rivelarlo è un'inchiesta di Florida center for investigative reporting. Negli States si dice che «l'oceano non è né repubblicano né democratico, ma sa bene come innalzarsi».

Naomi Oreskes e Erik M. Conway hanno spiegato dettagliatamente che l'industria petrolifera, soprattutto, e anche l'automobilistica in passato hanno incaricato ricercatori ed esperti in pubbliche relazioni di effettuare studi e organizzare campagne che sollevassero dubbi sulla responsabilità dell'uomo circa la crisi climatica e gli effetti dell'anidride carbonica emessa in atmosfera dalle attività umane.

La Kock Industries, di proprietà di una delle dieci famiglie più ricche degli Stati Uniti, ha compiuto decine di atti criminali in tutto il mondo negli ultimi trent'anni. Da uno scoop del mensile *Bloomberg Markets* si è appreso che i funzionari dell'azienda sono stati colti in flagrante mentre pagavano tangenti per assicurarsi contratti in Francia; mentre operavano scambi commerciali con l'Iran, violando l'embargo; mentre ignoravano le leggi ambientali e le norme per garantire la sicurezza dei dipendenti. Vi ho brevemente introdotto i simpatici affari dei due fratelli miliardari e ultrareazionari Charles e David Koch, perché questi esercitano una grande influenza sulle istituzioni americane e finanziano direttamente numerosi membri del Congresso. Molti deputati e senatori sono foraggiati da negazionisti, grandi corporazioni, lobby del fossile, per opporsi alle evidenze scientifiche e confondere l'opinione pubblica.

Si stima che già durante la presidenza Obama oltre 130 deputati traessero beneficio dalle aziende petrolifere. Un professore noto per le sue pubblicazioni in materia di clima è stato minacciato da alcuni membri del Congresso. Lo stesso Trump ha detto «Ci farebbe bene un po' di riscaldamento globale». E, a proposito di *fake news*, (non) stupisce il numero di *inaccurate statements* dell'ex presidente durante lo *speech* in Wisconsin: ben 131 in 90 minuti. Se dire bugie fosse segno di intelligenza, Trump potrebbe tranquillamente puntare al Nobel per la Fisica.

Secondo i risultati di un sondaggio di Public policy polling pubblicato meno di dieci anni fa, il 37% degli elettori americani credeva che il surriscaldamento globale fosse una bufala, il 51% affermava il contrario. Il 58% dei repubblicani, contro l'11% dei democratici, sosteneva che i cambiamenti climatici fossero una montatura. Un sondaggio dell'istituto Farleigh Dickinson del 2016 ha rivelato che oltre il 60% dell'elettorato di Trump era convinto che si trattasse di un'invenzione degli scienziati. Al contrario, un numero considerevole di persone, che avevano in John Trochmann un importante punto di riferimento, credeva che i governi federali fossero in grado di manipolare il clima tramite trasmettitori radio e scie chimiche, fino al punto da poter creare gli uragani.

Fortunatamente, con il passare degli anni e grazie alla sempre maggiore sensibilizzazione, i dati citati precedentemente sono ormai in controtendenza. L'anno scorso, il 73% dei nordamericani intervistati dai sondaggisti di Yale program in climate change diceva di credere al cambiamento climatico, e il 69% se ne dichiarava preoccupato.

Donald Trump ha fieramente rivendicato azioni in aperto contrasto con gli obiettivi ambientali e il negazionismo riguardo alla crisi climatica, la cui avanzata, tra incendi e inondazioni, è come abbiamo visto sempre più evidente in Stati come California e Florida.

Il Tycoon decise di nominare segretario di Stato Rex Tillerson, dirigente di ExxonMobil e amico di merenda di Vladimir Putin in seguito agli interessi di Exxon nell'Artico, e segretario dell'Agricoltura Sonny Perdue, ex governatore della Georgia, che definì «disconnesse dalla realtà» le persone preoccupate dal surriscaldamento globale. Ciliegina sulla torta, designò come capo dell'Epa (Agenzia per la tutela dell'ambiente), i cui fondi vennero ridotti fino allo 0,2% del budget federale, Scott Pruitt, procuratore dell'Oklahoma – uno dei pochissimi Stati in cui nelle elezioni del

2020 Biden non ha vinto in alcuna contea –, che stabilì il record nello smantellamento della legislazione ambientalista.

Secondo il *New York Times*, sono un centinaio i *rollback* ambientali (revoche e annullamenti di leggi "ecologiche" precedenti) messi in atto dal Potus durante la sua permanenza alla Casa Bianca. Ci sono poi "naturalmente" le concessioni fatte alle lobby dei combustibili fossili. Seguendo Trump, Bannon, Spencer, Flynn e compagnia bella, che nel tempo si sono guadagnati l'appoggio di cospirazionisti, nazionalisti bianchi, miliziani del movimento dei Patrioti, altri suprematisti e membri dell'Alt-Right, nel 2019 l'allora ministro italiano dell'Interno si distinse per frasi analoghe. «Bizzarro un ministero della Pubblica Istruzione che autorizza delle "bigiate" di massa, perché oggi è sull'ambiente, domani per la pace nel mondo, fra tre giorni per il benessere, la simpatia, il sorriso...» disse commentando il sostegno del collega all'Istruzione Lorenzo Fioramonti alle iniziative di venerdì 27 settembre. «Siamo a metà maggio e io invoco il riscaldamento globale perché un freddo simile non c'è mai stato in Italia negli ultimi anni» aveva detto qualche mese prima in conferenza stampa.

Ricordiamolo, giusto per essere chiari: dire che a maggio in una particolare città fa più freddo del solito e dedurne che non esistano i cambiamenti climatici equivale a dire che non esiste la fame nel mondo dopo aver mangiato un piattone di melanzana alla parmigiana del nonno.

Fuori dalla bolla

Com'è possibile spiegare il fatto che pur avendo davanti agli occhi le conseguenze del cambiamento climatico siamo così capaci di negarlo? A certi scellerati speculatori politici, lo sappiamo, conviene rifiutare l'evidenza: addolciscono i modi in cui si parla di crisi climatica e ci rovesciano addosso parole e pubblicità in cui sostengono che l'origine antropica del surriscaldamento globale non sia dimostrata. Il loro unico scopo è destabilizzare le coscienze. Per quanto riguarda la cittadinanza, il problema centrale è di tipo epistemologico: com'è possibile uno scambio razionale quando non si è nemmeno in grado di concordare su che cosa costituisca un fatto e la realtà fattuale? Spesso la scienza e gli scienziati sono visti con sospetto in quanto parte integrante della «cospirazione», quindi il loro contributo è subito scartato come privo di valore. Mi chiedo se questo fenomeno con la pandemia si sia acuito o meno.

Al di là di tutto, i negazionisti del cambiamento climatico non possono contestare che la lotta per l'accesso alle risorse naturali si stia inasprendo, e che le vaste aree del Pianeta stiano diventando via via sempre più inabitabili. Forse, invece di soffermarci sulla discussione dei dati scientifici per smentire le bugie degli scettici e dei complottisti, non solo sul surriscaldamento globale, dovremmo concentrarci sulla prevenzione del disastro. Quando una casa è in fiamme, non si sta a discutere con chi ci abita per valutare quali misure si debbano prendere: si invia un messaggio chiaro di pericolo, si evacua lo stabile e poi si cerca di limitare il danno. Se qualcosa brucia, bisogna prendere l'estintore – se poi non era un incendio ma un fuocherello fa lo stesso, almeno non brucia. La crisi climatica ed ecologica è fuoco che avanza.

Il nostro modo di navigare sul web, gli algoritmi da cui siamo condizionati, gli stili di vita che abbiamo, i posti che frequentiamo contribuiscono a creare attorno a noi delle "bolle mediatiche", che hanno molti limiti: *in primis* la tendenza a far arrivare il proprio messaggio sempre allo stesso pubblico, l'impressione che le persone siano a conoscenza di un problema e ci stiano attente, l'espandersi del conformismo culturale e la crescente difficoltà di scambiare idee con chi non la pensa come noi. Quando qualcuno mi dice che la stragrande maggioranza dei giovani non si interessa di politica e attualità, d'istinto mi viene da storcere il naso. Buona parte dei coetanei che frequento è parte di almeno un movimento, un'associazione, un comitato, un collettivo, un gruppo di quartiere: anche questa è una bolla. La realtà è molto diversa e il lavoro da fare è tanto. Per questo, se ne ho l'occasione, quando sono in posti o città diverse dal solito, cerco di parlare con le persone che sono meno simili a me, che hanno una visione diversa dalla mia. O, comunque, cerco di fare in modo che il dialogo possa definirsi tale, e non sia uno scontro tra due parti che neanche tentano di toccarsi. Che sia con persone simili o diverse, l'importante è che sia arricchente, per gli altri e per te stesso: se sei il più intelligente nella stanza, sei nella stanza sbagliata.

Non ho scritto questo libro per soldi, anche perché, se già di questi tempi arricchirsi scrivendo è cosa per pochi, immaginate quale guadagno io possa riceverne avendo deciso di donare buona parte dei proventi – ed essendo molto convinto e contento di farlo – per sostenere una causa, una missione. Spero anche più di una. L'ho scritto per l'esigenza di raccontare e la voglia di dare il mio contributo per qualcosa che reputo di vitale importanza. La mia speranza è che esso non lasci indifferenti, nel bene o nel male. Che riesca a uscire dalla bolla, magari a bucarla proprio, e che possa contribuire a salvare vite, per davvero.

The time is now

La crisi climatica non è cieca, come il Covid va a intaccare le fasce di popolazione dove la fragilità sociale è più ampia (persone che non hanno una cittadinanza, persone che vivono in assoluta povertà, persone che non sono in grado di difendersi). Clima e disuguaglianze sono così connesse perché, tanto a livello globale quanto dentro i nostri confini, chi sta pagando il prezzo più alto del surriscaldamento in atto sono i più poveri, maggiormente impoveriti dalle crisi parallele. Giustizia ambientale e sociale sono inscindibili: lo vediamo fuori dai nostri confini, ma anche dentro, se pensiamo a Taranto.

Più siamo connessi sul piano nazionale e globale, meno sembriamo in grado di affrontare le calamità che appaiono sui nostri schermi. È un paradosso non da poco. La crisi climatica rischia di diventare un tutti contro tutti. Per fronteggiarla, la collaborazione internazionale è indispensabile: la sfida è comune a tutti i popoli. Proteggere il clima – sinonimo di proteggere noi stessi e gli altri – è in tutti i sensi un'operazione di giustizia: dobbiamo fermare l'avanzata del collasso climatico e correre in soccorso delle persone più povere che vivono nei Paesi in difficoltà se non vogliamo che l'effetto serra diventi effetto guerra, come dice Antonello Pasini. E abbiamo poco tempo per farlo.

Con o senza di noi il mondo naturale sopravvivrà, come è accaduto in passato. La verità è che non si tratta di salvare la natura, si tratta di salvare noi stessi. La scienza, come un luminoso faro per i naviganti, deve guidare le nostre azioni e condurci in acque sicure. C'è bisogno di una svolta repentina che sappia tenere insieme la lotta alle disuguaglianze e la transizione ecologica, inscindibili tra loro. Ecco che l'ambiente, che non può più essere ridotto a un tema di nicchia, diventa allo stesso tempo occasione di dialogo e possibilità per far tornare alle sue radici greche la parola "economia", il cui significato è "arte di gestire la casa". Riportiamola al contesto contemporaneo e incanaliamola nella più grande delle ambizioni: contribuire a gestire la nostra casa planetaria nell'interesse di tutti i suoi abitanti.

I comportamenti individuali possono aiutare la lotta ai cambiamenti climatici solo se riescono a essere un trampolino per profondi cambiamenti strutturali. Basta un po' di lungimiranza per cogliere i problemi comuni alle fondamenta di questa società. Solo quando avremo veramente capito quanto gli standard di sviluppo attuali già ora siano pericolosi per chi vive nei Paesi più poveri – e a breve lo saranno per noi abitanti delle nazioni più ricche – coloro che ancora non se ne preoccupano vorranno fare tutto il possibile per prevenire il riscaldamento globale. Dobbiamo dunque agire in modo che la crisi climatica e ciò che ne consegue siano sempre più sulla bocca di tutti. Occorre che le informazioni arrivino ai cittadini, e che questi siano consapevoli della loro importanza. Bisogna incentivare una corretta divulgazione che possa avvenire nelle scuole, nelle università, negli spazi sociali, in periferia.

In Italia siamo soliti correre dietro alle emergenze ma, ribaltando la prospettiva, in quest'opportunità di "effetto serra-effetto pace" il nostro Paese può avere una leadership non da poco, se lo vogliamo davvero. Siamo in prima linea sulle conseguenze del cambiamento climatico e sulle migrazioni, possiamo esserlo altrettanto nel coinvolgere diversi attori e farci promotori di una cooperazione internazionale di larghe vedute, nelle parole e nei fatti. Agire sulle conseguenze dei cambiamenti climatici, come il divario in aumento tra ricchi e poveri, potrebbe essere la maniera migliore per affrontarne e risolverne molte delle cause. Se andiamo avanti di questo passo non ci saranno maggiori diritti. Ci saranno invece lotte per le risorse e molta violenza.

Al contrario, vari studi concordano sul fatto che concedere diritti fondamentali possa portare ovunque a una significativa riduzione di emissioni. Questa correlazione mi ha fatto molto riflettere. Viviamo in un'epoca in cui succedono cose che non accadevano da decine di milioni di anni. Altre che non sono mai accadute in 4 miliardi. Spesso mi capita di pensare che siamo davvero sfigati – e sempre di più lo saranno coloro che nasceranno negli anni a venire e che ancora non hanno voce in capitolo: abbiamo un enorme peso sulle spalle, rispetto al quale per il momento non ci siamo dimostrati all'altezza. Eppure abbiamo la possibilità di cambiare le cose, e di essere ricordati per questo. Non per la gloria e l'onore, ma per noi stessi, le persone e le specie animali e vegetali che vivono vicino e lontano da noi, per tutti e tutte.

Le nostre scelte dei prossimi trent'anni possono decidere l'andamento della vita nei prossimi trecento, forse anche di più. È una grande responsabilità ma anche una grande sfida. Una sfida che possiamo vincere insieme. Dobbiamo cercare di agire rapidamente sulle cause antropiche del cambiamento climatico, riducendo le emissioni di gas serra nel più breve tempo possibile, producendo energia ed effettuando trasporti senza ricorrere ai combustibili fossili, attuando una riconversione ecologica, usando correttamente il suolo, votando per persone e partiti che promuovano misure di questo tipo e non facciano politica a colpi di tweet. Dobbiamo portare avanti massicce politiche di mitigazione, varando una decarbonizzazione dell'economia e un uso più intelligente del territorio, e di adattamento, preparandoci quindi agli impatti dei cambiamenti climatici che in ogni caso, anche nello scenario più ottimistico, cresceranno nel medio periodo.

Il fatto che l'uomo abbia un ruolo fondamentale nella crisi climatica è, paradossalmente, anche una buona notizia. Se il riscaldamento fosse dovuto a cause naturali, cioè a quei forzanti esogeni e, in parte, anche endogeni che avevamo visto all'inizio del primo capitolo, non potremmo fare altro che rimanere a guardare, impotenti, i suoi risvolti più negativi. Ma poiché siamo stati noi o, meglio, in buona parte alcuni di noi a produrlo, possiamo attivarci per promuovere e approvare politiche di mitigazione e adattamento ambiziose, così da evitarne gli impatti futuri più devastanti.

Siamo l'unica specie teoricamente capace di prevedere il futuro. È tempo che essa smetta di crescere, e raggiunga una situazione di equilibrio. Possiamo farcela, basta volerlo.

Sognatori eccezionali

I movimenti che si battono per la giustizia climatica sono nati da persone comuni che in molti casi all'inizio dell'avventura non erano esperti di ambiente e clima, e che hanno iniziato a mobilitarsi semplicemente perché si sono accorte della gravità della situazione e perché, più semplicemente, non c'erano altri a farlo. Questi movimenti sono emersi per porre delle domande, non per dare risposte. Sia perché a farlo dovrebbero essere coloro che siedono negli spazi decisionali e che tutti i cittadini pagano, sia perché le risposte ci sono già: la scienza le mette nero su bianco. Chi pensa però che siamo solo bravi a protestare e non abbiamo proposte, dovrà ricredersi. Da oltre un anno portiamo avanti la nostra Eci (European citizen initiative), una pratica di democrazia diretta che prevede, una volta raccolto almeno un milione di firme tra i 27 Paesi membri, che le proposte in questione arrivino ai massimi vertici europei e che la Commissione sia obbligata a esprimersi a riguardo.

Le nostre richieste sono le seguenti:

1. La Ue deve adeguare i suoi obiettivi, secondo l'Accordo di Parigi, a una riduzione dell'80% delle emissioni di gas a effetto serra entro il 2030, per azzerare le emissioni nette entro il 2035, e deve modificare di conseguenza la legislazione europea in materia di clima.

2. Deve essere istituito un meccanismo di adeguamento delle emissioni di CO_2 alle frontiere della Ue.

3. Nessun trattato di libero scambio dovrebbe essere firmato con Paesi partner che non seguano un percorso compatibile per preservare la temperatura mondiale sotto l'1,5° C, in conformità con il Climate action tracker.

4. La Ue deve produrre materiale didattico gratuito sugli effetti del cambiamento climatico per tutti i programmi di studio degli Stati membri.

Nell'aprile 2020, pensando che la pandemia potesse segnare uno spartiacque tra un passato insostenibile e un futuro diverso, abbiamo lanciato la campagna #RitornoAlFuturo, sostenuta da 40 realtà su tutto il territorio, firmata da 350 scienziati e decine di migliaia di cittadini. Il concetto di fondo è che ci sia un'unica soluzione alla crisi economica e a quella climatica: la transizione ecologica. Il fatto che le misure per ridurre le emissioni siano economicamente convenienti è ormai una realtà fuori discussione. Su di essa, concordano i più illustri economisti, tra cui Joseph Stiglitz, premio Nobel per l'economia, il quale ha calcolato che gli investimenti nei settori legati ai combustibili fossili generino solo un terzo dai posti di lavoro creati da pari investimenti nelle energie rinnovabili e nell'efficienza energetica.

La campagna #RitornoAlFuturo è l'inizio di un percorso che intreccia proposte e idee di possibili soluzioni per accompagnare la nostra società verso quel cambiamento del sistema (e non del clima) rivendicato da tutto il mondo nelle battaglie portate avanti da molti movimenti. È un piano a tutto tondo, che va dall'energia all'edilizia, passando per la filiera agroalimentare, i rifiuti, il trasporto, il turismo. I diversi obiettivi sono interconnessi e sinergici, piuttosto che in concorrenza gli uni con gli altri. #RitornoAlFuturo è stato consegnato al presidente del Consiglio, al ministro dell'Ambiente, ai presidenti di Camera e Senato. È il nostro piano per la ripartenza, un libro di ricette pronte per l'uso. È lì, a disposizione di qualunque cittadino o partito interessato, indipendentemente dal simbolo e dal colore politico.

A fine 2020 è partita la campagna #NonFossilizziamoci, un appello con sette punti da includere nel Next generation eu affinché non fossero solo sessantenni a tracciare la rotta dei prossimi sessant'anni. A lungo mi sono chiesto e tuttora mi chiedo se tutti questi progetti, azioni, campagne, mal di pancia, notti insonni, risorse investite e tempo impiegato abbiano davvero portato a qualcosa di concreto. Fridays non è come Solidarietà Alimentare: là la quantità di tempo passato a fare volontariato è direttamente proporzionale a quanta frutta e verdura arriva sulle tavole dei più bisognosi. Premesso che, se sei un attivista, devi mettere in conto che sono purtroppo più le volte che perdi che quelle che vinci, i successi dei movimenti per il clima nella maggior parte dei casi sono difficilmente quantificabili, impossibili da toccare con mano.

C'è da dire che negli ultimi due anni siamo riusciti a scuotere l'opinione pubblica e a ottenere risultati che solo pochi mesi prima sarebbero stati inimmaginabili. La narrativa sul clima è completamente cambiata. Mi hanno colpito i tweet rivolti dai presidenti dei vari Paesi a Biden dopo la sua netta vittoria. Tutti, o quasi, dicevano più o meno «Saremo a fianco degli Stati Uniti nelle due sfide del nostro tempo: la pandemia e il clima». Prima dell'arrivo in piazza di milioni di persone consapevoli, anche solo frasi di facciata del genere non sarebbero mai esistite.

L'ondata di attivismo e sensibilizzazione ha cambiato anche la percezione della popolazione. La società di indagini demoscopiche Swg nell'ottobre 2019, dopo lo sciopero globale del 27 settembre, ha chiesto agli italiani quali fossero le loro principali preoccupazioni: al primo posto c'erano i cambiamenti climatici, con il 51%.

Per quanto riguarda la mia generazione questo dato toccava il 64%, seguito da disuguaglianze (37), stagnazione economica (29), flussi migratori (28), affermarsi di nuove malattie (22). A ottobre 2020, un sondaggio del Parlamento Ue riportava che per il 54% degli europei la salute dovrebbe essere la priorità, mentre il 42 indicava l'economia, il 37 il cambiamento climatico, il 35 il lavoro e le protezioni sociali. Secondo un sondaggio svolto dall'organizzazione no profit Weworld nell'ambito dell'iniziativa Climate of change, in Europa 8 giovani su 10 sono preoccupati per gli effetti del surriscaldamento globale. Più della metà degli intervistati è a conoscenza del fatto che il cambiamento climatico porterà tante migrazioni, e crede che queste persone debbano essere messe nella condizione di migrare. Il 70% riconosce che non agire contro la crisi climatica sia un danno per l'economia e un gesto irresponsabile dei governi; e si spera voterà di conseguenza.

«Come manufatto linguistico, "transizione ecologica" combina nove sillabe, le aggrega allo stato fluido-gassoso e finisce per richiamare astrazioni buro-sovietiche o gerghi socioqualcosa tra l'ambientalismo e il sindacalese» ha scritto Stefano Bartezzaghi su *La Repubblica*. Se però si superano le impressioni superficiali e ci si immerge nel profondo, ci si accorge che "transizione ecologica" è l'anagramma di "sognatori eccezionali".

Intersezionalità

Il sottotitolo di questo libro menziona le sfide del nostro tempo. Nei vari capitoli vengono affrontate questioni apparentemente distinte. Crisi climatica, degrado ambientale, povertà, conflitti, terrorismo, migrazioni forzate, politiche inique, discriminazioni di genere, etnia, età, reddito, mancato rispetto dei diritti umani e di quelli della Terra. Sembrano fenomeni distinti, o addirittura concorrenziali, nel senso che la loro soluzione, prendendoli singolarmente, imporrebbe di concentrare attenzione e risorse su diversi fronti. Ciononostante, tutti i temi citati, nessuno escluso, sono legati nelle cause e nelle soluzioni: da qui nasce l'esigenza di affrontarli assieme e portare avanti l'intersezionalità.

A questo punto immagino l'abbiate capito; affrontare il cambiamento climatico non significa (solo) voler salvare api e orsi polari, ma costruire un dialogo e iniziare a parlare di diritti, di lavoro, di giustizia ambientale, perché la crisi climatica ed ecologica colpisce *in primis* persone più in difficoltà, soprattutto in Paesi altrettanto in difficoltà. Persone che hanno meno, e che meno contribuiscono alla crescita esponenziale della curva delle emissioni. Per questo è fondamentale parlare di intersezionalità delle lotte, di pari opportunità, di chi lavora nei campi o di chi viene discriminato nella propria quotidianità per ragioni tanto variegate quanto insulse. Abbiamo sentito dire tante volte che «la lotta ambientale senza lotta sociale è solo giardinaggio».

Il modello economico e sociale che ha imperato negli ultimi decenni è spietatamente individualistico, patriarcale, a favore di un uso intensivo e sfrenato delle risorse. La matrice oppressiva di quel modello colpisce diverse fasce sociali. E i diversi livelli di diseguaglianze non si elidono a vicenda, si sommano. Alla Women march of London, per esempio, hanno marciato insieme femministe, migranti ed ecologisti: intersezionalità significa unire le lotte per riuscire a scardinare modelli iniqui, dinamiche di oppressione e sfruttamento. Questo collegamento transettoriale è già emerso in molti *paper*, documenti, ricerche, appelli, manifesti, e anche nelle enclicliche di papa Francesco, che hanno evidenziato l'interdipendenza tra la salute della natura e degli ecosistemi e il benessere dell'umanità, amplificando l'idea di ecologia integrale.

Intersezionalità è la parola che racchiude tutto. Quando ci penso, mi viene in mente Bruce Lee: *Empty your mind, be formless, shapeless – like water. Now you put water into a cup, it becomes the cup, you put water into a bottle, it becomes the bottle, you put it in a teapot, it becomes the teapot. Now water can flow or it can crash. Be water, my friend.* Sii come l'acqua. Non piegarti, adattati di volta in volta nella forma migliore, per esistere e per resistere.

A livello culturale, in Italia è ancora difficile capire quali siano i punti di contatto tra le diverse lotte. Fridays for Future è un movimento principalmente di ragazze e ragazzi che vivono vite non più a compartimenti stagni. Mi sento di dire che oggi i giovani hanno bisogno di contaminarsi, ne sentono la necessità, vivono vite già intersezionali. Chi è attivista è spesso e volentieri attivista ecologista, attivista nei movimenti antirazzisti, attivista nei movimenti transfemministi. Negli ultimi due anni ho messo un piede, e forse anche qualcosa in più, in Fridays, Extinction Rebellion, Sardine, Black Lives Matter, Mediterranea, ResQ, Sea Watch. Sarà per questo che gli amici dicono che sono un ibrido *easy-going.* Anche tra i miei coetanei mi sembra di vedere un'esigenza, a volte repressa, di intersezionalità. È forse uno dei risvolti più positivi di questa generazione.

Le persone lo hanno capito prima dei politici: questioni come quella sociale e ambientale vanno affrontate insieme. Dagli scioperi per il clima alla parità di genere, fino ai presìdi di solidarietà ai migranti in Europa, ci sono aree di grande sovrapposizione. Queste piazze condividono le stesse speranze, le stesse istanze, spesso anche le stesse facce, e tengono insieme tutte quelle battaglie. La sovrapposizione non è mai totale ma è importante perché dimostra che c'è una sensibilità che si fa largo nella società.

La politica deve riallacciare i fili con quello che sta accadendo all'interno di essa. Con queste piazze che si riempiono spontaneamente fuori dai circuiti istituzionali e dalla politica partitica. Se questo non accade la politica sarà sempre più chiusa nei palazzi e nelle stanze del potere, lontano da dove le cose accadono, e perderà la sua funzione originaria.

L'intersezionalità è sia nei problemi sia nelle soluzioni. Un detto brasiliano afferma: «Quando arriva l'alluvione e hai l'acqua alle caviglie, non puoi nuotare. Quando hai l'acqua alle ginocchia, continui a non poter nuotare. Quando l'acqua ti arriva al sedere, è ora di nuotare». Quando le cose si mettono davvero male, azioni che prima si credevano impossibili diventano possibili. Sentendo questa citazione, mi viene in mente l'immagine, tanto incredibile quanto allarmante, di un uomo che cammina sul Sarapui, nello Stato di Rio de Janeiro: cammina sull'enorme ammasso di spazzatura che ha invaso il fiume.

Siamo in alto mare. Se dovessi indicare dove l'acqua è più alta mi verrebbero in mente il Bangladesh, Kiribati, il Mozambico, la California. Presto toccherà anche a noi. Mi piacerebbe poter dire che le cose miglioreranno ma così non è. A meno che non ci diamo da fare per davvero. Non possiamo aspettare che l'acqua ci arrivi alla gola per iniziare a nuotare.

Una scintilla

È la nostra ora più buia. Per la battaglia che stiamo combattendo l'alba è lontana, la notte ancora troppo profonda. Ma proprio per questo come piccole lucciole possiamo metterci assieme per illuminarla. Siamo a un passo dal baratro. La buona notizia è che milioni di persone si stanno mobilitando per impedire all'umanità di cadere giù da un dirupo. Se ci prendiamo cura della natura, essa si prenderà cura di noi. Perché vi sia pace tra i popoli dobbiamo fare pace con la Terra. Per difendere i diritti umani c'è bisogno di riconoscere i diritti di Madre Terra.

Oggi viviamo in un momento cruciale della storia. Le nostre decisioni, il nostro attivismo, la forza della nostra voce, l'efficacia delle nostre azioni plasmeranno il mondo per secoli a venire. Il futuro delle specie dipende dalle azioni intraprese adesso. Noi non sediamo nelle stanze dei bottoni degli organi legislativi e giuridici, dei media, del settore finanziario, ma questo non significa che non possiamo condizionarli. Siamo l'ultima generazione che forse è ancora in grado di impedire la catastrofe. Dobbiamo porre fine al consumo eccessivo delle risorse, contrastare l'ingiustizia e il mancato rispetto dei diritti umani. Non possiamo più aspettare che gli Stati decidano da soli di impegnarsi, né la prossima Conferenza sul clima, dove si parlerà molto e si deciderà nulla. Abbiamo bisogno di mobilitare tutte le nostre forze per difendere i nostri diritti e quelli degli altri contro la politica dominante del vivere alla giornata e contro un'economia orientata alla concorrenza, al profitto e alla crescita. Con un po' di coraggio e un po' di fortuna, chiunque può essere scintilla di un cambiamento.

Per quanto troppo spesso i giovani siano definiti pigri e disillusi, numerosi movimenti in tutto il mondo sono creati e popolati da giovani che si sentono intrappolati in un mondo, che presenta sfide insormontabili se affrontate in solitudine, e sono pronti a trovare il coraggio di mettere a disposizione le loro competenze per sentirsi vivi e dare un senso alla propria presenza in questo spazio e in questo tempo. La scintilla può trasformarsi in un fulmine, che a sua volta si trasforma in un tuono, che si trasforma in tempesta. E con la tempesta il mare si increspa e prende forme nuove. L'aria si riempie di energia, gli equilibri si ribaltano e mostrano nervi rimasti coperti troppo a lungo. Il mare si mostra per quello che è. Un universo profondo. Una galassia complessa. Riemergono le debolezze, le fragilità.

Ricompaiono gli ultimi, gli inascoltati, gli invisibili. I prepotenti di prima oggi vacillano. I potenti che ieri si travestivano da gente comune vengono smascherati. Le idee tornano a galla, e con loro parole che sembravano obsolete: dignità, rispetto, gratuità, amore. Le comunità sommerse riemergono e tornano a mostrarsi in superficie con le loro diversità fastidiose. Ora le nubi si diradano, e finalmente sprazzi di cielo azzurro prendono il sopravvento sul grigio.

Dobbiamo convogliare la scintilla, l'energia che nasce dalla repulsione verso lo stato delle cose e concentrarla in un movimento presente negli spazi scolastici, nei salotti, negli oratori, nei centri culturali di tutta il Paese.

Non c'è equiparazione tra fascismo e antifascismo, tra mafia e antimafia, tra segregazione e inclusione. Non sono valori equivalenti. Antifascismo e antirazzismo sono l'essenza di questa attività comune. E coloro che li portano avanti non sono radicali estremisti ma persone che incarnano lo spirito del diritto.

Una barca da costruire

Quando si combatte la crisi climatica non esistono confini. Il riscaldamento, come abbiamo visto, è globale, esteso a quasi tutta la superficie terrestre. Non c'è barriera o limite che tenga. Non ci sono Europa e America. Né Asia e Africa. Nemmeno Oceania e Antartide. Siamo tornati a essere un'immensa Pangea.

I mari e gli oceani sono un unico sistema di vasi comunicanti. Il clima è come una grande vasca da bagno che si riempie d'acqua: anche se rallentiamo il flusso del rubinetto, il pavimento si bagnerà. Non importa da dove arrivi lo sporco, tanto ce lo prendiamo tutti. Qualcuno però potrà permettersi una bella doccia, acqua calda e bagnoschiuma. Altri no. Il divario tra ricchi e poveri è grande e, invece di colmarsi, continua ad aumentare. Le persone che meno contribuiscono all'avanzata del collasso climatico ed ecologico, con tutto quello che ne consegue, sono quelle che subiscono nella maggior parte dei casi le conseguenze più pesanti dello stesso. Ho pensato molto alla frase «Siamo tutti sulla stessa barca», pronunciata anche dal Papa durante quel momento di preghiera in pieno lockdown in una piazza San Pietro deserta, che a lungo ricorderemo. Mi sembra un'immagine bella e confortante – l'umanità unita e solidale condivide la stessa barca, le stesse emozioni e le stesse sofferenze – ma non fedele alla realtà.

Di fronte alla tempesta che avanza, intesa come crisi climatica, crisi economica, sociale, sanitaria, c'è chi ha lo yacht e c'è chi ha una zattera di legno a remi. La differenza tra la disponibilità di mezzi per affrontarla è enorme. La pandemia non sta colpendo allo stesso modo chi a malapena riesce a portare a casa mille euro al mese e chi ha un patrimonio di mezzo milione che, persino in questo momento, potrà andare a spendere alle Maldive, anche se presto finiranno sott'acqua. Lo Stato italiano non può rimanere indifferente sapendo che tre miliardari da soli hanno più soldi di sei milioni di poveri. Alla luce di questo, credo sarebbe corretto riformulare il comune detto «Siamo tutti sulla stessa barca» in «Non siamo tutti sulla stessa barca».

«Ho sentito che siamo nella stessa barca. Ma non è così. Siamo nella stessa tempesta, ma non nella stessa barca. La tua nave può essere naufragata e la mia potrebbe non esserlo. O viceversa. Per alcuni, la quarantena diventa un momento di riflessione o riconnessione. Facile, in infradito, con un whisky o un tè. Per altri, questa è una crisi disperata»: inizia così la poesia che da fine aprile è diventata virale sui social.

Non siamo tutti sulla stessa barca, ma insieme possiamo costruirla. E movimenti, comitati, organizzazioni, collettivi, assemblee, gruppi spontanei, spazi culturali, sociali e religiosi, in nome dell'intersezionalità, hanno già posato le fondamenta, le assi portanti. C'è un mondo intero dell'associazionismo che ha voglia di agire in autonomia ma non in solitudine. Su una barca da costruire c'è un sacco di spazio!

Il contrasto e la soluzione alla disumanità non possono concretizzarsi senza il progetto di una coscienza collettiva e di un movimento di ampio respiro, orientato al cambiamento, dedito alla trasformazione, radicato nei valori e nei diritti umani, capace di tramandarsi di generazione in generazione. Il femminismo ci ha insegnato che parlandoci gli uni con gli altri, le une con le altre, aiutiamo la società più giovane a farsi largo e a durare. Il clima e l'ecologia sono alla base della giustizia sociale e internazionale. Insieme, racchiudono molte più sfaccettature di quanto possa sembrare a un occhio disattento e hanno tutte le carte in regola per diventare il tetto di una casa accogliente per idee, valori, persone.

Dobbiamo formare coalizioni ampie in cui le differenze si possano tollerare, anziché frazionare in molteplici interventi politici. L'emergenza climatica è troppo importante per lasciarci trascinare dalle divisioni, che troppo a lungo hanno tormentato le forze progressiste. Ecco che l'ambiente diventa allo stesso tempo occasione di dialogo, necessità di mettere in piedi una grande alleanza che coinvolga giovani, migranti, lavoratori, associazioni, sindacati, invisibili di ogni tipo e la cittadinanza tutta. Occorre che ci uniamo tutti, da sinistra, volendo anche da destra e da tutto ciò che sta in mezzo. E soprattutto noi giovani, anche se molti sono ancora troppo disillusi per votare o esclusi perché minorenni. Serve un "movimento dei movimenti" che forgi l'unità e l'urgenza necessarie in questo momento. Quando riusciremo a scendere in strada contro il cambiamento climatico al fianco di agricoltori, minatori, lavoratori delle trivelle, operai e di tutti quelli che appartengono ancora a «una pluralità di solitudini irrelate», come scrive Jean-Paul Sartre nella *Critica della ragione dialettica* (Il Saggiatore, Milano 1960), scopriremo che cos'è una vera politica di cambiamento e trasformazione. Dobbiamo unire le forze, e dobbiamo essere in molti.

Per quanto riguarda l'emergenza nel Mediterraneo e il soccorso in mare, bisognerebbe unire le azioni non governative, i medici, le grandi associazioni del soccorso, i gruppi di formazione, la Chiesa, uomini e donne diversi per formazione e identità professionale. Quando si tratta di lanciare semi e creare reti, Mediterranea e ResQ hanno sempre dimostrato di esserci. La vasta coalizione di attori della società civile europea – impegnati come *civil fleet* nella solidarietà con i migranti e i rifugiati, in mare, in cielo e a terra – continua ad allargarsi e a creare alleanze inaspettate, e già prefigura una nuova Europa e nuove relazioni con i suoi vicini, a Sud come a Est. Gli avversari del cambiamento si muovono già oltre i confini nazionali, in una specie di internazionale di nazionalisti. Anche noi dobbiamo fare lo stesso sforzo, se non vogliamo rimanere indietro.

Mai come oggi è possibile un inedito patto tra chi comprende che la costruzione di ponti è un investimento sul futuro dell'umanità. Nel 2019 è nata la Carta di Assisi, incentrata sul tema delle periferie, che ha messo assieme cattolici, valdesi, ebrei, musulmani e non credenti, giornalisti e Ong per dare voce a chi non ha voce. A gennaio 2021 si sono incontrati per la prima volta a Napoli operai, braccianti, riders, partite Iva, lavoratori del mondo della musica, del teatro e dello spettacolo, formando così la comunità degli Invisibili in Movimento.

Nell'ultimo anno e mezzo ho fatto attivismo su e giù per la Penisola, nel tentativo di documentare, sensibilizzare, raccontare storie meno note ai più, sostenere le comunità locali, far riscoprire il concetto di politica nel senso più nobile del termine, intesa cioè come interessamento a ciò che nella quotidianità ci circonda, cittadinanza attiva, protagonismo di cittadine e cittadini, antidoto all'indifferenza, resistenza ai populismi, ai sovranismi e ai personalismi di ogni sorta. In questo lasso di tempo, mi sono accorto che le soluzioni che stiamo cercando risiedono nelle persone. La politica deve tornare a occuparsi delle persone, e le persone devono tornare a occuparsi di politica. C'è bisogno di dare voce alle diversità, promuovere l'inclusione, fare luce sulle zone del disagio e garantire la sicurezza sociale, abitativa e lavorativa a tutti i cittadini. E di leggi che non mettano al centro la paura, ma il desiderio di costruire una società inclusiva, che vedano le diversità come ricchezza e non come minaccia. I diritti umani e i diritti della natura, tra loro intrinsechi, sono i pilastri su cui costruire il nostro cammino.

I visionari, naviganti di questo mare aperto, possono far nascere un progetto più radicato e meno equivoco, e devono alzare la voce quando gli altri si accontentano di un comodo silenzio. È tempo di una grande alleanza aperta, ecologista e transfemminista. Un movimento di movimenti, che diventino sottoequilibri dell'articolato bilanciamento dell'ecosistema, di cui parla Jamie Margolin.

Costruire una barca, dai tempi di Noè in poi, significa cambiare il destino. È lo strumento attraverso cui ci si può salvare. La barca è dare un nuovo significato alle parole: salvarci come essere umani, stare insieme. Se lasciamo i più poveri da soli alle prese col cambiamento climatico, lasciamo anche crescere un incipit di conflittualità, che prima o poi toccherà anche noi; i primi migranti del clima lo sanno bene. La storia è sempre andata avanti in un rapporto tra minoranze virtuose, innovatrici, e maggioranze più conformiste, sostanzialmente più egoiste. Ci sono momenti però in cui le minoranze influiscono in modo determinante sull'andamento delle cose, sui comportamenti e sulle idee delle maggioranze.

Noi non siamo ancora la maggioranza, ma spesso ci vuole tempo affinché i punti di svolta si creino nella società. Le novità appaiono sempre in forme isolate. Sono le persone che nessuno immagina possano fare certe cose quelle che fanno cose che nessuno può immaginare. Ci sono individui che vanno in avanscoperta e chiedono qualcosa; poi, quando altri si uniscono e la protesta è abbastanza visibile, le idee finiscono per diventare di pubblico dominio. Più i movimenti sono numerosi, più diventano visibili e centrali le loro proteste, e sempre più spesso i media si occupano di loro e delle loro istanze; e così, parteciparvi sarà sempre più normale. Fino a quando sarà quasi anormale non farlo.

Con l'introduzione di don Ciotti, i contributi di molti compagni di viaggio, e i racconti di alcuni grandi del passato, abbiamo visto quanto siano importanti concetti come l'amore, l'unione, la forza dello stare assieme, l'aiutare chi ha meno, e altrettanto lo sono le comunità di accoglienza e solidarietà che si creano attorno a essi. A questa barca possiamo togliere la b, e farla diventare un'arca, se preferite. Poco importa il contenitore, importa tanto il contenuto. Significa meno l'oggetto in sé, significano molto le idee, i principi, i valori, le persone che stanno al suo interno. O che ancora non ci sono e presto ci entreranno.

Questa barca me la immagino come un colorato e simpatico intreccio tra la nave rosa di Xr, la Iuventa, il Plastiki, la Alex, le zattere autocostruite o i kayak, la Raimbow Warrior, il catamarano Sea Legacy 3 e la Polarstern. Una struttura arzigogolata che prenda il meglio da ciascuna.

Solo se questo incontro avverrà, avremo una possibilità di affrontare assieme la tempesta.

È tempo di salire a bordo. La barca sta per partire. Il vento ci indicherà la rotta.

Ringraziamenti

La vita è straordinaria. E buona parte di essa è affidata al caso.

È stato un caso se quel venerdì primo febbraio 2019 si è aperta davanti a me la strada dell'attivismo. Certo, forse prima o poi ci sarei arrivato comunque, ma chi lo sa.

È da quando ho 17 anni che ho in testa la sfocata idea di scrivere un libro. Nell'estate del 2020, quando ne avevo 18, ho deciso di attivarmi perché quel lontano pensiero potesse diventare realtà. Per diversi mesi ho smobilitato molti contatti, grandi e piccoli, senza arrivare a niente di concreto.

È stato un caso se Max Casacci, a metà ottobre 2020, mi ha presentato Carlo Bogliotti di Slow Food Editore. Ci siamo presi un aperitivo in Santa Giulia, a Torino. Alla fine della chiacchierata, i due hanno pagato per me quello che avevo preso. «Te lo offriamo pensando al libro».

Nella vita le cose belle possono arrivare per caso, ma devi esserci perché avvengano.

I primi ringraziamenti vanno a Max e Carlo, e a Chiara Cauda, Grazia Novellini, Bianca Minerdo, Roberto Fidale, che sin da subito hanno creduto in me. A Elisa Palazzi e Antonello Pasini, da cui ho imparato tanto, che mi hanno aiutato moltissimo in diversi capitoli per le parti di divulgazione. A Jacopo Di Cera, che ha messo a disposizione la sua fotografia scattata nel cimitero delle barche di Lampedusa, il cui compenso verrà interamente devoluto a chi salva vite in mare. A Luigi Ciotti, per i suoi insegnamenti, per la sua compagnia e per la sua umanità, per avermi mostrato la rotta. A Sara Diena, Luca Sardo, Andrea Borello, Camilla Savio, Gustavo Zagrebelsky, Francesca Napoli, Nello Scavo, Giovanni Mori, Flavia

Restivo, Giorgia Linardi, Vanessa Guidi, Joy Temiloluwa Olayanju, Cecilia Strada, Pegah Moshir Pour, Alganesh Fessaha, i primi e le prime a salire a bordo. A Carlo Petrini, Fabio Geda, Claudio Marchisio, che hanno favorito la partenza.

Agli amici e a tutta la mia famiglia, che mi hanno sostenuto durante la traversata.

Ai tanti compagni e compagne di viaggio, naviganti di questo mare aperto.

Devo alle vostre storie, alle vostre idee, alla vostra determinazione, ai vostri consigli e insegnamenti l'energia e la speranza per poter proseguire lungo la rotta.

John, Mattia, Nicola, Rebecca, Alessio, Valentina, Barbara, Cato, Edoardo, Pietro, Sofia, David, Erika, Elena, Carlo, Tommaso, Sara, Monica, Virginia, Ouiam, Riccardo, Stefano, Irene, Ivan, Alarico, Riccardo, Violetta, Laura, Filippo, Gregorio, Garba, Cecilia, Martino, Bu, Margherita, Ammr, Carolina, Elisa, Chloe, Gabriele, Ines, Matilde, Gaia, Asia, Carlo, Lorenzo, Enrico, Chiara, Giada, Marta, Carola, Marzia, Magda, Adriano, Godfred, Tommaso, Antonio, Olga, Martina, Alessandra, Eleonora, Lucia, Letizia, Giovanni, Stefano, Elena, Riccardo, Paolo, Luca, Valentina, Beatrice, Elisabetta, Marta, Pietro, Lorenzo, Enea, Viola, Emanuele, Sara, Lavinia, Filippo, Diletta, Conrad, Lorenzo, Francesca, Sebastiano, Sara, Alice, Michela, Luigi, Agnese, Martina, Lorenzo, Emma, Esther, Marco, Giorgio, Sofia, Leonardo, Sebastiano, Giulia, Giorgia, Sara, Martina, Mauro, Ferdinando, Anna, Lara, Miriam, Chiara, Vincenzo, Andrea, Giacomo, Marco, Bruno, Simone, Alessio, Giuseppe, Tiziana, Claudio.

Alessandro, Elisabetta, Michele, Filippo, Pietro, Sher, Alberto, Beatrice, Federico, Ludovico, Peter, Francesca, Martina, Davide, Elena, Giulia, Marcello, Simon, Gilda, Matteo, Vlad, Francesca,

Alice, Alessandro, Nicole, Matilde, Carlotta, Asmaa, Samuele, Alex, Caterina, Benedetta, Matilde, Pietro, Sebastiano, Lara, Adam, Brenda, Elena, Edoardo, Davide, Paolo, Matteo, Alessia, Bianca, Giorgia, Marta, Beatrice, Giorgia, Alice, Margherita, Alessandro.

Marco, Paolo, Christina, Francesca, Mattia, Marco, Alessandro, Massimo, Marco, Donato, Simone, Daniele, Gabriele, Marcello, Mattia, Andrea, Giulia, Roberto, Ciro, Juri, Micol, Martina, Jasmine, Anna Claudia, Alessandro, Matteo, Giorgio, Riccardo, Federico, Silvia, Franco, Simone, Luca, Michele, Fulvio, Simona, Marco, Francesca, Manuel, Fabio, Gianluca.

Mattia, Luca, Beppe, Pietro, Giorgio, Giovanni, Iasonas, Monica, Alessandro, Giuseppina, Barbara, Noemi, Celeste, Riccardo, Clara, Luciano, Gherardo, Alessandro, Lia.

Mancheranno di sicuro molte persone in questo elenco. Me ne scuso, e mando loro il più caloroso degli abbracci.

Consigli di lettura

La letteratura è un sismografo della realtà.
La letteratura è un presidio dell'umanità.

Capitolo 1

Max Casacci, Mario Tozzi, *Earthphonia. Le voci della Terra* Slow Food Editore, Bra 2020.

Club Atlantico di Napoli [a cura di], *I cambiamenti climatici e ambientali. Riflessioni e prospettive per il futuro dell'area mediterranea*, Giannini, Napoli 2021.

Jeremy Rifkin, *Un Green New Deal globale. Il crollo della civiltà dei combustibili fossili entro il 2028 e l'audace piano economico per salvare la Terra*, Mondadori, Milano 2019.

Jonathan Safran Foer, *Possiamo salvare il mondo, prima di cena. Perché il clima siamo noi*, Guanda, Milano 2019.

Capitolo 2

Extinction Rebellion, *Questa non è un'esercitazione*, Mondadori, Milano 2020.

Fabio Feda, *Hiroshima venticinque. Il futuro è un bambino che dorme*, Edt, Torino 2012.

Jamie Margolin, *Alza la voce. Manuale per cominciare a cambiare il mondo*, Fabbri, Milano 2020.

Sara Segantin, *Non siamo eroi*, Fabbri, Milano 2021.

Capitolo 3

Fabio Geda, Enaiatollah Akbari, *Nel mare ci sono i coccodrilli. Storia vera di Enaiatollah Akbari*, Baldini & Castoldi, Milano 2020.

–, *Storia di un figlio. Andata e ritorno*, Baldini & Castoldi, Milano 2020.

Grammenos Mastrojeni, Antonello Pasini, *Effetto serra, effetto guerra. Il riscaldamento globale, i ricchi, i poveri*, Chiarelettere, Milano 2020.

Evelina Santangelo, *Da un altro mondo*, Einaudi, Torino 2018.

Capitolo 4

Alessandro Baricco, *Oceano Mare*, Rizzoli, Milano 1993.

Pietro Bartolo, *Le stelle di Lampedusa. La storia di Anila e di altri bambini che cercano il loro futuro fra noi*, Mondadori, Milano 2018.

Bryan Caplan, Zach Weinersmith, *Open Borders: The Science and Ethics of Immigration*, First Second, New York 2019.

Carola Rackete, *Il mondo che vogliamo*, Garzanti, Milano 2019.

Capitolo 5

Andrea Garreffa, Roberto Morotti, Mattia Santori, Giulia Trappoloni, *Le Sardine non esistono*, Einaudi, 2020.

Michela Murgia, *Istruzioni per diventare fascisti*, Einaudi, Torino 2018.

David Neiwert, *Alt-America. L'ascesa della destra radicale nell'era di Trump*, Minimum Fax, Roma 2019.

Giuliano Pisapia, Lia Quartapelle, *La politica raccontata ai ragazzi. Perché può essere bella, perché puoi farla anche tu!*, De Agostini, Milano 2020.

Capitolo 6

Alessandro Leogrande, *Uomini e caporali*, Feltrinelli, Milano 2016.

Gilles Reckinger, *Arance amare. Un nuovo volto della schiavitù in Italia*, Mimesis, Milano-Udine 2020.

Aboubakar Soumahoro, *Umanità in rivolta, La nostra lotta per il lavoro e il diritto alla felicità*, Feltrinelli, Milano 2020.

Capitolo 7

Predrag Matvejević, *Breviario mediterraneo*, Hefti, Milano 1988-Garzanti, Milano 2020.

Alessandra Sciurba, *Salvarsi insieme. Storia di una barca a vela sulla rotta dell'umanità*, Ponte alle Grazie, Milano 2019.

Filippo Solibello, *Stop plastica a mare. 30 piccoli gesti per salvare il mondo dalla plastica*, Mondadori, Milano 2019.